中国现代人生论美学文献汇编

金 雅　刘广新 | 编选 |

中国社会科学出版社

图书在版编目（CIP）数据

中国现代人生论美学文献汇编/金雅，刘广新编选．—北京：
中国社会科学出版社，2017.6
ISBN 978 - 7 - 5203 - 0236 - 4

Ⅰ.①中…　Ⅱ.①金…②刘…　Ⅲ.①美学—中国—文献—汇编
Ⅳ.①B83 - 092

中国版本图书馆 CIP 数据核字（2017）第 086509 号

出 版 人　赵剑英
责任编辑　郭晓鸿
特约编辑　席建海
责任校对　韩海超
责任印制　戴　宽

出　　　版　中国社会科学出版社
社　　　址　北京鼓楼西大街甲 158 号
邮　　　编　100720
网　　　址　http://www.csspw.cn
发 行 部　010 - 84083685
门 市 部　010 - 84029450
经　　　销　新华书店及其他书店

印刷装订　北京君升印刷有限公司
版　　　次　2017 年 6 月第 1 版
印　　　次　2017 年 6 月第 1 次印刷

开　　　本　710×1000　1/16
印　　　张　27.75
插　　　页　2
字　　　数　336 千字
定　　　价　118.00 元

目　录

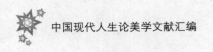

美的人生

王显诏

一　人类精神活动的目的和手段

宇宙之大，虫鱼之细，草木荣枯之变幻，四时寒暖之推移；以至于见善以趋，遇恶以戒：这一类的事物，都属于吾人的精神活动。自柏拉图（Prato）及亚里士多德（Aristotle）而后，已把这类精神活动，作为学理上之研究；至近代文德（Wundt）等，再为研究上之便利，分析这类精神活动为"知""情""意"三方面，凡吾人一思想，一行为，都含有这三种元素，虽然有强弱之不同。因此，这人类精神活动的三方面，恰如一透明体之三棱镜，我们既看着它的一面，同时也可看见它的其余的两面；严格说来，这类的精神活动，还是整个的。

人类是最进化的，举凡一切之思想行为，各有其相当之目的。然则，"知"之目的为何？曰："知"以求"真"。"情"之目的为何？曰："情"至于"美"。"意"之目的为何？曰："意"至于"善"。19 世纪以后，求"知"的科学，日见昌明，几有一刻千里之势，吾人之衣、食、住及日用所需之物质对于吾人直接需要上的东西，无非受科学之赐，而宇宙的"真"，也被吾人逐渐地探索出来，"科学万能"的声浪，也随着空气而传送到吾人之耳膜了。吾人物质享受之领域，既如此广袤，而社会里人我相处的方法——换言之，即社会秩序之维持——不得不借宗教的引诱和嘉言、懿行等历史事迹的种种伦理的教训，然后社会可以安宁，人心渐归于善。谈到这里，也许有人说：由上以观，真的方面有科学，善的方面有宗教和伦理等，那么人类的生命，便可繁殖、持续了，又何需乎美？

固然，人类有科学，有宗教和伦理等，便能维持着我们人类之躯体的繁殖和继续；但，"真""善"两方面所维持的繁殖和继续的"生"，还是片面的"生"，畸形的"生"，牛马的"生"，还不是整个的"生"，人类的"生"。何以故？牛也，马也，它们也能够经营它们的物质的生活，它们也有它们相处的方法，它们也能够繁殖它们的个体，它们也能够持续它们的种族；我们人类，如果也像它们一样的生活，岂不是闹成笑话吗？人类是最有灵性之动物，也有其所以为人之方法，于是除"真""善"而外，当然还有其经营精神生活之"美"。吾人如唱一曲歌，弹一会琴，画一幅画，作一首诗……无不是吾人情感的流露，吾人日沉浸于这歌、曲、诗、画……之中，则吾人的情感，更加"美化"了；歌曲、诗、文……是什么？曰："艺术"。

总之，人类的精神活动，既归根于"知""情""意"三方面，这三方面应令其平均发展，三者缺一是不行的。现代的科学和道德，固为一般人所重视，独以艺术为小道，多略而不谈。于今，我也来谈谈艺术之重要，以完成人类整个的"生"。

再把人类精神活动的目的和手段，列表于下：

手段	目的	精神活动
科学	真	知
宗教伦理	善	意
艺术	美	情

二 艺术足以救济科学之弊

科学之赐予吾人以各样的物质之享乐，吾人当深深地感谢；然而，科学越发达，知识越增高，而人类的残酷也越甚。因为知识本身，原无好歹，既可用以造福，也可用以酿祸，古代人类知识幼稚，其奸诈虚伪的程度，远不及现代人类之万一，杀人的利器，也没现代人类的发达；如古代人类的战争，要杀死一个人，实在是不容易，岂若现代人类之用毒瓦斯杀人的方便；甚至能够祸国殃民，残害人类者，全部是一般强有力的知识阶级。试把整个的国族，或人类，慷慨地交付给那般知识薄弱的乡下人，他们固然不能把它弄得好，也没有法子破坏；假如那个国族或人类，被那知识程度过人者所攫取，那么立刻便可把它的生命断丧了！可是，立足于 20 世纪的现在，人类的知识，如果回复到和古代人一样，也是绝对不能维持生命的继续而被淘汰。因此，现在只有一方面极力求科学之进步，知识之增高，另一方面再尽量地利用艺术的陶冶，使一切的人类，都忘了人我之见。于是乎一切的私欲，自然摒除，害人利我之念，也便无从而发生，人类的残酷不消灭也自消灭了。盖知识如快刀，可以杀贼，也可以杀人，只因用之者的如何，而发生不同之现象。如果人类的私欲存在，则知识有时不免为私欲所利用，而造成一切人类的残酷，人类的私欲如果利用艺术的力量而摒除，则快刀只是用以杀贼，而不至于杀人；科学之知识，只能造成人类物质的享乐，而不至于祸国，殃民，残害人类了！

进而言之，吾人利用科学以求真理，只得用客观的抽象的方法去讲求，故所得仍属片面的、浅薄的现象，岂若艺术之用主观的具体的精神，以深入于对象的里面，而得到之一种感应，以把捉其内部整个的人命为真确。席勒曾说过："美非一种架空之想象，乃真理之显现。真理之直观，由于美的享乐，即达真理之路。"由是以观，艺术不但可以救济科学之弊，而且是求真中之一大径路，并能予科学直接或间接的一个有力的帮助。

三 艺术可以替代各种伦理的教训

人与人相处，因私欲之存在，因之残酷的现象，跟着知识之发达，而日甚一日，于是古代的人类或野蛮的民族，遂有一般有心世道者，倡鬼神之说，假设种种宗教，以维系人心；若佛家之有释迦牟尼，耶教之有上帝、耶稣，以至于自然现象之日、月、山、云、草、木、山、河……都有神之存在，再引诱以天堂、天国等名目，而寓以惩恶劝善之意；及至近代，人类知识发达，鬼神之说，已无存在之地位，教之本身，也多因着一己之私欲，和其他利害的关系，也大起残杀，失了一般人之信仰。故此，现在所可借以维系世道人心者，也只有嘉言、懿行等历史事迹的模范和法律的压抑而已。然而，嘉言、懿行等历史事迹，固为一般知识阶级者所讲求，但仍敌不过自私自利之私欲，甚且为私欲所利用，反成为"为奸作恶"者的门面的粉饰，以愚骗社会人之耳目，况且那些嘉言、懿行等历史事迹，多数是典故的、骸骨的，绝对不能适应于现代社会的需求，故现在能够继续存在而暂时维持社会之秩序者，只有片面的法律而已，此所谓由鬼治之社会而于法治之社会也。但是，法律只可以暂治其已然，而不能根本改造人们的心理，且只能粗治其轮廓，而不能启示微妙的人生，其远不及艺术能力的伟大，可以陶冶吾人之品性，潜移默化，自忘私欲，不期然而然地纯洁起来，同时，社会也不期然而然地跟着秩然有序者，不知几千万里。且种种伦理的教训，和法律的制裁，都是规范的、压抑的、义务的、凝滞阻碍的，其流弊足以使社会之进步停止或退化，艺术的感化是直觉的、趣味的、自发的、活泼渗透的，甚至社会人类上一切的进步和创造皆有靠于艺术的力量。路斯金（John Ruskin）有句话说："培养趣味的事情，就是所以造成品性。"

四　艺术是无阶级性的

艺术既然有那样伟大的效果，自然不是普通所谓"生活的调剂""无聊的安慰"的那样消极的说法，也不是有闲阶级者之玩物，是积极的进展，是一切人所共有的东西，因为艺术的鉴赏和创作，都是人类固有的本能，不论男、女、老、孺，以至于极原始、极野蛮、极文明的民族，皆具有艺术的特性。试举一个例来说明：不论任何人，比方在夜里从屋内跑到屋外去的时候，在野外或庭前，见着天空中挂了一钩的明月，谁不爱望着徘徊了一番，等到缓缓地走回屋子里的时候，一定向着他的同伴说："外面的月亮，是多么光亮呵！"不禁赞叹了一番才罢。这样的爱在月下徘徊，便是艺术的欣赏，和同伴说的话，便是艺术的创作。虽然只用言语表现出来，实在已是很宝贵的艺术品了。因为的确赏月者，那时候不知不觉地精神已被月亮震动着，心灵已被月亮陶醉了，在那一刹那间，如果不发表出来，心里便觉得被大石头压住似的苦闷不过的。已经有了这样的需要，便不得不来找些发表的方法，正因着所用的材料的不同，便成了各样不同的艺术品，贝吐芬（Beethoven），Moon-Light Sonata 一曲，便是这个例子的一个很好的证据。试问那个时候，还有顾到什么功利呢！还有想到什么私欲呢！况且大自然本是无私的，如日月星辰的棋布，大地、山河的罗列，风云雨雪的幻灭，鸟兽虫鱼的飞驰……何曾稍有所私呢！即无论哪一个人，皆可尽量地去欣赏，尽量地去创作，以臻于"无我"之境域，于是人类的精神，一天天地向上，美之神也一天天地来临，由人类而组成之社会，也随着一天天地美化了。至其极则人人之间，各能顺从人性以行，自由自在地无一些屈抑和沮塞，同时不妨害他人的尽性发展其生活，这样的社会，便是美的社会；这样的天地，便是美的天地；这样的人生，也是美的人生。

美的物质（知识）＋美的精神（意志和情感）＝美的人生。

（原刊《中国美术会季刊》1936 年创刊号）

艺术和人生

吕　澂

　　上面所说的艺术品并创作那些艺术品的精神活动，平常都称做"艺术"（art）。但这还是艺术的一种狭义解释。进一层说，艺术品所以和一般人造品不同，要加上那么一个名字的，固然为着他能表白特别的意义；但感到那样表白，非在"美的态度"里不可。假使我用平常的态度去对艺术品时，只见得是种种物质凑合起来，和别种物品不必就有怎样的不同处。就像无意间见着了弥寇朗解罗的摩西雕像也许惊得急急地走开。这必须有了"美的态度"，有了和作家制作时相近的态度，才感得作家各个特殊的生命。由这上面才断定得他是艺术品。所以艺术品虽自有他的特质，仍系成立在鉴赏者的"美的态度"里的。将这样意思推开去说，我们用"美的态度"鉴赏艺术品固然辨得一种艺术，用同样态度去对待人事，自然也没有什么不是艺术。有些学者就说艺术品的鉴赏是种"追创作"。鉴赏者心理须依着作家那样创作，自己创作过一道，有了相似的印象，才感得原来创作的美。同样的道理，我们觉得人事、自然的美，也必在当时态度里已自创作一种印象。这些创作虽没有像艺术品那样具体，然同由着"美的态度"成立，就可一样的称作"艺术"。如此推广艺术的范围遍于"美的态度"里所构成的一切，好算是艺术的广义解释。至于平常将艺术当人们的一部分精神生活现象和道德、宗教等并称，那也算是艺术的广义解释。

就从广义的艺术说，明明是人们生活里普遍具有的一种事实。但要明白艺术（广义的）对于人生全体究有怎样意义，还须分作几层去研究。我们平常借着艺术品也会引起"美的态度"，觉到一种美感，或对于自然现象也会这样，却都是暂时间便过去的事，和生活的关系就异常浅薄。像有爱好艺术品的人，也不过精神上时时受着作家的刺激。成了种"漂泊在各作家中间"的生活。要是作家的自身，那就不然。他每一种创作，都不是偶然发生的事，和他前前后后的感受创作自有连贯的关系；所以他个人生活很受着"美的态度"的支配。他最和一般人生活上歧异的地方，就系艺术（狭义的，以下并同。）创作活动的发达。一般人也会偶然有"美的态度"，那上面又自有种创作；但作家更能进一层具体地表白出来，实现出来。这种更发达的活动可称作"天才"。从前学者看得"天才"未免过于神秘，或者说他系少数人特有，又或以为精神上偏颇发达，真和癫狂相似。其实，那活动在一般人都具有，也都可以发达的。现在且撇开这层，但问那活动的发达对于作家生活有甚意义。以前将艺术创作当作件游戏，或是种表情，在生活上当然无甚重大的关系。现在却明白了创作决不像游戏那样单为着个娱乐，又非简单地表白一种感情。作家自己感到生命最自然开展的趋向，又最自然表白出来。这无妨称作最自然的"生命表白"，为什么定要说最自然的呢？原来在人们生活里随处有表白自己的事；一举，一动，一哭，一笑，都可以表出他的生命意义来。但这不必都很自然，也许是因人哭笑，也许是但顾自己，不计别人。所以有些表白对于自己不必要；又有些自觉必要，在别人却不必要。我们的一哭一笑，绝不能使见得听得的都同声哭笑。但在艺术作家呢，他的哭笑非但能得着人们一时的同情，并能得着永远普遍的同情。

（选自《美学浅说》，商务印书馆 1931 年版）

艺术与人生

李安宅

在这粗浅的科学观念与粗浅的艺术观念很流行的时代，特别是在中国这样百孔千疮的时代，只要提到"美"，便有两种对立的误解。一种是站在粗浅的科学立场或功利主义的立场，以为研究美是耗费有用的时光，去做不急之务；或者以为美是矫揉造作，虚无缥缈。一种是站在粗浅的艺术立场，以为"艺术是为艺术而艺术"，不管怎样浪漫，不管怎样规避了人之所以为人的义务，都有"美的独立境界"做护符，以与前一种相对抗。其实，两种误解都未走进真正艺术的宫室，都未窥见真正美的境界。让我们先说后一种。

"美的独立境界"在哪里呢？那是离开人生的吗？离开人生还有什么美底境界吗？不用说艺术作品是人生的产物，根本离不开人生；即使我们所欣赏的大自然的美与某种人所希望的天国的美，也是有了欣赏的人生态度才有大自然的美。有了在死后要求永远享受的人生态度才有天国的美。"天国"是某种人的理想，是某种人的人生观底反映，所以"天国"的内容跟着生活条件与生活条件所促成的人生观而改变，根本没有纯客观的存在，根本不是什么独立境界。这是一切具有常识的人都没有不承认的了。至于人生得意，万物自然"欣欣向荣"；人生正在飞黄腾达，万物也必"争妍斗艳"；人生恬淡冲和，万物自然"静观自得""并育而不相害"；人生失意潦倒，定又难免"山川易色，日月无辉"——这也是谁都承认的现象。"天道有常，不为尧存，不为桀亡"，大自然本不干预人的意向，然而人的意向在一转变之间，竟使大自然显露种种不同的"意义"出来。可见大自然的美，也不是离开人生的美，不是什么独立境界。

大自然的美都不是什么独立境界，更何况个人胸中一点意境，个人手下一点艺术作品呢？艺术或美的表现本来是人类生活底自然要求。人不但要活着，而且自然而然地要求活得美满，活得合乎理想，这个美满的理想，除去实际在生活上实现以外，也可在意态中往复沉思（审美意态）或在艺术中寄托出来（艺术品）。因为艺术不过是寄托美满的人生理想，使美满的人生理想表现出来，所以在这一点上可以说是"为艺术而艺术"。不过，所谓"美满"乃指"尽其在己"的范围以内，并不是说我的能力、我的权界不能干预的种种也必得因为我而美满；所以"美满"只是"立身行己"，完全无缺的过程。不是"天生德于予"，百事遂心的结果。因此，"功成身退"，固然再好没有；倘若不能，"杀身成仁"，也不失为"美满"。"得一知己"，固然"可以死而无恨"；倘若不可得，倘若自己真是没有自欺，则"众叛亲离"，也不失为"美满"。"天下有情人皆成眷属"，固然再好没有；然而倘若不能，则忠心耿耿的"情"即是本身报酬；在无情中创得有情，在有情中甘心为更大的理想而牺牲，即不必成为眷属，也都不失为"美满"。

这样一来，艺术生活，追求"美满"的理想生活，乃是生活最认真，最负责任，最负"责无旁贷"的责任，最能在人之所以为人的去处"充其量";所以不是要浪漫,不是要规避了人之所以为人的义务,不是要躲在"美的独立境界"——而且没有"美的独立境界"。这样一来,艺术生活,追求"美满"的理想生活,乃是比一般生活多一层,深一层,不是离开生活,或不如一般生活。所以"为艺术而艺术"不是为脱离人生的艺术而艺术,乃是为追求美满的人生的艺术而艺术。——其实,脱离了人生,也就没有艺术,也就不能"为艺术而艺术"。这种道理,恰如"好人"不是不害人,乃是能利人:不是比坏人本领小,或只于不害人;乃是要比坏人本领大,不但自己不害人,还要制服坏人不害人,还要帮助坏人去做利人的事业。倘若"好人"只是不做坏事,则庙里的泥像,不是再好没有了吗?倘若艺术真是闭门造车,真是矫揉造作,真是虚无缥缈,真是离开生活或不如一般生活,则艺术早就销声匿迹,不为认真的人所欣赏赞叹了。

然而自有人类历史以来,美的追求与艺术创作,都是见地最清,情意最富,生活最充实的人所有的事,也唯有见地最清、情意最富、生活最充实的人才会欣赏,才会了解。所谓"钟子期死,伯牙不复鼓琴",足知创作困难,知音亦非易事。所以站在粗浅的艺术立场的人,既不能为"艺术"的空名而不顾艺术之所以为艺术的忠实人生;站在粗浅的科学立场或功利主义的立场的人,也不要为了"科学"的空名见不到科学要效力的美满人生,看不见表现美满人生的艺术。科学是手段,人生是目的;功利主义是手段,美满生活或艺术生活是目的——追求美满生活或艺术表现所有的训练,是一切手段的根本手段,是一切功利主义的无上旨趣。

艺术对于人生的贡献,乃在能够影响整个的人生态度。整个的人生态度提高以后,才会作出种种个别高尚的事物。固然造桥梁要请教工程学，采煤矿要请教矿物学，分析土壤要请教实用化学，其他一切衣食住行底设备，也都要请教各门个别的科学；不过这些个别的科学，既被利于社会的人所用，也被害于社会的人所用，所以科学本身还不能担保达到功利主义底目的，所以在科学背后还需要一种规定怎样利用科学的力量。这种力量就是根本的人生态度。

（选自《美学》，上海世界书局 1934 年版）

音乐与人生

王光祈

"礼乐之邦"四字，是从前中国人用来表示自己文化所以别于其他一切野蛮民族的。但这四字，同时亦足以表示中西文化根本相峙之处。我们知道：西洋人是以"法律"绳治人民一切外面行动，而以"宗教"感化人们一切内心作用。所以西洋人常常自夸为"法治国家"与"宗教民族"，以别于其他一切"无法无天"的未开化或半开化民族。

反之，吾国自孔子立教以来，是主张用"礼"以节制吾人外面行动，用"乐"以陶养吾人内部心灵。换言之，即是以"礼""乐"两种，来代替西洋人的"法律""宗教"。"礼"与"法律"不同之点，系在前者之制裁机关，为"个人良心"与"社会耳目"；后者之制裁机关，为"国家权力"与"严刑重罚"。"乐"与"宗教"相异之处，则在前者之主要作用，为陶养吾人自己固有的良知良能；后者之主要作用，在引起各人对于天堂、地狱的羡畏心理。因此之故，音乐一物，在吾国文化中，遂占极重要之位置，实与全部人生具有密切关系。

其实，"以乐治国"并非中国人独得之奇；古代希腊大哲，如柏拉图、亚里斯多德辈，亦尝有此理想。故当时希腊音乐学理中，有所谓"音乐伦理学"者，盖欲利用音乐力量，以提高国民道德。自希腊文化衰微以后，基督教义成为西洋人民修身立德之唯一信条；音乐一物，则渐从"伦理作用"而变为"美术作用"。换言之，西洋音乐从此遂成为活泼精神、激励气概之一种利器；同时并与"体育"交相为用，以造成西洋人今日之健全体格与精神。反之，中国法家——主张以法治国，儒家——主张以礼治国，两派相争，数千年来虽各有盛衰，但儒家学说终占优势，至少亦能将法家思想加以若干纠正，以阻止其片面的发展。不过，"以乐治心"之说，亦无不生气勃勃；而中国人虽在青年，亦无不面有菜色。近年国内人士，对于体育一事，虽渐知注意，而对于活泼精神之音乐，则尚十分轻视。至于吾国古代"以乐治国"之说，当然更无人顾及。

"枯燥的人生""残酷的人生"，以及"凄凉的人生"，均为民族衰亡的主要象征。补救之道，只有速从提倡音乐一途。

（作者早期文章，原刊《北新活页文选》第 2259 号）

文学与人生

朱光潜

文学是以语言文字为媒介的艺术。就其为艺术而言，它与音乐图画雕刻及一切号称艺术的制作有共同性：作者对于人生世相都必有一种独到的新鲜的观感，而这种观感都必有一种独到的新鲜的表现；这观感与表现即内容与形式，必须打成一片，融合无间，成为一种有生命的和谐的整体，能使观者由玩索而生欣喜。达到这种境界，作品才算是"美"。美是文学与其他艺术所必具的特质。就其以语言文字为媒介而言，文学所用的工具就是我们日常运思说话所用的工具，无待外求，不像形色之于图画、雕刻，乐声之于音乐。每个人不都能运用形色或音调，可是每个人只要能说话就能运用语言，只要能识字就能运用文字。语言文字是每个人表现情感思想的一套随身法宝，它与情感思想有最直接的关系。因为这个缘故，文学是一般人接近艺术的一条最直截简便的路；也因为这个缘故，文学是一种与人生最密切相关的艺术。

我们把语言文字连在一起说，是就文化现阶段的实况而言，其实在演化程序上，先有口说的语言而后有手写的文字，写的文字与说的语言在时间上的距离可以有数千年乃至数万年之久，到现在世间还有许多民族只有语言而无文字。远在文字未产生以前，人类就有语言，有了语言就有文学。文学是最原始的也是最普遍的一种艺术。在原始民族中，人人都欢喜唱歌，都欢喜讲故事，都欢喜戏拟人物的动作和姿态。这就是诗歌、小说和戏剧的起源。于今仍在世间流传的许多古代名著，像中国的《诗经》，希腊的荷马史诗，欧洲中世纪的民歌和英雄传说，原先都由口头传诵，后来才被人用文字写下来。在口头传诵的时期，文学大半是全民众的集体创作。一首歌或是一篇故事先由一部分人倡始，一部分人随和，后来一传十，十传百，辗转相传，每个传播的人都贡献一点心裁，把原文加以润色或增损。我们可以说，文学作品在原始社会中没有固定的著作权，它是流动的，生生不息的，集腋成裘的。它的传播期就是它的生长期，它的欣赏者也就是它的创作者。这种文学作品最能表现一个全社会的人生观感，所以从前关心政教的人要在民俗歌谣中窥探民风国运，采风观乐在春秋时还是一个重要的政典。我们还可以进一步说，原始社会的文学就几乎等于它的文化；它的历史、政治、宗教、哲学等都反映在它的诗歌、神话和传说里面。希腊的神话史诗、中世纪的民歌传说以及近代中国边疆民族的歌谣、神话和民间故事都可以为证。

口传的文学变成文字写定的文学，从一方面看，这是一个大进步，因为作品可以不纯由记忆保存，也不纯由口诵流传，它的影响可以扩充到更久更远。但从另一方面看，这种变迁也是文学的一个厄运，因为识字另需一番教育，文学既由文字保存和流传，文字便成为一种障碍，不识字的人便无从创造或欣赏文学，文学便变成一个特殊阶级的专利品。文人成了一个特殊阶级，而这阶级化又随社会演进而日趋尖锐，文学就逐渐和全民众疏远。这种变迁的坏影响很多：首先，文学既与全民众疏远，就不能表现全民众的精神和意识，也就不能从全民众的生活中吸收力量与滋养，它就不免由窄狭化而传统化、形式化、僵硬化；其次，它既成为一个特殊阶级的兴趣，它的影响也就限于那个特殊阶级，不能普及于一般人，与一般人的生活不发生密切关系，于是一般人就把它认为无足轻重。文学在文化现阶段中几已成为一种奢侈，而不是生活的必需。在最初，凡是能运用语言的人都爱好文学；后来文字产生，只有识字的人才能爱好文学；现在连识字的人也大半不能爱好文学，甚至有一部分人鄙视或仇视文学，说它的影响不健康或根本无用。在这种情形之下，一个人要想郑重其事地来谈文学，难免有几分心虚胆怯，他至少需说出一点理由来辩护他的不合时宜的举动。这篇开场白就是替以后陆续发表的十几篇谈文学的文章做一个辩护。

先谈文学有用无用问题。一般人嫌文学无用，近代有一批主张"为文艺而文艺"的人却以为文学的妙处正在它无用。它和其他艺术一样，是人类超脱自然需要的束缚而发出的自由活动。比如说，茶壶有用，因能盛茶，是壶就可以盛茶，不管它是泥的、瓦的、扁的、圆的，自然需要止于此。但是人不以此为满足，制壶不但要能盛茶，还要能娱目赏心，于是在质料、式样、颜色上费尽机巧以求美观。就浅狭的功利主义看，这种工夫是多余的、无用的，但是超出功利观点来看，它是人自作主宰的活动。人不惮烦要做这种无用的自由活动，才显得人是自家的主宰，有他的尊严，不只是受自然驱遣的奴隶；也才显得他有一片高尚的向上心。要胜过自然，要弥补自然的缺陷，使不完美的成为完美。文学也是如此。它起于实用，要把自己所知所感的说给旁人知道；但是它超过实用，要找好话说，要把话说得好，使旁人在话的内容和形式上同时得到愉快。文学所以高贵，值得我们费力

探讨，也就在此。

这种"为文艺而文艺"的看法确有一番正当道理，我们不应该以浅狭的功利主义去估定文学的身价。但是，我以为我们纵然退一步想，文学也不能说是完全无用。人之所以为人，不只因为他有情感思想，尤在他能以语言文字表现情感思想。试假想人类根本没有语言文字，像牛羊犬马一样，人类能否有那样光华灿烂的文化？文化可以说大半是语言文字的产品。有了语言文字，许多崇高的思想，许多微妙的情境，许多可歌可泣的事迹才能流传广播，由一个心灵出发，去感动无数心灵，去启发无数心灵的创造。这感动和启发的力量大小与久暂，就看语言文字运用得好坏。在数千载之下，《左传》《史记》所写的人物事迹还活现在我们眼前，若没有左丘明、司马迁的那种生动的文笔，这事如何能做到？在数千载之下，柏拉图的《对话集》所表现的思想对于我们还是那么亲切有趣，若没有柏拉图的那种深入而浅出的文笔，这事又如何能做到？从前，也许有许多值得流传的思想与行迹，因为没有遇到文人的点染，就湮没无闻了。我们自己不时常感觉到心里有话要说而说不出的苦楚吗？孔子说得好："言之无文，行之不远。"单是"行远"这一个功用就深广得不可思议。

柏拉图、卢梭、托尔斯泰和程伊川都曾怀疑到文学的影响，以为它是不道德的或是不健康的。世间有一部分文学作品确有这种毛病，本无可讳言，但是因噎不能废食，我们只能归咎于作品不完美，不能断定文学本身必有罪过。从纯文艺观点看，在创作与欣赏的聚精会神的状态中，心无旁涉，道德的问题自无从闯入意识阈。纵然，离开美感态度来估定文学在实际人生中的价值，文艺的影响也绝不会是不道德的，而且一个人如果有纯正的文艺修养，他在文艺方面所受的道德影响可以比任何其他体验与教训的影响更为深广。"道德的"与"健全的"原无二义。健全的人生理想是人性的多方面的谐和的发展，没有残废也没有臃肿。譬如草木，在风调雨顺的环境之下，它的一般生机总是欣欣向荣，长得枝条茂畅，花叶扶疏。情感思想便是人的生机，生来就需要宣泄生长，发芽开花。有情感思想而不能表现，生机便遭窒塞残损，好比一株发育不完全而呈病态的花草。文艺是情感思想的表现，也就是生机的发展，所以要完全实现人生，离开文艺决不成。世间有许多对文艺不感兴趣的人干枯浊俗，生趣索然，其实都是一些精神方面的残废人，或是本来生机就不畅旺，或是有畅旺的生机因为窒塞而受摧残。如果一种道德观要养成精神上的残废人，它本身就是不道德的。

表现在人生中不是奢侈而是需要，有表现才能有生展，文艺表现情感思想，同时也就滋养情感思想使它生展。人都知道文艺是"怡情养性"的。请仔细玩索"怡养"两字的意味！性情在怡养的状态中，它必定是健旺的、生发的、快乐的。这"怡养"两字却不容易做到，在这纷纭扰攘的世界中，我们大部分时间与精力都费在解决实际生活问题，奔波劳碌，很机械地随着疾行车流转，一日之中能有几许时刻回想到自己有性情？还论怡养！凡是文艺都是根据现实世界而铸成另一超现实的意象世界，所以它一方面是现实人生的返照，一方面也是现实人生的超脱。在让性情怡养在文艺的甘泉时，我们霎时间脱去尘劳，得到精神的解放，心灵如鱼得水地徜徉自乐。或是用另一个比喻来说，在干燥闷热的沙漠里走得很疲劳之后，在清泉里洗一个澡，绿树荫下歇一会儿凉。世间许多人在劳苦里打翻转，在罪孽里打翻转，俗不可耐，苦不可耐，原因只在洗澡歇凉的机会太少。

从前中国文人有"文以载道"的说法，后来有人嫌这看法的道学气太重，把"诗言志"一句老话抬出来，以为文学的功用只在言志；

释"志"为"心之所之"，因此言志包含表现一切心灵活动在内。文学理论家于是分文学为"载道""言志"两派，仿佛以为这两派是两极端，绝不相容——"载道"是"为道德教训而文艺"，"言志"是"为文艺而文艺"。其实，这问题的关键全在"道"字如何解释。如果释"道"为狭义的道德教训，载道就显然小看了文学。文学没有义务要变成劝世文或是修身科的高头讲章。如果释"道"为人生世相的道理，文学就绝不能离开"道"，"道"就是文学的真实性。志为心之所之，也就要合乎"道"，情感思想的真实本身就是"道"，所以"言志"即"载道"，根本不是两回事，哲学科学所谈的是"道"，文艺所谈的仍然是"道"，所不同者哲学科学的道是抽象的，是从人生世相中抽绎出来的，好比从盐水中所提出来的盐；文艺的道是具体的，是含蕴在人生世相中的，好比盐溶于水，饮者知咸，却不辨何者为盐，何者为水。用另一个比喻来说，哲学科学的道是客观的、冷的、有精气而无血肉的；文艺的道是主观的、热的，通过作者的情感与人格的渗沥，精气与血肉凝成完整生命的。换句话说，文艺的"道"与作者的"志"融为一体。

我常感觉到，与其说"文以载道"，不如说"因文证道"。《楞严经》记载佛有一次问他的门徒从何种方便之门，发菩提心，证圆通道。几十个菩萨罗汉轮次起答，有人说从声音，有人说从颜色，有人说从香味，大家总共说出 25 个法门（六根、六尘、六识、七大，每一项都可成为证道之门）。读到这段文章，我心里起了一个幻想，假如我当时在座，轮到我起立作答时，我一定说我的方便之门是文艺。我不敢说我证了道，可是从文艺的玩索，我窥见了道的一斑。文艺到了最高的境界，从理智方面说，对于人生世相必有深广的观照与彻底的了解，如阿波罗凭高远眺，华严世界尽成明镜里的光影，大有佛家所谓"万法皆空，空而不空"的景象；从情感方面说，对于人世悲欢好丑必有平等的真挚的同情，冲突化除后的谐和，不沾小我利害的超脱，高等的幽默与高度的严肃，成为相反者之同一。柏格森说，世界时时刻刻在创化中，这好比一条无始无终的河流，孔子看到的"逝者如是夫，不舍昼夜"，希腊哲人看到的"濯足清流，抽足再入，已非前水"，所以时时刻刻有它的无穷的兴趣。抓住某一时刻的新鲜景象与兴趣而给以永恒的表现，这是文艺。一个对于文艺有修养的人绝不感觉到世界的干枯或人生的苦闷。他自己有表现的能力固然很好，纵然不能，他也有一双慧眼看世界，整个世界的动态便成为他的诗、他的图画、他的戏剧，让他的性情在其中"怡养"。到了这种境界，人生便经过了艺术化，而身历其境的人，在我想，可以算得是一个有"道"之士。从事于文艺的人不一定都能达到这个境界，但是它究竟不失为一个崇高的理想，值得追求，而且在努力修养之后，可以追求得到。

（选自《谈文学》，开明书店 1946 年版）

美育与人生

蔡元培

人的一生，不外乎意志的活动，而意志是盲目的，其所恃以为较近之观照者，是知识；所以供远照、旁照之用者，是感情。

意志之表现为行为。行为之中，以一己的卫生而免死、趋利而避害者为最普通；此种行为，仅仅普通的知识，就可以指导了。进一步的，以众人的生及众人的利为目的，而一己的生与利即托于其中。此种行为，一方面由于知识上的计较，知道众人皆死而一己不能独生；众人皆害而一己不能独利。又一方面，则亦受感情的推动，不忍独生以坐视众人的死，不忍专利以坐视众人的害。更进一步，于必要时，愿舍一己的生以救众人的死；愿舍一己的利以去众人的害，把人我的分别，一己生死利害的关系，统统忘掉了。这种伟大而高尚的行为，是完全发动于感情的。

人人都有感情，而并非都有伟大而高尚的行为，这由于感情推动力的薄弱。要转弱而为强，转薄而为厚，有待于陶养。陶养的工具，为美的对象，陶养的作用，叫作美育。

美的对象，何以能陶养感情？因为他有两种特性：一是普遍；二是超脱。

一瓢之水，一人饮了，他人就没得分润；容足之地，一人占了，他人就没得并立；这种物质上不相入的成例，是助长人我的区别、自私自利的计较的。转而观美的对象，就大不相同。凡味觉、嗅觉、肤觉之含有质的关系者，均不以美论；而美感的发动，乃以摄影及音波辗转传达之视觉与听觉为限。所以纯然有"天下为公"之概；名山大川，人人得而游览；夕阳明月，人人得而赏玩；公园的造像、美术馆的图画，人人得而畅观。齐宣王称"独乐乐不若与人乐乐"；"与少乐乐不若与众乐乐"；陶渊明称"奇文共欣赏"；这都是美的普遍性的证明。

植物的花，不过为果实的准备；而梅、杏、桃、李之属，诗人所咏叹的，以花为多。专供赏玩之花，且有因人择的作用，而不能结果的。动物的毛羽，所以御寒，人固有制裘、织呢的习惯；然白鹭之羽，孔雀之尾，乃专以供装饰。宫室可以避风雨就好了，何以要雕刻与彩画？器具可以应用就好了，何以要图案？语言可以达意就好了，何以要特制音调的诗歌？可以证明美的作用，是超越乎利用的范围的。

既有普遍性以打破人我的成见，又有超脱性以透出利害的关系；所以当着重要关头，有"富贵不能淫，贫贱不能移，威武不能屈"的气概，甚且有"杀身以成仁"而不"求生以害仁"的勇敢。这种是完全不由于知识的计较，而由于感情的陶养，就是不源于智育，而源于美育。

所以，吾人固不可不有一种普通职业，以应利用厚生的需要；而于工作的余暇，又不可不读文学，听音乐，参观美术馆，以谋知识与感情的调和，这样，才算是认识人生的价值了。

（作于1931年前后。选自《蔡元培全集》第七卷，浙江教育出版社1997年版）

美术与生活

梁启超

诸君！我是不懂美术的人，本来不配在此讲演。但我虽然不懂美术，却十分感觉美术之必要。好在今日在座诸君，和我同一样的门外汉谅也不少。我并不是和懂美术的人讲美术，我是专要和不懂美术的人讲美术。因为人类固然不能个个都做供给美术的"美术家"，然而不可不个个都做享用美术的"美术人"。

"美术人"这三个字是我杜撰的，谅来诸君听着很不顺耳。但我确信"美"是人类生活一要素——或者还是各种要素中之最要者，倘若在生活全内容中把"美"的成分抽出，恐怕便活得不自在甚至活不成！中国向来非不讲美术——而且还有很好的美术，但据多数人见解，总以为美术是一种奢侈品，从不肯和布帛菽粟一样看待，认为生活必需品之一。我觉得中国人生活之不能向上，大半由此。所以今日要标"美术与生活"这题，特和诸君商榷一回。

问人类生活于什么？我便一点不迟疑答道："生活于趣味。"这句话虽然不敢说把生活全内容包举无遗，最少也算把生活根芽道出。人若活得无趣，恐怕不活着还好些，而且勉强活也活不下去。人怎样会活得无趣呢？第一种，我叫他做"石缝的生活"。挤得紧紧的没有丝毫开拓余地；又好像披枷带锁，永远走不出监牢一步。第二种，我叫他做"沙漠的生活"。干透了没有一毫润泽，板死了没有一毫变化；又好像蜡人一般，没有一点血色，又好像一株枯树，庚子山说的"此树婆娑，生意尽矣"。这种生活是否还能叫做生活，实属一个问题。所以我虽不敢说趣味便是生活，然而敢说没趣便不成生活。

趣味之必要既已如此，然则趣味之源泉在哪里呢？依我看有三种。

第一，对境之赏会与复现。人类任操何种卑下职业，任处何种烦劳境界，要之总有机会和自然之美相接触——所谓水流花放，云卷月明，美景良辰，赏心乐事。只要你在一刹那间领略出来，可以把一天的疲劳忽然恢复，把多少时的烦恼丢在九霄云外。倘若能把这些影像印在脑里头令它不时复现，每复现一回，亦可以发生与初次领略时同等或仅较差的效用。人类想在这种尘劳世界中得有趣味，这便是一条路。

第二，心态之抽出与印契。人类心理，凡遇着快乐的事，把快乐状态归拢一想，越想便越有味；或别人替我指点出来，我的快乐程度也增加。凡遇着苦痛的事，把苦痛倾筐倒箧地吐露出来，或别人能够看出我苦痛替我说出，我的苦痛程度反会减少。不惟如此，看出说出别人的快乐，也增加我的快乐；替别人看出说出苦痛，也减少我的苦痛。这种道理，因为各人的心都有个微妙的所在，只要搔着痒处，便把微妙之门打开了。那种愉快，真是得未曾有，所以俗话叫做"开心"。我们要求趣味，这又是一条路。

第三，他界之冥构与蓦进。对于现在环境不满，是人类普通心理，其所以能进化者亦在此。就令没有什么不满，然而在同一环境之下生活久了，自然也会生厌。不满尽管不满，生厌尽管生厌，然而脱离不掉他，这便是苦恼根源。然则怎样救济法呢？肉体上的生活，虽然被现实的环境捆死了，精神上的生活，却常常对于环境宣告独立。或想到将来希望如何如何，或想到别个世界例如文学家的桃源、哲学家的乌托邦、宗教家的天堂净土如何如何，忽然间超越现实界闯入理想界去，便是那人的自由天地。我们欲求趣味，这又是一条路。

这三种趣味，无论何人都会发动的。但因各人感觉机关用得熟与不熟，以及外界帮助引起的机会有无多少。于是，趣味享用之程度，生出无量差别。感觉器官敏则趣味增，感觉器官钝则趣味减；诱发机缘多则趣味强，诱发机缘少则趣味弱。专从事诱发以刺激各人器官不使钝的有三种利器：一是文学；二是音乐；三是美术。

今专从美术讲：美术中最主要的一派，是描写自然之美，常常把我们曾经赏会或像是曾经赏会的都复现出来。我们过去赏会的影子印在脑中，因时间之经过渐渐淡下去，终必有不能复现之一日，趣味也跟着消灭了。一幅名画在此，看一回便复现一回，这画存在，我的趣味便永远存在。不惟如此，还有许多我们从前不注意赏会不出的，他都写出来指导我们赏会的路，我们多看几次，便懂得赏会方法，往后碰着种种美境，我们也增加许多赏会资料了，这是美术给我们趣味的第一件。

美术中有刻画心态的一派，把人的心理看穿了，喜怒哀乐，都活跳在纸上。本来是日常习见的事，但因他写得惟妙惟肖，便不知不觉间把我们的心弦拨动，我快乐时看他便增加快乐，我苦痛时看他便减少苦痛，这是美术给我们趣味的第二件。

美术中有不写实境实态而纯凭理想构造成的。有时我们想构一境，自觉模糊断续不能构成，被他都替我表现了。而且他所构的境界种种色色有许多为我们所万想不到；而且他所构的境界优美高尚，能把我们卑下平凡的境界压下去。他有魔力，能引我们跟着他走，闯进他所到之地。我们看他的作品时，便和他同住一个超越的自由天地，这是美术给我们趣味的第三件。

要而论之，审美本能，是我们人人都有的。但感觉器官不常用或不会用，久而久之，麻木了。一个人麻木，那人便成了没趣的人。一民族麻木，那民族便成了没趣的民族。美术的功用，在把这种麻木状态恢复过来，令没趣变为有趣。换句话说，是把那渐渐坏掉了的爱美胃口，替他复原，令他常常吸受趣味的营养，以维持增进自己的生活康健。明白这种道理，便知美术这样东西在人类文化系统上该占何等位置了。

以上是专就一般人说。若就美术家自身说，他们的趣味生活，自然更与众不同了。他们的美感，比我们锐敏若干倍，正如《牡丹亭》说的"我常一生儿爱好是天然"。我们领略不着的趣味，他们都能领略。领略够了，终把些唾余分赠我们。分赠了我们，他们自己并没有一毫破费，正如老子说的"既以为人己愈有，既以与人己愈多"。假使"人生生活于趣味"这句话不错，他们的生活真是理想生活了。

今日的中国，一方面要多出些供给美术的美术家，一方面要普及养成享用美术的美术人。这两件事都是美术专门学校的责任。然而，该怎样的督促赞助美术专门学校教他完成这责任，又是教育界乃至一般市民的责任。我希望海内美术大家和我们不懂美术的门外汉各尽责任做去。

（1922 年 8 月 13 日上海美术专门学校讲演稿。原刊《时事新报·学灯》1922 年 8 月 15 日）

儿童的艺术生活

雷家骏

　　人类心意上兴起的感情，把他具体的表现出来，就是艺术；所以艺术是感情的表现，是人类精神上的一种活动，是增加趣味的方便法门。

　　人们的生活，生活于趣味；倘使活得无趣，则反不如不活。梁任公先生说："'石缝的生活'：挤得紧紧的没有丝毫开拓的余地；披枷带锁，永远走不出监牢一步。'沙漠的生活'：干透了没有一毫润泽，板死了没有一毫变化；虽不敢说趣味便是生活，然而敢说没趣便不成生活。"他的譬喻同说理，是何等的确而透彻！

　　我这里引用他的一段说话，是要说明趣味是人生的命脉。换一句话说，就是艺术是人生的命脉。若要人们的生活健康，第一要人生观俱能艺术化。

　　现代物质的文明进步，应用理智支配自然界的一切；分工的事业发达，人们的生活，全受外界的支配，做机械式的工作；把毕生的精力，消磨在无变化无趣味的环境之中。试问人生是何等的苦闷？是何等的无趣？不但埋没了艺术创造的天才！并且摧残了艺术萌芽的个性！

我国艺术的思潮，尤其在幼稚时代，萦绕着人们的脑中的，都是些枯燥无味的生计问题；疾首蹙额，做经济势力的奴隶；说不到生活安全，更谈不到生活在有趣味艺术化的安乐乡！

我讲了许多，还是题前的文字；是预先说明艺术的价值，是人生的重要问题，在我国现状之下：极多的人们，都忽视了他，把人生的命脉，愈抛愈远了。救急的方法，要从哪里着手呢？我是一个图画教师，在习性上，还有爱好艺术的兴趣。我的意思：艺术教育是现今教育界重要的问题；艺术的运动，实在是当今之急务。不过，一般已经习染很深的成年人，要想重新改造他的人生观，恐怕用力多而成功少；一班觉悟的青年却勿忘却了，艺术是人生的命脉。

我国的艺术界，和艺术评论家，平日所研究的、所发表的，虽不少关于艺术的问题，但是关于成人的艺术居多，若是儿童的艺术却很少注意的人。殊不知道艺术有普遍性，在成人有艺术，在儿童亦有艺术。成人的艺术是花与果，儿童的艺术是根与叶，根叶不得适宜的培植，花果焉能得美满的成绩？这个道理，是极明白的，可以反证儿童艺术的问题之所以重要。我在这篇文字里，所要讨论的，是艺术关于儿童的问题，是研究儿童的艺术生活。倘使要探讨人类潜伏着的艺术本能，寻觅艺术教育发展的途径，把艺术的人生，建设在稳固坚牢基础之上，我以为从儿童教育着手，是问题的根本。

现在丢开其他方面，单就儿童的艺术，加以讨论，然后再谈教育上当注意的事。讨论儿童的艺术，要分两层细说。

一 儿童有欣赏艺术的本能

关于艺术的表现，在主观的一方面，固然是精神的活动，增加趣味；在客观的一方面，也同样得到艺术的欣赏，由感官上感觉着艺术品的美，而得到一种享乐。儿童无论大小，皆有爱好艺术的天性。换一句话讲，就是儿童也能欣赏艺术。我们看那呱呱在抱的婴儿，啼哭的时候，听见了似乎歌唱的音调，就停止啼哭，喧阗的敲锣击鼓，尤能兴奋儿童的快乐。又见了鲜艳的色彩，就注目而视，看见年长的人，对他舞跃，他也眉飞色舞，表示愉快之意；这个时候，他的智力并未启发，然无意之中，似乎已有喜欢音乐绘画和舞蹈的表示，等到年龄稍大，他们爱好艺术的心，就益形发达；选择一种玩具，既要形状特别，又要色彩美丽，假如是敲起来有声音，吹起来成腔调，弄起来有变化，或做出滑稽的动作，这类的玩具，最是儿童所酷爱。往往有些玩具，彩色不调和，形状不优美，以及恶俗的彩画，单调的乐器，在成人以为无趣味无价值，而在儿童视之，已珍如拱璧；虽说是儿童审美的能力薄弱，然其天性上爱好艺术，却为不可掩之事实。社会上迎神赛会，建醮演剧，这类场合，最是儿童认为无上的热闹，十分的有趣；这类举动，虽是陋俗，然其为动的艺术，属于人类精神的活动则一。儿童喜爱观览此种举动，就是能欣赏艺术的明证。所以我认为儿童对于艺术的欣赏，是有很丰富的本能。

二　儿童有创造艺术的本能

艺术学上分艺术为下面的 8 类：

1. 绘画

2. 雕塑

3. 工艺美术

4. 建筑

5. 音乐

6. 诗文

7. 舞蹈

8. 演剧

各类艺术，都有艺术专家，发展他们的才能，创造成功惊人的作品，供给一般人们的享乐；艺术家少数是天才，大多数都经过长久的研究和练习，然后成功一种人不可及的技巧。但是以我的观察和经验所得，这种种门类的艺术，在幼稚的儿童，都发现了雏形的类似于艺术的本能并且有许多幼稚教育家承认这原理，是有根据的，应用在教育原理上，或教学方法上的，已经不少了。我现在要就儿童方面，关系于各种艺术的，加以讨论，对于儿童的生活状态上，凡与艺术有关者，都写些在下面。

1. 儿童的绘画

各种的作业，在儿童所以为最有趣味的，第一要算是绘画。当他没有得着绘画材料的时候，偶然弄些粉笔或墨汁，就要东涂西抹，画鸡画狗，任他的意思去做，方才快乐；如若教导他模仿临画，不利用他的本能，那他的意思，就不免有不满足之处。我教授儿童图画，曾求出一个结果，就是教授临画，成绩收集起来，都嫌呆板无味，同许多花纸一样，丝毫不显出儿童各个的感情；有时教他们作记忆画，凭着记忆创稿子；或是自由画，凭着想象去绘画；儿童所表现在画纸上的事物，那就有趣极了！形形色色，各极其妙，我们成年人，所想象不到的，他们却认为无上的有趣；虽然画出来的，形状不正确，光暗不合理，然而的确是他们感情上具体的表现，是可武断的。当他们完工的时候，拿着他的画，追问我好和不好？我就捡出好的地方，奖励他们几句，他们得到我鉴赏后的批评，就格外快乐了，又拿着他的画，送给别的同学看，以表示他满意的创作之成功。在这种情形之下，我不敢说，儿童的艺术创作能力十分丰富，然而敢说，他们艺术创造的趣味是绝对的成立，不像成年后的创作，因着环境的拘束，畏惧各方的讥评，不能尽量把感情赤裸裸地表现，可见儿童时代，这种创造精神是何等可贵！这一段是说明儿童绘画方面，有创作的本能。

2. 儿童的雕塑

泥土要算是儿童的恩物，何以呢？一般的儿童，最喜欢翻砂播土，如遇着和湿了的泥，那他们就格外要想出法子来利用他；撮起来，捏起来，惨淡经营，成功了一样东西。他们虽没有完美的工具，但是他的两只小手和十个指头，已足够他的使用；假如有了小刀和竹片，帮助他的工作，那就使他十分满意了。挖一块，刮一块，也可做成人物的形状。如若所做的是泥菩萨，或是泥碟子，他还要向菩萨行礼，拿碟子盛草代表的菜，居然实用起来。纵或做的东西，部分不全，形态不确，却总能得到他的友朋欣赏，成人的眼光和见解是不能评判儿童艺术的。儿童雕刻的材料，泥土最为普通，其他如木石之类，因为取材不便，用具不完，或是儿童能力有限，因而不能直接地表现。不过简单说，儿童雕塑方面，有创造的本能，也许是一句不错的话。

3. 儿童的工艺美术

许多儿童最喜欢玩具中的小洋娃娃，他因为爱护这小娃娃，一定想出许多法子来安顿他；譬如木片厚纸做成房子，破碎的布缝成衣服，用纸折成帽子，拿绒做成花球，小娃娃房屋里，附带的东西，儿童都设计去创造。假使材料丰富，用具便利，则做出来的陈设品，必定大有可观。人家日用剩下来的废物，儿童却利用了他去创作，有了结果，他们的创作趣味，就格外丰富。我们一班成年人，回想在儿童时代，大约都经过了这样的过程，倘若是这家的儿童众多，就要设计得格外周密，创作得格外巧妙；创作的物品，固然不过是些雏形，然

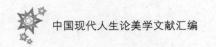

而创作的精神，却不可因儿童的缘故而忽视了他。

4. 儿童的建筑

有了许多砖石和木块，放在儿童的面前，儿童必定把它堆砌起来，成功建筑物的模样。我在一个设计教学的教室里，曾经看见过一个七岁的儿童，用积木堆成了一座洋房，外面的形状固然正确，并且连烟囱窗子都有点表示。他们幼稚的思想上，创作出来的成绩品，足以使成人惊奇欲绝。就以我自己说：小的时候，曾经养过一条狗子，那个狗的窝，有门墙有屋顶。我虽没有学过瓦木匠，然而用稻草木柱和砖石，是有能力，可以砌成功的：间或栽些花草在天井里，那花台花架，也都有方法可以建筑。人假如没有建筑的本能，何以自幼就有这样的建筑举动？倘若让儿童生活在自然的环境里，我想他们的本能，一定格外有进步。

5. 儿童的音乐

蛙鼓蝉鸣，以及鸟啼狮吼等，它们发出种种的声音，一定是它们感情的表现，都带有本能的色彩。人类牙牙学语，不能成声，但是发音的高低，是渐有变化，啼笑的时候，大致有同一的腔调，就是在声音上，表示他的痛苦或喜乐，这种情形，是不学而能的，是可以认他为具体的表现情感。大的儿童，听见奏乐的声音，就会用手拍节，用脚踏板，领会音乐上的趣味。有的儿童，弯曲着指头，放在嘴里，能学鸟鸣；草的叶子、芦柴管子，放在口中，也能吹成曲调。还有许多儿童，嘴里不放东西，卷着舌和嘴唇，也能唱歌。凡在这类本能丰富的儿童，长大成人，再学音乐，一定格外擅长。

6. 儿童的诗文

儿童时代，识字不多，文字的发表，能力极薄；所以谈到创造，说儿童能够借着诗文的发表，表现他的弱小的心弦上的情感，可算是绝对不可能的事。不过说他爱好诗文，能欣赏诗文，那是可证明的。一般才会说话的小儿，从成人嘴里学到的，除种种简单名称之外，最多的要算是歌谣。无论何种地方，儿童的歌谣都因着环境，有盛行的几种，小儿最初喜欢听大人唱歌谣，后来就渐渐地会模仿着唱，无论长句短句，有韵无韵，他们都觉着唱起来很有趣味。老年人对儿童说故事，那是无论何人，都晓得是儿童最欢迎的；要知道故事，就是把文字的记载，用言语传述出来，在儿童的时代，果然有喜唱歌谣和听说故事的习惯；所以成年以后，对于诗文，一定也能欣赏。不过这项本能，比较起来，发展得稍为迟些。

7. 儿童的舞蹈

儿童在极快乐的时光，从他们的走路上面，可观察出他的得意。他的步法快慢，身躯跳跃，都很有节度，头的摆动、手的拍节以及五官的表情，都与儿童内心的感情一致，不容作伪的，不容掩藏的，可算是儿童的情感，在舞蹈方面，赤裸裸的表现。有时儿童听到奏琴的声音，因着进行曲的曲调所表示的疾徐快慢，拨动他的心弦，他心里得到一种不可言喻的快乐，就不期然而然，手之舞之，足之蹈之，应着琴声，拍起节来，跳跃起来。在这天真烂漫的情况之下，是何等的自然，何等的有趣？所以，我以为儿童对于舞蹈是能创造的，而且这种本能尤其显著。

8. 儿童的演剧

戏曲的游戏，儿童是天然爱好的，我们听儿童说故事的时候，他要表现故事中的人物，他的神情和姿势，一定模仿着不少。譬如他要说一个老年人，他就用手常常做出理胡须的样子，要说一个军人，必定挺胸凸肚，做出有威可畏的模样，假如他要说一个女子，他必定改换腔调，另做一副神气。果然他的脑中，有过了各种人的印象，他必定能再现地发表出来，至于喜怒哀乐的表示，虽不能说丝丝入扣，然而都有几分像处。虽在这简单的表演里，他的演剧形式却极其自然，有时化装起来，那就更有可观了。在演剧一方面的事，大概是不学而能的。我所在的小学校里，往往因着学校开游艺会、演剧的机会，发现许多能力丰富的儿童，而且大都不是由教导成功。由教导成功的，表演形式虽不差，然而感情的表现，都觉枯燥沉寂，因为不是他观念界所有的事，不是他感情上蓬蓬勃勃、要发表的事，虽然粉墨登场，装腔作势，都觉得不甚自然，没有趣味。所以我说还是儿童本能上创作发表的戏剧，为最有价值。

前面所述儿童欣赏艺术和创造艺术的本能，大都是可以证明的事实；不过儿童虽有艺术创作的本能，如若不经过长期的研究和练习，本能是要退化的，所以结果能成功艺术家的人才就很少了。但是多数的艺术家虽不可得，多数能欣赏艺术者却可以养成。一国的人，大多数果能欣赏艺术，那时代的精神就可以艺术化，人生问题的解决一定很美满。养成创造艺术者以及养成欣赏艺术的民众，都是教育一部分的事。教育可以利用儿童艺术的本能，采取相当的手段，以适应儿童的艺术生活，这是本文讨论的焦点；但在讨论这问题以前，要先明白我国现今小学界对于艺术教育的实施状况。

我国小学教育，推行垂二十年，教学方法，不能说没有进步；但是关于艺术的科目，在现状之下，却未能满意。普通小学校关于艺术的学科，有图画手工音乐，然而这几项科目，不但学者不知道他的重要，就是一班教者也不明了他的价值，所以都认他为"随意科"，空有名目，敷衍门面。考究起来，不是师资缺乏，就是经济困难，以致实际上视此等科目如赘疣，能注意到这个问题的，也不过是几个有名的学校。试问从何研究，何以改进？间或以为图画手工，对于实利主义方面，有些关系，处处以实用谋利为目的，至于美育的陶冶、趣味的增进，在他们的脑筋里，却没有过这回印象。

我曾听见一位有名小学校的教员，对他一个高小毕业生说："你好好的天资，为什么要进美术学校？现在的事情，要是英文、算学有了根底，到处都有事做！"唉！他的意思，以为美术事业，饥不能食，寒不能衣，对于生活问题，断不是紧要的关键。我想他思想上的错误，不错在重视理智的科目，而错在轻视了艺术的价值；他始终不明白人生的究竟，还是专生着为穿衣吃饭呢？或者还有进一步，人生向上（美化）的问题呢？他们根本不能理解艺术，那些艺术科的教学，还能希望有效果吗？

我个人的意思，在我国现代荒凉枯寂的现状之下，猜疑、欺骗、嫉妒、虚伪种种的恶德，都充满了人们的脑海里，扰扰攘攘，无和平的希望。根本的缺憾，就是一般人未得到文化的教养，不能养成一般人有趣味的人生观，所以乱事相继，都无悔祸的热忱。倘若理智教育十分进步，而无艺术教育以济其弊，我恐怕终究不能寻到人生究竟问题的解决！

已往的成绩，不能满意，追悔也是无益！未来的事，如仍听他迷惑着，不入正路，可以吗？儿童有欣赏艺术创作艺术的本能，我们负教育责任的人，应当相机利导，启发或培植，不让他欣欣向荣的萌芽，中途枯萎了。一方面社会上可以得到，供给群众享乐的艺术创造家，并养成群众有爱美的素质，使欣赏艺术品而能美化；群众俱生活在有趣味的空气里，充满了爱的力量，和平的企图也可达到目的。

儿童天真烂漫，社会的习染不深，资质纯洁，加以陶冶，易奏功效，在他幼稚的时候，使他经过了艺术的训练，则影响于成年后之事业者必大。我的意思，凡在儿童的时期里，都要注意他的艺术生活，在家庭中，在幼稚园，在小学校，儿童处处都发现他艺术的本能，就要时时注意到对于他的艺术教育。

现在分着三个时期，在环境方面，教学方面，说明一些，写在下面。

A　家庭

（一）环境

儿童在家庭中，总离不了母亲或乳母，同他最亲近的人，一举一动，影响到他的习惯很大。所以为母亲的，举动辞色，处处都要注意。至于选择乳母，最好要温和美丽，性情贤淑，在儿童听觉、视觉上都能感到优美的习染。至于他的环境，尤其是十分重要，凡是有不正当事业的所在以及操残虐职业的店铺，有宰杀牲畜等事，勿使儿童接近；恐怕他模仿着去做，或销蚀了他慈祥的心情。孟子的母亲，教育孟子，迁居三次，就是要孟子的环境，莫得到不良的习染。家庭里的布置和装饰，过于华美，固属奢侈，而且经济的力量有所不及，不过求能整齐与洁净，幽雅或精致，是可以做得到的。儿童生活其中，处处感到有秩序、有美感的印象，他的欣赏能力无形之中自然增进。

（二）教学

幼稚的儿童，在家庭中，遇到机会，演奏音乐给他听，对他说有趣味的故事，教他做运动，择良好的玩具给他玩赏，令儿童身心各方面，都得到娱乐。他们潜伏在小心里的艺术本能，感到外界艺术的诱引，要益发趣味浓厚起来。当他们的意思要想发表艺术上的创作，这个时候可以多供给他的材料，各类的色纸，调好的泥土，他如彩色画具、竹头木片，要不绝地供给他，任他的意思去做；苟没有危险，不必去干涉，尽量地使他有发表艺术的机会。

B　幼稚园

（一）环境

儿童除掉了家庭里的生活，最好入幼稚园学习，做入学校的过渡。所以，幼稚园里的环境，于儿童的关系极大，园里的设备，固然要看经济的能力怎样，不过十分简陋是不行的。最好儿童工作，工场游戏要有游戏的场所，读书要有读书室。这各处的设备，内容各各不同，却也没有一定的制度，大体上主要的，还要算布置和装饰的问题。在儿童的四周，满壁悬着美术画，各处放着美术品，墙壁桌椅的色彩要调和悦目而富于美感，天然物的花草尤其要多陈设。不过，笼中养鸟，罩下养鸡，这类不自由的事，最好勿使儿童欣赏。在幼稚园最不可少的，我以为要有植物园，多栽花草树木，使四时不绝，都开出美丽悦目的花，充满了芬芳气味，结成许多果实；早晨晚间，有各种雀子息在上面，可以听到和鸣的声音，夏秋之间，有许多昆虫生长在园中，叫起来如同奏乐；自然界的美，日日接触着儿童的观念界，是于艺术最有益的事。还有接近儿童的仆役，也要注意选择，不要使儿童得着不良的习染。

（二）教学

儿童在进幼稚园的时期中，他的能力渐渐充足，他的思想渐渐发达；游戏的冲动居多，吸收知识的习惯尚少。幼稚园的保姆受许多家庭的委托，责任的重大，可想而知，所以修养上学识上，都要有很充足的预备。对于儿童的心理不可不考察，处处要利用儿童的个性，加以诱导，使个性逐渐发展，不加抑制或摧残，奖励儿童自动，教儿童自由创作。凡儿童思想能力不及的地方，就帮助他。至于创作的材料，都要能充分的供给，一方面创作，一方面教学。最要紧的问题就是趣味，做的时间长久了，做的动作劳苦了，做的成绩失败了，都要想出法子，常常变化，或是慰藉他，解除他的不快乐；莫要教他减少创作的趣味，将来对于创作有所畏惧。但是，在工作的时候，儿童有不良的习惯，要加以矫正，一切的用具、一切的事务，要教他善于处置，不要偏重技巧的训练，忘却了事务的整理。还有游戏的时光、方法和旨趣，都要含有艺术的意味。琴声歌声，要能表现情感，使儿童听见了，就拨动他的心弦。舞蹈的动作，尤要自然，合于儿童的生活，不要做机械的动作，枯燥无趣。教儿童读书、对儿童谈话，不妨带有神秘的色彩，牛鬼蛇神不嫌怪诞，因为儿童不是成人，成人的文艺拿来给儿童欣赏，是格格不入的；唯有象征的神话，最为儿童所喜悦，听之津津有味，不厌不倦。总之对于儿童的教学，都要不忘记了他是儿童，还要不离开了艺术，这是最要注意的一点。

C 小学校

（一）环境

儿童在小学校里的生活，占儿童时期的大部分，所以小学校里的环境，可以说与儿童大有关系。要想儿童的艺术才能充分发展，就要先使学校的生活艺术化。怎样讲呢？解释起来：就是学校的种种方面，都含有艺术的意味，都要合于美的条件。学校周围的树木花草要栽得茂密，学校近旁的道路要筑得整洁，学校的大门要崇宏壮丽，学校的校舍要高爽清洁，职教员以及夫役俱要和蔼可亲，粗俗与暴戾，均非所宜。以上许多问题，一部分关于经济，一部分关于人力，但办事者的精神抖擞，人力牺牲得多，就是经济困难，对于艺术的设施也不成问题。再说到教室里的设备、教室内的装饰，那也离不了一个美字，还要注意调和同变化。儿童生活在这美的环境中，所接触的、所印象的，都有艺术的意味，加上他自己固有的艺术本能，联合起来，可以使艺术的趣味十分丰富，艺术的创作进步无穷了。

（二）教学

未入学校的儿童只有相机利导，使与艺术接近；既入学校的儿童，对于他的教学方法，要常注意在艺术的训练。譬如绘画方面，要重自由发表，对实物直接描写，凭想象创稿作画，使他心意上的情感，直接表现出来，凡有拘束个性，有碍发展本能的方法，都宜避去。工艺制造，使用器械的要少，联系手眼技巧的要多，要心灵上能启发智慧，要感兴上得到美的享乐。分工作业，制造家具，虽然是实利主义，可震惊观者之目，然小学儿童，是否宜于训练为实际的工作？系又一问题。我以为分部制作，不显儿童各个的创造才能，第一减少趣味，是可以断定的事。音乐选材，要含有高尚优美宏壮活泼等感情者，借以陶冶学生性情。乐器的练习，以能自由使用为目的。此外，仍需有各种集会的组织，如演说会之讲演、说故事，游艺会之演剧与舞蹈，展览会之展览绘画诗文工艺的成绩，使学校的生活，完全艺术化。儿童因有高尚的艺术工作，劳其心志，社会的恶习惯自然不生影响。儿童的趣味日丰，脑力益健，对于他种理智的学科，易于领略，心灵、智力均获其益。退一步说，可养成一般欣赏艺术的群众，进一步说，不难造就专门的艺术人才。小学时代树其基础，中学大学收其效果，所以我认为儿童的艺术教育最有价值，就是这层意思。

我因为要说明儿童艺术科的教学，不得不引证儿童的艺术本能，因而连带要先说明艺术的价值，与人生的关系。信笔写来，觉得十分冗长，现在我要说几句话，做我这篇文字的终结：

蔡孑民先生说："新文化运动莫忘了美育。"我套他的口气说一句："艺术教育的运动莫丢开了儿童。"

（选自《中华教育界》1923 年 4 月第十二卷第 9 期）

艺术与道德

徐朗西

实际的生活和道德的生活，几占人类生活之大部分。普通虽区别为实际和道德，至康德氏，则总称之为"道德生活"。盖把"道德"广义地解释时，确可包括实际和道德。此广义的道德生活，即积极的人类性之实现，即人类之先天的本能的价值之实现。

广义的道德生活和艺术的生活，有根本的不同。前者是现实的努力与实行，后者是假想的观念的非现实的努力。明白地说，基于利害得失之希望和目的，关于现实的事物，现实的努力实行，是广义的道德生活之本领。艺术的生活，则不管真实与否，现实与否，虽不否定真实和现实，却以具有真实或现实以上之假想的创造世界为其基础。故前者是现实世界之实行，后者是假想的创造世界之观照。前者是实行意志之主张和努力，后者是创造之观照和玩味。前者是以意志为本位，后者则以感情为本位。前者是实际的严格的努力，后者是自由的感兴或游戏。

对此根本的异点，先应注意者，是"实感"和"美感"之区别，及实际生活上的效果和艺术生活的效果之区别。世虽有否定此实感和美感之区别者，然从原则说，则二者之间，确有明了的区别。盖实感的生活，到处都混有利害得失之意识，而美感的生活，则全无此种现实性。因此，实感生活随时伴有自我意识，而美感生活则缺此意识，无人我之区别，所谓"忘我"，即美感生活之本质。

至于严肃的道德行为和极自由的艺术生活，看来好像是反对的，世人每以为艺术是太放纵且无规律，视艺术为不道德。古来道德家和艺术家之争论，实起因于此。

实在二者之形式，虽不能混和，然他们的内容，则几完全相同。道德生活之内容，是具体的价值生活，是意识之努力，是人性之实现。而艺术之内容，亦属人性之实现。盖艺术之内容，概以实际的生活为材料。换句话说，实际的道德生活即艺术之内容。若除去实际的道德生活，艺术便无从成立。故若广义地解释道德的意味时，则可说艺术之内容，亦不离乎道德。且艺术是创造，是超越现实之现实。人生之意味，全赖此艺术的创造，始得完全的实现。

二者之内容，既如此根本的相同，则二者当然有相互协助之可能。艺术常与人情绪的效果，而道德生活亦常予人种种感情的效果。此感情的效果，是艺术内容中之主要元素，亦是构人类生活之要素。人类的生活中，皆无此感情的要素，则是何等的空虚和乏味。概言之，美感是完全的精神的，实感是断片的、感性的。艺术生活和道德生活所以有相同的感情效果者，实因艺术之内容，原来不离乎人类生活所致。我们人对于现实之生活，每具各种意识之认识，若喜悦、悲哀、涕泣、欢笑、希望、努力等，而对于艺术的世界，亦常有此等同样的认识。

不过，道德家每以道德生活（包含实际生活者）为主体，而置艺术于从属，功利地评论艺术，并把道德的规律来限制艺术之内容。艺术家则以艺术为主体，而置道德生活于从属的地位，以为道德生活之极致，亦不过是艺术之内容。所谓道德和艺术之冲突，概起因为不能明了道德和艺术之全体。例如裸体画问题，道德家单从道德之立场来观察，艺术家纯以艺术的立场来观察。观察点既不同，见解哪得不相异。因此道德与艺术，总难免时起冲突。尤其是因为道德之严肃和艺术之自由，在一方不能理解他方时，必成为冲突之动机。因此，艺术家每嘲笑道德家之迂腐，而道德家常痛骂艺术家之放浪，实在皆属矛盾偏曲之见解；若能明白真善美为人性之全体，则学术家、道德家、艺术家，大可携手合作，启发人性，造成尽善尽美之社会。

（选自《艺术与社会》，上海现代书局 1932 年版）

艺术与学术

徐朗西

欲明白艺术对于人生之使命，不得不把艺术的价值生活，与其一切人生之价值生活相对照；而从其他之价值，以区别艺术之特殊的使命，且概观艺术对于其他之价值生活，有如何关系。于是，艺术之独立性与使命，始得了解。

所谓人生全体之价值生活是甚么？此全体之价值生活，是否有整个的系统或组织，艺术是否在此组织中占居一位置，其所占之位置复如何。此等问题，以哲学的理解来解释时，即康德氏之所谓"依据天才"。但是，须把艺术当作文化组织之一要素，始得有明确的认识。康德氏所主张之文化生活的全体，是学术、道德、艺术之三大价值，换言之，即真善美之价值生活。因此，我认可知艺术确为文化组织中之一大要素。在康德氏以前，若希腊，亦以为艺术对于人生有重要的意义。及至康德氏说明文化之组织，始把真善美配置于知情意。若把人生之一切的价值生活，从康德氏之说以概别时，则得下列之三类。

一、学术的生活

二、道德的生活

三、艺术的生活

先把其他之价值生活与艺术生活下以简单的比较，而从其他之人生区别艺术生活，再总合一切价值生活，自然能明白艺术之位置与使命。

若把艺术与学术相对照：则知二者之使命虽异，然大体之倾向，确有相互类似之性质。学术和艺术，究有如何之不同。概言之，即学术的领域不能脱离真实，而艺术之领域，则在空想及创造的世界之中。前者以真实之世界为根据，后者以创造之世界为基础。然若把实在与价值当作对象而研究时，则二者根本相似。盖艺术之创造世界，决非架空的世界，是想象的真实，或否定真实之真实以上之想象世界。故从根本说来，艺术之世界与学术之世界，可说是完全相同。不过，学术以真实为根据，而艺术则以极端的创造为基础。故学术无论在何处，皆以真实为目的，而艺术则以超越真实之创造为目的。换句话说，艺术并不失却真实，在创造一点，确超越乎真实。更可说，艺术的真实，有真实以上之创造意味。而真的创造，才是艺术的真实。因此可知，艺术之真实，并非否定真实，是预定真实之创造。

学术以分析为手段，依概念以理解一切。艺术则依据直观和想象，而具体地来感得或了解人生。前者是抽象地理解一切概括一切，后者是具体地感得一切玩味一切。简言之，学术以理解为生命，而艺术则以感得为生命。然学术和艺术，都把人生和自然为对象，不过手段相异，至于二者之观察的态度和想象的态度，又属相互一致的。

学术和艺术，均不像其他之实际的态度，基于利害得失而把实行为主眼。学术和艺术，是真实的、创作的，以观念及想象自然和人生。此冥想之点，二者又极类似。从这一点说，则学术和艺术，均非实际的态度，是一种理想的态度，而与其他实际的态度，成对立之势。学术是依真实以考察人生和自然，艺术是依创造来玩味人生和自然。若学术中之哲学，主体亦是依概念以理解人生，故与艺术有极密切的关系。换言之，把人生之意味当作对象的一点，艺术和哲学非常的类似。古来哲学和艺术相互维持，确为人所共知之事实。在理解人生的意味上，哲学常须艺术之直观的补助。而艺术方面，对人生的直观上，亦必要概念之考察的补助。

今进而比较学术之真实（概念的考察），和艺术之创造（直观的玩味）。在真实的一点，学术自有确实稳固的长处，不过概念的考察太属于抽象的、形式的，故有难能把捉人生之缺点。艺术因是创造的且具体的，是主观人生之意味，故能感得或玩味活泼泼的现实以上之人生。从玩味人生之一点说，确为艺术之特长。不过，艺术因为是太属具体的，故每被特殊的范围所拘束，而难能观察复杂的人生之全体，这亦可说是艺术的缺点。因此，艺术是适于捕捉人生之中心的意味，至欲把握复杂的人生，则确须有赖乎学术。从上述的关系看来，艺术和学术，根本上自备有相互辅助之倾向。

艺术家是根据直观的想象者，学术家是依据概念的理性者，二者虽步着不同的途径，然想象的理性与概念的理性之根本，确存有共通之法则和作用。换言之，二者之间，自有极亲密的关系。一方大概是倾于情绪的，一方则以纯粹的理智为生命，而二者之根本，又属一致的。故形异而实同，是艺术与学术之本质。

（选自《艺术与社会》，上海现代书局 1932 年版）

艺术和美育

吕　澂

今人对于艺术的解释，凡有好几样。或者说：艺术是人间的一种创造活动和那活动的产物。或者推进一层说：那样的创造便是人间生命的一种表白。或者更进一层说：艺术岂但一种生命的表白而已，简直是生命——"由表白而开展的生命"当体。这些解释虽然浅深不同，但都非单指着客观存在的作品一面，又非单指着精神活动一面，却浑成一段生活事实而说，便是认艺术作片面的或全体的人生。

为什么人生事实里好区别出种种艺术来呢？这全因为开展那样人生的根本态度和一般的很有些不同。本来一切生命都依着扩充、前进而继续存在，生命的本性便可说向这两方尽量发挥他所有的能力。只看那无情的植物吧，泥土里一些幼芽，它会抵抗着风、霜、雨、雪、一切自然环境的压迫，尽量生长，以至于绿叶成荫。树犹如此，人生可知。人生存在很广阔的自然里，在知其余人间乃至一切生物相关涉；从这中间开展个人的生命，一举一动，一言一语，就无非现在生活着的个人的"自己表白"。如此表白不容说是他个人和自然、人间接触有种了解而来。了解的意味如何，又依着当时认识的态度而定。

假使在一种态度里，容许有最彻底的了解，便是从生命的意义去了解呢，由那里发动的表白对于自己的生活固然必要，便在其余人间乃至一切生物也都觉得必要，可说最适合生命的本性。为什么呢？在全体生命之流里，人间乃至一切生物谁不求遂顺着生存，又尽量遂顺着而丝毫不受其他的压抑。但并存着而都求尽量的遂顺，利害不一，就难免有冲突的地方，终须一方受了压抑，成了不自然的生活。如果要解除了这些冲突的机会，或对能够发生冲突的地方自得着种种解决，这只有彻底了解到一切生命的核心———一切生命最相吻合的一点，不期发生了纯粹的"对于一切生命之爱"。有了这样爱的根底，扩充着、前进着个体的生命，自然超脱地趋向创造的一途，不至于妨害其他生命。从大处看来，这样可不是最适合生命的本性？但容许有那种了解的态度又是如何的态度呢？他一方面须得有纯粹的直观，一方面又须有自由的表白，这就属平常所说的"美的态度"了。美的态度的成立、开展，自有种种的过程，又还能前后连贯着、继续着，所以在那态度里自成一种人间生活，继续着又自开展一种人间生活。在事实上，这些都明明和其余人生有区别的，便得另加上个名称叫做"艺术"。

在一向人间可称做艺术的生活里，有很堪注意的一点，便是艺术品的制作不绝。平常谈艺术的过于重视这点，以为艺术就依着艺术品而存在，似乎离了艺术品，人间更无从有艺术的生涯。如此的见解不免错误。艺术的生活里各种人事都属"艺术的"，所谓艺术品不过其间一部分的产物。又构成"艺术的事实"的活动都属于"艺术的创造"，所谓艺术品的制作不过其间一部分的过程。艺术品的制作由美的态度开展而有，但同样态度的开展依然有他种事实，且仍成其为艺术，乃至能有那种事实的都不妨称作"艺术家"。所以，卡朋图（Carpenter）常说："最伟大的艺术是'生活'，一切人间都不可不是

艺术家。"谷格（Gogh）也说："耶稣没有一些作品而不失其为大艺术家。"

现在再解释了艺术品制作和一般艺术生活的关系，就更容易明白这一层。艺术品制作的活动有好几个特征可说。第一，当制作时的精神过程并非以前一段过程（平常以为预制作的过程）的具体反复，却是继续着开拓，自成一气，连贯地进行。第二，这样进行绝不以制作完毕而停止，却开展向无限的未来；所以每一种制作都与精神上前后的经过有渊源关系。第三，在制作前最靠近的一段短促的精神过程、对于制作过程除掉连贯着以外，另有种密切关系。制作还没有开始，却在那时候对于作品的大体已有一番认识。这仿佛一闪电光忽然照过了万众的全体，学者间便认它作"艺术家的灵感"。至于随后来的制作呢，可就在这瞥见过的大体轮廓里细细地进展。所以，艺术品的制作固非照详细的预定格式复述出来，也非漫无着落地盲进。就由这三点，可见艺术品的制作只是作家艺术生活中的一部分。这一部分生活虽因所用表白材料的关系，所表白的不受时间漂流，而聚集得个整体的作品，却也只具现得片段的作家生命。作家的生命是永存的，这片段的具象当然也有永存的价值，可以独立地存在着。作家的生命全体是连贯的，这片段的具象又当然可见出个作家面目来。在有作品的艺术家，这制作的事固然不能从他生活上切离，但对于全体生活的关系就止于此。

再说到对于一般艺术生活的关系呢，又关联着有好几个问题。艺术家生活里为什么定要有艺术品的制作，可不是为着制作才有那样的生活？如果不错，一般人间的艺术生活又何以不尽然？解答这几层，势必推究到艺术作品如何起源的一点。人生的事实本都可说作"表白"的。因为表白的意义不同，所有形式也就不一。像最原始的表情、最广泛的言语，都属一般人生里很重要又很本然的表白。人间自觉不是孤另的，为着生活不可不求自身以外的同情，所以有种种表情乃至成了组织的言语。但一样求自身以外的同情，却先对自身外一切曾有了彻底的同情呢，那就非一般表情言语所能表白，而须得别种的样式——所谓艺术的表白。艺术的表白是求一切同情的表白，同时是同情于一切的表白；像一般的表白呢，便不必对于一切有同情的意味。前一种所表白的兼有一切生命之爱，后一种却只表白得个体生命之爱，所以两种根本上不很相容。人间原始的生活原是专图个体生命的开展，自不成艺术的表白。后来有了艺术，从很不相容的人生里萌芽出来，形式上就不期和游戏相接近，又和装饰相混杂；这些都发生在生活有余力的暇时，又像是对于生活没有直接关系，以至人间误会这些都属一样地经过了若干年。也就因为这样情形，艺术家在一般人间里终觉落落不合，而自居于特殊的地位。他们从一种生活里自感到改变过生活态度的切要，又感到这在全人间都一样的切要；一片人生的热爱，不由得他们不用最直接的，一方面也是最特异的形式表白出来，求他人的同情。但迷惘过甚的人间泛泛地相对着，只使他们不能已于人生之爱，而不绝地愿求着，以至于只有愿求着，那特异形式的表白自成了一种连续的发展，于是有了以制作艺术品为中心的艺术家生活。摩伊芒（Meumann）就曾说："艺术家都是孤僻的人物，他原非孤僻，没有人懂得他，便见得他孤僻了。"不错，艺术家再爱人间不过，如何自外于人间，甘做孤僻的人物！却在异样态度的生活里要直接地将所有的热爱倾倒出来，艺术家就不得不趋向孤僻似的生活，埋头在艺术品的制作里，常常抛却一切。若论到艺术家的心呢，原要本着那样态度彻底地遂顺自己的生活，同时要全人间都由那样态度而生活。所以，他们用特异的言语——艺术品，向他人说，要人听到那底里的意义，而影响到生活的根柢。就像文学那样的艺术品，常见得一时代人间对于生活最深苦闷的所在——充满着矛盾的人生为着矛盾的苦闷，全由作家深彻的同情，而有彻底的直感、彻底的表白。凡是人间应该觉得而不能觉得的，应该呼吁而不能呼吁的，艺术家却为着自己，又为着全人间觉得且呼吁了。但苦闷的人生决非一觉得、一呼吁而可已，必须继续着展开，以解决"苦闷"的人生。艺术家的具体言语里似乎并说不到这一层，却实际已具备了这一层。他那种觉得和表白的根柢可就是解决人生苦闷的根柢。艺术家原自感到苦闷的人生须改变向艺术的人生的，他发生特异言语的根本态度自然是美的态度——开展一切艺术的人生的态度。他的本怀也就要听得他那言语的同他一样态度去开展个遍及一切人事的完全艺术生活来。所以，在现状的人生里实现艺术的人生固不必只学着艺术家去制作什么艺术品，却须借着艺术品做转移的关键——一种很重要的关键。艺术品制作对于一般艺术生活的关系如何，从这上面便可清楚了。

且在这里又可见出人间艺术生活还有很重要的一点，便是鉴赏。艺术家的制作如何不尽地汲取着自然、人事的源泉，不容说有种鉴赏。至于艺术家特异的言语如何能得一般人的了解，一般人如何受艺术家言语的启发面对自然、人事会有纯粹的美感，那又都全依着鉴赏。完全的鉴赏须有"纯粹观照"集注了认识能力，彻入对象的生命根柢，而后成立。鉴赏的对象纯从个人的精神活动构成，和感觉上实在印象有异。感觉的印象是零零碎碎的死物；所鉴赏着的呢，无论艺术品或自然却都成了完整且有生命的个体，而浸润着一片美感。这纯属人间的一种创造、一种人间力的充分发挥，就非一般人都不教而自能。人间齐生存在无尽藏的自然里，却有几多人真能从自然领略到美；人间又很像喜欢艺术品，却有几多人真能同情到作家，更不必说从美的鉴赏而继续着美的态度展开了艺术的人生。所以，除却少数人——平常也尊称作天才的，非有正当的启发、引导，不会完成或实现美的鉴赏。自然是从前曾有的启发，引导未能适当，所以从人间艺术的历史看来，艺术品本来能启发艺术生活的，却和民众只结了泛泛的关系，并没透彻地渗入他们生命核心，一摇动他们的生活态度。可算作先觉艺术家努力的效果的，不过少数天才受着启示，也一样为着人间去制作，使那一脉艺术的细流在一般人生里流着不绝。但艺术品原是艺术人生里言语般的表白呢，固不得认为了言语有人生，更难说只有言语是人生。所以，任着艺术的这样自然趋势下去，完全的艺术生活不过人间永久的憧憬，多事的艺术家也不过畸零的人物。在这里，就少不得一番人间的努力，引导一般人走向那条路去，另开辟个人间世界来。这引导、开辟的事便是所谓美育了。

美育的思想在前世纪的中叶曾经一度达了高潮，但在一般教育上实际的运动不过是1880年以后数十年间的事。总算进展得快，理论上既已有了几多歧异的主张，实施上也于专门教育以外，确定了普通教育里有关美育的科目——像图画、手工、音乐、舞蹈、美文等——力谋发挥那些的效力，并还顾虑到家庭、社会一切方面的美的陶冶。推究美育会如此发展的原因，固然很觉复杂，但为了人生枯燥无趣的感觉，不能满意从前主知的教育，而欲从情意方面的陶冶去调剂他，这确是很重要的主因。这样的根柢上明明认情意是人生的一面，片面的陶冶自不能概况了人生之全。所以，美育家里主张略为偏激些的一派被人称作"极端派"，要用美育来代替了智育、德育等，就显出极大的罅隙，不能自圆其说。相反的温和派便服服帖帖地承认美的陶冶止于改善人生，却不能转移人生；所以要普通教育方面不破坏教育全体的目的，不图养成艺术家，又不另设什么特别科目，而收了美育的功效——美的享乐能力的养成。这两派都明白美育和艺术有关，却都认艺术不真，所以他们的主张有关艺术的方面，或倾向于对艺术而偏重鉴赏，或倾向依据艺术而偏重创造，不免一样的不彻底。

　　试问何以要养成一般人鉴赏美的能力呢？最普通的解答自然是，随处能有美感，便觉到生活的趣味，而不绝充满着清新的生活力。但真正的美感须从美的态度构成，并非一些表面优美的快感便是；生活的趣味须从生命力最自然的发展流出，也非借着一点爱好表面快感的刺激便有。这都关涉生活的根本态度，而一般美育家的主张却不贯彻到这里——并不要这样的贯彻，他们多不信区区发生美感的态度能使生活根本转移。他们要借美感来调剂人生，仿佛是点缀一些趣味在枯燥的人生上，却不能使那生活自体有甚趣味。这样美育的效果对于人生的价值就觉可疑——绝对的可疑。只看晚近的欧洲号为文明的国家罢，哪一国没有些美育的点缀？艺术品的制作不别真伪地从数量上统计起来，可不是逐年地增加？美术馆、美术展览会、演剧场、音乐会、随地随时的有，去浏览、欣赏的人可不是盈千盈万？衣、食、住乃至一切工艺品，可又不是逐事地讲究，而形式上日见其优雅？被这样美的陶冶着的人，究竟生活本质上改动了几许，估量到美的价值又有几何？从一面看去，他们不过借着爱美的幌子表示是文明的人。他们的爱重艺术，与其说出于情感的自然，毋宁说充满知识的做作；与其说适合生话的要求，毋宁说流于奢侈的习惯。更从一面看呢，他们也曾觉得现状生活的不安，要求一些慰藉，但只知道暂时的且表面的。所以他们利用爱美的安慰，仿佛病苦中专服麻醉剂一般，全不计及将来的病苦更深，而图根本的治疗。他们原自远远地离开艺术的乐土，且拒艺术家于千里以外。借着越强烈的美的光明，不过越显出那生活本体，尤其是阴影面的黑暗。他们却就从这方面的照耀说生活是彻体光明，这又是怎样的颠倒！像一般主张养成鉴赏能力的美育家，也泛泛地提倡爱美，要替现在人间有些厌倦着的生活添上一些趣味；最后又最大的效果，徒然增加了人生的颠倒，以外更有甚价值？所以说这样的主张是不彻底的。

再说到发展美的创造能力一面的美育主张。这是要用学习艺术品的制作做手段，去增长人间的创造力，而使生活日趋于丰富。艺术品的制作原非一些形式的模仿就能成功，且一般被教育者也不能都去做艺术家，不过艺术品的制作是创造的，由学习制作自可以增长一种创造力。所谓艺术的创造和一般人间的创造本质上是不是相同，在那一部分美育家固已不加深论，更办不到发生两种创造的根本态度有怎样的差异。其实呢，艺术的创造都是"为创造而创造"，发挥了他本身的意义，同时人间的占据欲便逐渐降低到极限；至于现状人生里也有创造，伴着占据的私欲而起，又供着他的利用，说到究竟，不过占据欲变相的扩张活动罢了。艺术生活态度里在在都为着一切的生命，而现状的生活呢，只明白有自我，只是自我生命须得无限的扩张；这么不同的态度里就一样的有创造，意义已自各别，何况本质上原来是两类。美育家要用本质不同的艺术创造来助长一般生活占据欲变相的创造，这中间明明横着极重大的矛盾。况且，美育的发生原自与现状人生不满足的觉悟有关——因觉得现状人生是有欠缺，乃要从美育得着补救。可是所谓欠缺并不在人间已有的创造力不发达，却在那般创造的趋向错误；又所谓补救也不在去推波助澜，却在改头换面。要是不应助长的却去助长，应用在反面的却用来正面，这是怎样的颠倒！但主张创造主义的美育家却就依如此根据立说。他们沾沾自喜地顾着装饰的、奢侈的美术工艺的发达，还以为就是美育的一种效果呢！所以他们的主张依然是不彻底的。

现在如果认美育和艺术有关系，又从艺术的真际去辨认艺术，那就对于一向来美育上大体的主张不可不加一番订正。艺术的真际是依美的态度开展的人生事实；而美育呢，在根本态度不同的人生里依着人间曾经有和能够有的艺术事实——艺术品的制作和美的鉴赏的启示、引导，转移了人生态度，使那艺术的人生普遍实现在这世间。普遍地实现了艺术的人生，这是美育唯一的目的。

因为贯彻这种目的，实施美育的方法上也不可再像向来偏重在鉴赏方面，构成了种种美的环境而静待着自然而然的感化效果，或者偏重创造方面假着艺术制作的名目错用了人间的生活力。固然一般人的艺术生活须待着鉴赏引起，但那鉴赏要是彻底的鉴赏；又艺术生活的展开须待着创造，但那创造应出于美的态度。并且这两层还自连贯着，创造时根本的态度可就是鉴赏时的态度自然地展开。像一向来的美育实施呢，强要划清了两种，固已很不合理；就是那样的养成鉴赏，除去因主张而不纯粹的一层不说，也自难得彻底；那样的启发创造就除去应用错误的一层不说，也自难归到美的态度。这现状的人生里明明横亘着两种障碍。妨害那鉴赏的彻底和美的态度遍于一切创造，是一般美育家却茫然地都见不着。第一是一般人（有几多的学者乃至艺术家也在其内）对于艺术久已抱着个很深的错解，只觉那是和制作艺术品相关系的，必须天才方才做得，和一般人的生活就只有泛泛的交涉。有了这种错解便时时妨害到鉴赏，不容人间掬出生命源泉来融洽在对象的生命里，以至彻底感到对象的美。第二是社会的组织在根据人间的占据欲，且又只便少数人的私欲扩张。这全和美的态度不相容，除却了受着优待，没有彰明较着被压迫着的艺术家而外，谁能纯用了美的态度去那样社会里生存？艺术的创造虽不限于艺术品，而在那样社会里只容有艺术品的创造。这两种障碍原自绝对妨害着美的感化，如不积极地去扫除乃至一部分的扫除，纵有种种美育的设施，也属徒然。

所以现在实行美育，对于向来所有的设施也不必一切推翻，但须教育家、艺术批评家、作家乃至艺术的爱好研究者，协同尽力到几个方面，使那些设施的功用变更，效果彻底。这是哪几个方面呢？第一，传播正确的艺术知识到一般人间。为着这样传播的基础学术，应当从一般美学以外更建立一种"美育的美学"。又从向来通行的考据式、评点式的艺术史以外，更编过人间艺术生活发展的历史，将艺术家对于全人生占着个怎样的位置明白地确定出来。又在普通学校教育里斟酌情形，也不妨添设了解释艺术的科目。第二，去从事改造社会的活动。现在一切人生的问题都归结到社会问题，便觉异常繁杂，不是泛泛地解决可以了事。但现状的社会确和艺术人生不相容。静待着美的感化去根本推翻，像是很合论理，可奈那美的感化先就不能成立。因此，先觉的人们应去从事部分的改造，使艺术人生得着一片领土，就可以渐渐地推广。那推广的运动仍须美育家去努力。数十年前的英国的诗人毛梨斯（Morris）为着艺术的人生曾有一番复古运动，并还部分地实现出他的理想来。那理想虽有些时代错误，但他的眼光确是已见到美育设施上应行的一条道路。现在依然要从那里走向前去。第三，养成实行美育的人材。这须改革了艺术方面一切专门学校教育的目的，不单着眼在传习一点技术，造成些自外于人间的专家，却使被教育者富有艺术的创造力，且彻底了解艺术的真际，而多能投身在美育的事业里。总之，美育的范围很广泛地遍及人间，又很长久地关涉全人生，而现在的美育家呢，是从根本上初步做起，就须先有个明白的"观"——艺术是怎么一回事，关系到艺术的美育又是怎的一回事。

（选自《教育杂志》1922年10月第十四卷第10号）

美育之原理

李石岑

美育运动，在最近二十年间，随着人类本然性之自觉而日益壮大；此诚吾人精神向上之表征，抑亦教育价值之显例也。夫教育上德智体三育之说，由来已久；经最近两世纪之试验，知未足予吾人以最后之满足，于是有美育之提倡。美育研究之范围，由学校美育进而至于家庭美育、社会美育，更进而至于人类美育、宇宙美育。美育之力，遂隐隐代德智体三育而有之；岂唯德智体三育，并隐隐代宗教以及其他精神界之最高暗示力而有之。此可以觇美育之功用矣。

德智体三育，何以未足予吾人以最后之满足？欲答是问，宜先问德智体三育与人生之关系若何？盖教育之第一义，即在诱导人生使之向于精神发展之途以进；而德智体三育所以完此职责者，能达至若何程度，此不能不问也。夫教育之原始的形式，本即为德育与体育；学剑学礼，同时并进，而祖先之风习、情操、法律、道德赖以维持。其后特重遗诫家训，而德育遂视为教育之主题，悬为最高目的，教科中有所谓训育者，几视与德育同义。德育之尊重，可以概见。自社会之分化发达，知识的教化之范围日广，而德育之势始稍杀。盖知识的教化，所以启示人生者，远驾于德育之上，则德育不足以敌智育也明甚。唯智育以授予知识与技能为主旨，其有裨于人生之实用也固甚大，然究足以导吾人于生命向上之途与否，仍属疑问。至于体育，虽为人生所必需；若仅以强健体格为唯一之天职，此外并不附以精神上之意义，则此昂昂七尺躯，只成为宇宙之赘疣，而何生命向上之足云？故十八世纪，中于德育过甚之弊，而不脱传袭的思想；十九世纪，中于智育过甚之弊，而招弗罗伯尔一类之自然主义的悲哀；二十世纪初头，中于体育过甚之弊，而有前此之军国主义的欧洲大战。最近教育界觉悟之结果，知德智体三育偏重固不足以予人生之满足，即并重亦难语于精神之发扬，而不得不着眼于人类之本然性。之所以启示人类之本然性而导之表现者，则美育也。

德智体三育，如用之不当，则或足阻人类之本然性使不得展舒，甚或锢蔽之、斫丧之。故古典教育，注入教育，军国民教育生焉。德智体三育所以陷于斯弊者，亦非无故。德育与美育，适立于相反之地位。德育为现实的，规范的；美育为直觉的，浪漫的。德育重外的经验，美育重内的经验。德育重群体之认识；美育重个体之认识。德育具凝滞阻碍的倾向；美育具活泼渗透的倾向。又智育与美育，亦立于相反之地位，智育重客观的；美育重主观的。智育重普遍的；美育重个性的。智育重抽象的；美育重具体的。智育重思考的；美育重内观的。德智二育，虽各有其领域，而于人类本然性之发展，自然远不如美育所与机会之多。至于体育，则本属美育之范围，更无所谓领域。体育原期身体之美的发达，所谓人体美之陶冶，即希腊教育之中心思想。人但骛于体育在增高体位，遂忘其本义，而去精神向上之途乃愈远。故德智体三育，对于人类本然性之发展，皆不能无缺憾；换言之，对于人生，皆不能予以最后之满

足。此美育之提倡，所以非得已也。

今请阐明美育之本义。美育之解释不一，然不离乎审美心之养成。进一步言之，即为美的情操之陶冶。情操有知的情操、意的情操、美的情操三者之别；然美育实摄是三者而陶冶之。如判断、想象，为知的情操之陶冶；创作、鉴赏，为意的情操之陶冶。至美的情操之陶冶，乃美育必守之领域，此义不待词费而自明。惟愚以为美育不当从狭义之解释，仅以教育方法之一手段目之；当进一步，从广义之解释，以立美育之标准。美之种类不一，要皆足以操美育之能事。就美之对象以区别之，则有自然美、人类美、艺术美；而三者复可细分，如下表所示：

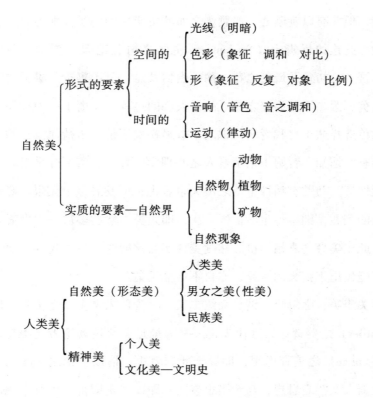

```
                          建筑
                          雕刻……造型美术
    艺术美—人工美—美术 {  绘画
                          音乐……音声美术
                          文学（演剧）……词藻美术（动作美术）
```

　　据上表以观，知美之范围极广；即可知美育之意义，未可着眼于一部而遗其全体。吾人生活于此自然美人类美艺术美之中，岂能一刹那间不受美之刺激而生变化？如因美之刺激而生变化，即美感足以潜移吾人之精神活动。换言之，足以发展吾人之精神生活；更换言之，即为吾人人类本然性之要求。盖人类本然性，乃时时欲为不绝的向上发展，但非有以刺激之，或刺激之而非由于美的刺激，则不容易使之发动。此正如哲姆士（W. James）主张之情意论派的哲学。谓如攀花；吾人最初感及最美之花，徐而由情及意，至于攀折。攀折之第一因为美，第二因乃为美之花。故吾人心的过程，全由于一种选择的作用，单选择适于自我者而认识之。故最初发于情，由情而及于意，由意乃有所谓知。哲姆士诏示吾人之心理学的程序，实不外乎是。人类本然性者，乃贮有精神生活之最大量者也，可发展至于无限。经一度之美的刺激，则精神生活扩张一次，即人类本然性多得一次发展之机会。此正美育之真精神也。然则美育实为德智体三育之先导；而美育之不能仅出于狭义的解释，亦自不难推见矣。

　　关于美育之解释，请更介绍二义。一为新人文主义之美育；席勒（Schiller）之美育论，其代表也。一为最近美育运动论者之美育，蓝楷（Lange）之美育思想，即属于此派者也。请以次论之。席勒所代表之新人文派之思想，与希腊思想同；即以"美即善"为其思想之中心。故谓美育即德育；教育全体之理想，舍美育举无可言。美育不特为德育之根本，同时为一切科学之根本。盖美非一种架空之想象，实乃真理之显现。真理之直观，由于美的享乐；美的享乐，即达真理之路。夫科学基于理解，美术由于直观；科学为抽象的，美术为具体的，固不得谓无差别。然此不过达真理之径路不同，要其归趋，实未有异。若美术与道德之关系之密，则更有什百于是者。美术者乃表现共通的原理于个体之中者也；道德者乃强制个体使屈服于共通的原理之中者也。方法虽异，而于强个体以从全体则一。不过道德为义务的，为压抑的；而美术则为好意的，为自发的耳。故美育不特与德育不相矛盾，且进而包容之，相提相携，引而致之真理之域。此席勒美育论之大意也。而美育运动论者之论调，则大反是。自美术之品味与内容变化之后，"美只为美"之思想，遂充满于人人脑中。于是，美术不独与科学不生交涉，且与道德全为绝缘。更有时不道德者与非科学者，反益足以发挥美之神圣。此派之美育说，不以美育为教育全体之理想，而仅以之为教育理想之一，不过居教育理想之最重要部分而已。此派之精神，全着重于美的享乐。故其美育方法，专以发达被教育者对于天然及美术品之感觉为主旨。意谓人性固为意志之发现，人生之活动，固不可轻视知的作用；但如缺乏美术或其他之情的生活，则人生岂唯陷于枯寂无聊，抑且由美的情趣之减少，无形中足以破人生圆满之发展。吾人不徒努力正大之人生，抑且希求兴趣之人生。蓝楷之美育思想，即带有此派彩色。故谓教育之目的，不在养成美术家，不必别施以美术史或美学等之教授；儿童亦不必令其于技术等有所论议，仅使之浏览美术而悦之而欣慕之斯可耳。故美育一以自然为归。此蓝楷美育说之大意也。总览二派之思想。一为"美即善"，一为"美即美"。换言之，一谓美育即德智体三育，一谓美育与德智体三育绝缘。愚以为两说虽似根本不相容，实有可以疏通之处。盖后者实摄于前者之中。夫谓美育即德智体三育者，以美育即含有德智体三育之作用。换言之，即美育占有德智体三育之领域；然不得谓美育因占有德智体三育之领域，即失却固有之领域也。美育自身，固自有其领域，其领域即为与德智体三育绝缘之美育，诚以美育之精神广大，非可以一义限之也，今更举图以明之。

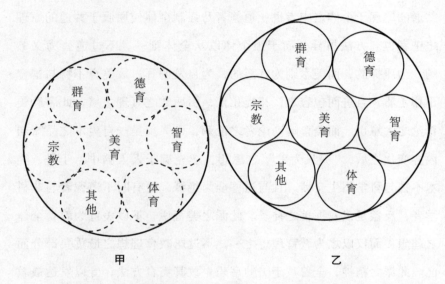

甲　　　　　　　　　　　乙

甲图乃示前派之思想，乙图乃示后派之思想。前者示美育伏有德智诸育之作用，后者示美育与德智诸育全为绝缘。愚以为乙图所示美育之领域，即伏于甲图所示未显德智诸育之作用之范围内。故谓后者实摄于前者之中；而古来两派分驰之思想，至此乃得其会通。愚所以必沟通此两派思想，俾冶于一炉者，良以美育实际上决不脱德智诸育之作用，而又未可拘泥于此，致美育失其自身之领域，而阻碍其发展之前途。质言之，美育显德智诸育之作用者，不过其方法，而美育自据其领域不欲为德智诸育所染者，乃其归趋也。唯愚对于前派之思想谓美育即伏德智诸育之作用者，以为其说尚有不备，德育所重在教，美育所重在感。教育上教化之力，实远不如感化之力之大。盖教乃自外加，而感则由内发；教之力仅贮藏于脑，而感之力乃浸润于心也。父师之训诫，不乱婉好之叮咛；家庭之孕育，不敌社会之观感。故常引导国人接近高尚之艺术，或清洁之环境，则一国人之心境，不期高尚而自高尚，不期纯洁而自纯洁。此可见美育所含德育之意味，实远过于德育所自含之意味。再言智育。智以求真，而智有所蔽；或言语文字所未能达，或自然科学所未能至，则智穷而去真仍远。若美则以呈露真境而益彰。柏格森（Bergson）谓美术由一种之感应，得彻入对象之里面，而把捉其内部生命，是美与真常相伴而生。由此可以推见美育所含智育之量，多过智育所自含之量。再言体育。体育原期身体之美的发达，已在美育之范围内；而美之环境或优美之心情，与愉快之气氛，所以增进体魄者，实较机械的锻炼收效尤速。是美育已早擅体育之能事。至于群育，亦未能脱美育之范围。美之普遍性与调停力，足以减少社会上之反目与阶级间之斗争，此拉士金（Ruskin）早已阐发之。可以见美育所含群育之功用。最后请言宗教。宗教乃予吾人以精神上之安慰者也。换言之，即启示一种最高之精神生活。而美育所以启示吾人最高之精神生活者，殆随处遇之。吾人赏览山光水月之时，吾人之心魄，殆与山俱高，与水俱远，是可见美育之精神足以代宗教之精神。至其他精神界之最高暗示力，均舍美育莫属。盖宇宙乃一大艺术品之贮藏所；所谓宇宙美育，实含有至大至广之精神，"辟如天地之无不持载，无不覆帱"。此皆所以广前派之美育思想者也。愚对于后派之思想谓美育与德智诸育绝缘者，以为其说亦有未至。夫美育而至与德智诸育绝缘，则美育乃完全一种最高之精神活动；在人类言之，则为人类本然性充分之发展。所谓人类本然性，即生之增进与持续；此生之增进与持续，即尼采（Nietzsche）所谓"生活意志"，柏格森所谓"生之冲动"。然生之增进与持续，常伴于快感之增进与持续，乃得生之满足，以发射生命之火花；人类之所以高贵无伦者，恃有此耳。故吾人不但努力正大之人生，且希求兴趣之人生，所谓美的人生。夫而后美育之真价值乃见。此愚所以广后派之美育思想者也。二者俱备，则美育之能事毕矣。

愚今请简括数语，以做兹篇之结论。美育者发端于美的刺激，而大成于美的人生，中经德智体群诸育，以达美的人生之路。美育之所以蔚为一种时代精神者，意在斯乎！

（原刊《教育杂志》1922年1月第十四卷第1号）

艺术教育的效能

陆其清

艺术教育这名词，在中国用来已有数十年之久，究竟他的意义是什么呢？如果根据艺术和教育这两个名词单独的解释，那就是——艺术即美的情感具体的表现——教育即生活——其实这两名词联合起来的意义就是美的生活，简单地说就是"美育"。

美育究竟有什么效能呢？他的目的究竟何在呢？过去研究这问题的人有一个共同的答案，就是"美化人生"，因为艺术是美的感情具体的表现，所以凡是制作艺术品，欣赏艺术品，都是美的生活，任何一个人在看一幅好的画、一出好的戏或一曲好的音乐的时候，他的身心一定感到很幸福，这就可以说他这时候是在美的世界里。再试作进一步想，像建筑、雕刻、绘画等静的艺术是在美化我们周围的环境，他可以由我们的眼睛传达幸福的美给我们；音乐和诗歌是在美化我们周围的空气，他可以由耳朵传达幸福的美给我们；而戏剧、舞蹈、电影等综合艺术也是在美化我们周围的空间与时间，能兼用我们的眼和耳传达幸福的美给我们，综合来说，这一切的艺术是在美化宇宙，人生在这宇宙里自然也就美化了。所以，如果好的建筑越多，好的雕刻越多，好的绘画越多，好的音乐诗歌越多，好的戏剧、舞蹈、电影越多，那么宇宙就越美，人生也就愈被美化。

所谓美育是与德育智育同等重要的，所谓智育就是科学教育，所谓德育就是道德教育，所谓美育就是艺术教育，科学是讲求真的，道德是讲求善的，艺术是讲求美的。这真、善、美三事才是人类生活的理想境地，所以科学教育愈进步，愈能够实现更多的真；道德教育愈能够实施，愈能够增多善；艺术教育愈发达，人生就愈美化，所以人群的努力，总是向着这三方面，缺一不可，从此可以知道艺术教育所能发生的效能——美化人生——是多么的重要。

上面所说的是艺术教育效能的永恒常态，但是他也有特殊的时候，即所谓时代性，就是某一时间因为特殊的需要而发生特殊的效能，这种特殊的效能有时含着"指导人生"的任务，是比较积极的，像古希腊罗马的艺术，多表现勇武的精神和美的体格，所以当时的人们受了这种艺术的陶冶，他们也就爱运动好战斗起来。这种积极的效能并不是美化人生的常态，而是在指导人生，像中国目前这个时代，恰好是需要这种特殊的艺术教育，即需要一个指导人生的艺术教育，凡是一个艺术教育家都应该知道，中国这一个时代是怎样的动荡不安定，民族存亡是怎样的危急，我们确实没有余暇来完成理想中美满的人生，我们现在首先要完成平安自由的人生，以后，才能继续努力向着理想的人生大道迈进。这是这一个时代独有的需要，需要艺术教育发生这种特殊的效能。

指导人生的方向历来很多，除开古希腊罗马尚武的艺术之外，像中世纪的艺术都是暗示着崇奉宗教，皈依上帝，指示人们走向博爱之路，至今世界上仍有无数的人受着这种影响，而中国今日所需要的启示既不仅是勇武好斗，更不是宗教的迷信，而是希望达到一个平安自由的目标。但是这件事并不容易，当前的大敌，正努力毁灭我们的平安与自由。我们要想达到这平安与自由的境地，就必须首先除去这当前的大敌。所以这一时代的指导人生的工作也就要以此为主。艺术教育在这一时代的积极意义也就以此为依归，就是说这一特殊的时代就需要艺术教育能够充分发挥指导群众驱除暴敌的效能。从此又可见特殊的艺术教育在这特殊的时代又是多么重要。

一般人都以为艺术是太平年间的玩意儿，美育更是平安时节的装饰，那真是大谬不然，从今以后，每一个人都应该晓得，所谓艺术教育在平时他的效能可以美化人生，在特殊的时代他更可以指导人生呢。

（原刊《音乐与美术》1940 年 5 月第五期）

美的根本问题

徐庆誉

一　美的起源

　　美术的起源、美的性质及其与人生的关系，为美学中三大问题。从来学者对于这三问题的意见极不一致。关于美术的起源一问题，有谓起于游戏者，有谓起于宴会者，有谓起于畋猎者，还有谓起于自炫的冲动者。这四种假定，都不足以解决起源的问题，比较起来，"自炫冲动说"算是可靠。我们首先当分别美术与美的异同，当承认先有"美"，而后有"美术"；美是"因"，美术是"果"，欲明白其果的起源，决不能就果论果，必须追考其因；这样看来，美术起源问题，其关键完全在"美"的本身上。如果明白美之所以生，自不难知道美术之所由起。人们为什么有美的观念呢？换言之，人们为什么爱美？我们马上要解决这个问题，爱美是人们的通性，古今中外，如出一辙，虽幼稚的小孩，便知道选择美的玩具，和美的衣裳；虽赤贫的劳工，在他家里，必有一两幅图画，或用花纸裱墙，或用鲜花实瓶，不论怎样穷，必想法设计整理其家具，装饰其居宅。至如青年妇女，对于自身的服饰，尤为注意；在行走兴寝的时候，无一刻不力求其美，饭可牺牲不吃，而装饰不敢稍疏。不仅少年妇女如是，老年男女亦然。总之，凡是含生赋气的动物，都有好美的冲动，不仅人类如是，其他动物亦然。人的爱美，正如求食一般，这是天赋的本能，并不是由学习而来，从生物进化方面研究，这爱美的本能，更有深厚的趣味和意义。生物的繁殖，基于雌雄两性的调和，两性的调和，又基于两性的吸引，而两性互相吸引的唯一工具，即以"美的表现"（Expression of Beauty）为媒介。知道了这个奥秘，然后就知道花之所以美丽，雄鸟羽毛之所以夺目，雌鸟之所以善歌，以及男女青年之所以殷勤打扮，是什么一同事了。总而言之，爱美是人的通性，（生物的通性）这种冲动，是先天的，在生物进化种族繁衍上都有极大的价值；因先有了这热烈的爱美冲动，于是才逐渐进而为各种传美的美术，美术的根源，就是在此。

二　美的性质

现在研究第二个问题——美的性质。未谈美的性质以先，还有一个美的有无问题，摆在前面，正待解决。宇宙间究竟有没有所谓美？怀疑美的存在者，颇不乏人，因为美的观念，每每受"时""空"的限制。以"时间"而论，前代之所谓美者，现代未必为美。比方服装一项，维多利亚时代的女装，在当时大家都以为美，如果现在有一位少妇穿着那时候的古装在伦敦街上走，没有不以为丑者。我曾在牛津（Oxford）买一辆旧式自转车，系欧战前伯明翰（Bermingham）某公司制造，此刻该公司久已倒闭了，所以战前旧式的自转车，将告绝迹了。凡牛津学生以及市民看见我的自转车，莫不窃笑，都以为我的自转车，"不合时宜"（out of date），全无美感。这样看来，以"合时宜"（up-to-date）为美，以"不合时宜"为不美，那么，过去之所谓美，即现在之所谓丑，现在之所谓美，又是将来之所谓丑。美的观念，与时变迁，如此之速，在这迅速变迁之中，怎能够承认有真实的美？再就"空间"而论，甲地所认为美者，乙地常以为丑；中国的音乐如琴瑟笙箫等类，中国人莫不好之，若一旦搬到西方，西人闻之，未有不嫌其索然寡味者。德国华格纳的音乐，风靡欧洲，欧洲人无不称道羡慕，若一旦搬到我们中国来，中国人听之，恐亦鲜有承认其美者。不仅音乐如是，人体美的观念亦因地域而不同。西方人以女人身材高大为美，中国人以轻小为美；西方人以黄发为美，中国人以黑发为美；西方人以女人的乳部突起为美，中国人以隐藏为美。中国的西施以欧洲人的眼光看来，不一定美丽；换言之，西方美人不免为东方丑妇；美的观念既因地域而生差异，虽谓天地间无美，亦无不可。人各美其所美，而非人之美，美的标准毫无定评，普通一般人之所谓美，不过一时一地之风尚习惯而已，岂真有所谓美之实在性耶？怀疑美的存在，与怀疑道德的存在，是同为常识所蔽，只见到事物的一面，没有了解事物的全体。依常识说起来，道德也常受"时""空"的限制，古以尊君为德，今以爱国为德，恐数百年后，爱国也不是德，爱世才可谓之德。古以女子无才为德，今以女子有才为德；古之婚制以遵父母之命、媒妁之言为德，今以父母包办婚姻为不德；一夫多妻制为中国旧伦理所包容，却为今日的新道德所不许。足见从来无一成不变的道德，道德本身的兴废，常以时代为转移，其本身原无实质的存在。试再以空间证之，男女授受不亲，在中国为道德，男女握手接吻，在西方为礼仪。中国以几世同居为美谈，西方以兄弟各立门户为义举。中国人以祭祖为孝道，西洋以祭祖为迷信。举凡家庭和社会上一切道德的信条，彼此相冲突的地方很多，地域不同，道德的内容亦随之而异。所谓道德云者，亦不过一时一地之风尚习惯而已，岂真有所谓道德的实在性耶？以上两大疑问，很有考虑的价值，如能证明道德的实在性，自不难证明美的实在性，请先证明道德的实在如次。

宇宙事物有"原则"（Principle），亦有"例外"（Exception），有"同一"（Similarity），亦有"差别"（Difference），有"本体"（Reality），亦有"现象"（Appearance）。如从"原则""同一""本体"诸方面以研究道德的实在，自然容易证明道德绝对的存在，并不为时空所限。如单从"例外""差别""现象"诸方面立论，当然不能找出真实的道德。比方积极的道德，如爱人助人怜恤人等原理，并不以时代地域之异而生等差，在古如是，在今如是，即在将来亦复如是。不论何时何地，断没有人能否认爱人助人诸道德者。消极的道德如不杀人不奸淫不劫掠等原理，也不因时代地域之异而生等差，在古如是，在今如是，即在将来亦复如是，不论何时何地，断没有人敢承认杀人、奸淫、劫掠等为道德者，如有之，必为未开化的野蛮民族（波罗洲土人以多杀人为荣耀，有以人骨为装饰者）。这样看来，道德因时空的变易而变易，乃道德的例外，和现象；非道德的原则，和本体；道德的原则和本体，常超乎"时""空"限制之外。明乎此，然后可以证明美的存在。从原理和本体上观察，美不受时空的支配，正如道德一般；其受时间支配的，乃美的例外，和现象。比方李白、杜甫、歌德和拜伦的诗歌，不论何时何地，凡读他们诗歌的人，未有不能领略其神情而赞叹其真美者，足见真美的实在，正如道德的实在一般，绝无怀疑的余地。如果还不十分明白，请再以"自我的实在"证之。"自我"（Ego）亦有本体和现象两面，现象的我不论何时何地，皆在变化转换中。婴儿时的"我"绝不是孩童时的"我"，孩童时的

"我"，绝不是成年时的"我"，成年时的"我"，又将异于壮年时的"我"，逐渐变化，不可捉摸，我们能否以这与时俱变的"现象我"，（体我）和那永远不变的"本体我"（灵我）相提并论？如果不能，那末，我们只能否认随时变易的"体我"，不能否认常住不变的"灵我"。同样，我们对于美的存在问题也当抱同一的态度；我们可以否认"现象美"的存在，不能否认"本体美"的存在。

美的存在，既已证明，当申论美的性质。格罗遮（Benedetto Croce）在《美学原理》（*The Essence of Aesthetic*）中分析美的性质甚详，他说："美术是幻想或直觉"（Artis vision or intuition）。

第一，他不承认美术是"物质的事实"（Physical fact），美术是载美的工具，美的特性，原与物质无关；所以载美的美术，也必须建于精神的活动上，决非物质的事实。复次"美术是超越的实在"（Art is Supremely real），反之，"物质的事实无实在性"（Physical facts do not Possess reality），关于此点，不能令人无疑。因为常识告诉我们，音乐的表现在"声"，声的寄托在"物"，如钢琴小提琴七弦琴，以及其他的乐器，无一不是"物质"。再以绘画而论，画的精神，表现于画，画的成立，又不能离乎纸与颜料，及其他一切与画有关系的物质。诗歌亦然，不论诗人的天才怎样高，若没有笔墨亦无由表现其诗的美。至如建筑雕刻，完全以物质为基础，从常识方面看来，不能不承认美为物质的事实。然而常识的经验，绝不足以援助我们解释精神界的问题。我们当然承认音乐与乐器，绘画与颜料，都有密切的关系，但请问乐器是不是音乐，颜料是不是图画？如果不是，又怎能够承认美术是物质的事实？

第二，他不承认美的观念与功利主义，有混合的可能，他说"美术不能为功利行为"（Art can not be utiliterian act），因为功利行为的目的，在离苦得乐，美术是超乎苦乐之上的；换言之，美术不一定包含快乐，所以我们不把快乐代表美的属性。虽然很多的时候，我们能从美术中得着许多快乐，但有时候我们也许在美术中得着许多痛苦。比方巴黎蜡人馆中，我们游的时候，常不免苦乐交集，当我们看见水晶宫里的景象时，我们很娱快；若走到耶稣受刑罗马斗兽场，和悍妇杀夫等模型前，精神上很感痛苦。在幽暗凄凉的境遇中，目睹蜡人形象，惨悲之念，油然而生；若我们以快乐代表美术，那么，惟水晶宫及其他一切滑稽模型才可算是美术，其余那些令人生悲的蜡人形象，皆非美术，有是理乎？又如我们或在野外游戏，或喝一杯柠檬水，或拍网球，无在不可以发生快乐，难道柠檬水和网球也是美术吗？可见美术不一定包含快乐，而凡发生快乐的，也不一定是美术。

第三，格罗遮不承认美术与道德有不可分的关系，他说"美术不是道德的行为"（Art is not a moarl act）。美术不能与道德生联带关系的原因有二。（甲）美术是成于"幻想"与"直觉"，前已提及；"幻想"与"直觉"的性质，正与"梦境"相同，离"实际的事实"很远。所谓离实际的事实很远者，并不是说美术的本身全非实际，乃是因它生于幻想与直觉，超乎实际的事实以上，不能以道德的规律而评定其价值。（乙）美术的起源，不是起于"意志行动"（Act of will）。举凡一切道德行为，无不是基于"善的意志"（Good will），道德家的资格，完全建筑于"善的意志"之上。"善的意志"，为道德家所必具的条件，却与美术家毫不发生美系；从来美术家不一定个个都是道德家，然而其美术家的资格和价值，绝不会因缺乏道德而贬损。古典派的宗教画家，爱描写天堂的乐境，地狱的永刑，和末日审判的情况，画家的目的，除写美以外，尚含有劝诫的善意，像此类画家，若以道德的眼光观之，当然与道德相表里。反之，浪漫派的裸体画家，爱描写人体的自然美，普通一班人以为裸体画近于海淫，有伤风化，质言之，即非道德行为。试问这种见解，是否错误？平心而论，美术与道德究非全无关系，美术的魔力愈大，其刺激人们的情感愈深，但讲到美术的本身，当离道德而独立，因美之所以为美，初不因是否合乎道德原理而生变化。庄严神圣的宗教画虽美，天真烂漫的裸体画，又何尝不美？格氏以为美术的价值，不因缺乏道德而贬损，正与几何学的价值，不因缺乏道德而贬损相同。既不能以道德的责任加之于几何学，又何能以道德的责任加之于美术？总之，美术的责任，在乎传美，合乎道德与否，乃另一问题，美术无顾及之必要。我个人对于此点，不能完全赞同，美之为美，虽不以有无道德的价值而增减，但对于道德影响之大，无论何人，不能否认。请问郑卫之音，能否与雅颂之音并列？青楼的牙牌曲，能否与教堂的赞美诗并列？意大利古城内的春宫图，能否以美术学校的裸体写真并列？巴黎油画馆的普法交战图，描写战时血肉横飞的惨状，及法兵战败的情形，无不毕肖，以美术的眼光观之，不能不承认其美；以道德的眼光观之，实为鼓励法人杀人的暗示，寓杀伐之意于图画之中，犹谓无伤于道德，未免不近情理。且美术为吾人理想的写真，亦即美术家自身人格的代表，道德的观念与浪漫的精神不但不相水火；且有调和的必要。美术家倘不能负天使的职责，亦毋庸为撒旦的先锋。

第四，格罗遮不承认美术含有高深学术的旨趣，换言之，科学是科学，美术是美术，彼此不但无结合的可能，且互相为敌。他说："诗歌与数学之两不相容，正如水之于火；数学的精神，以及科学的精神，确为诗的精神之仇敌，风靡一时的数学，和自然科学，对于诗歌，并不见得有何裨益"。格氏此种见解，殊欠正确，美术与科学的关系，正如哲学与科学的关系，各有各的专职，各有各的范围，彼此虽可分离独立，然相互间仍有密切的关系。美术与哲学皆尚"综合"，科学尚"分析"，但就这一点而论，似乎美术与科学诚有如水火之不相容；但美术有时亦不能不应用科学的方法，及科学的知识，以竟其传美之功。比方建筑一项，无在不须用科学，尤以数学物理为最关重要。试看意大利的大礼拜堂，及埃及的金字塔，无一不是由科学方法构成的，不仅建筑有赖于科学，而绘画亦然；光线与距离为画家所最注意之点，而光线的测度，与距离的远近，又非借力于科学不可。不论任何浪漫派的画家，未有不注意光线距离，信手乱涂而可以成画者。这样看来，美术与科学彼此为仇敌乎？抑为朋友乎？

从来论"美的性质"的意见，极其复杂，在导言中已述了一个大略。各家的主张有可采取者，有不可采取者，如柏拉图、托尔斯泰、劳斯金（Ruskin）诸人，以"快乐"和"道德"说明美的性质；康德、海格尔和顾列里支（Coleridge）等，以"理想"说明美的性质；叔本华和尼采等，以"情感"说明美的性质，格罗遮以"直觉"说明美的性质，此外尚有许多意见和派别，不胜枚举。我以为美的表现，即吾人"精神活动的表现"（Expression of mental activities），吾人的精神活动，即"知""情""意"三大心理作用的总称，美是心理生活全部的表现，若仅以"知"或"情"代表全部精神活动，未有不陷于错误者。谓美必基于"快乐"与"道德"，固非确论；谓美不容于科学的真理，亦非定评。总之美是精神的产物和生命的本体，非物质，亦非现象；超乎

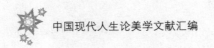

"时""空"之上，而不受制于"时""空"；介乎"物""我"之间，而又统一其"物""我"。

三　美与人生的关系

美的性质既明，其与人生的关系，更不难揣度了。关于此点，此处只提出大纲，不能涉及细目。以进化论的原理，解释宇宙和人生，立刻要承认宇宙和人生是时时在进化的历程中，今日的宇宙和人生，尚未达到"完全"的领域，在这不完全的状态中，自然有许多苦恼。但人生惟一的企图，和惟一的欲望，是求"自我的实现"，和"自我的发展"；申言之，即从"不完全"（Inperfect），达到"完全"（Perfect），从"有限"（Finite）进入"无限"（Infinite），因此对于这"不完全"和"有限"的苦恼人生，力求冲决，以完成其愉快圆满的新人生。解决此问题的方法，原不限于一种人生哲学，宗教和美术，都是人生问题的解答。人生哲学，能领人们走上人生的正轨，并且积极地指示人们，什么是好的生活，至于如何得着那好的生活一问题，人生哲学只能开示方案，叫我们自己去寻找，能否找着，人生哲学概不过问，因此宗教和美术便成为此问题的答案了。真实的理想生活，或愉快的圆满生活，只能在宗教和美术两者中寻找。宗教之于人生，正如望远镜之于天文家，显微镜之于自然科学家，能使人们在这纷纭扰攘之中，能认识人生的真义，和参透宇宙的本体。换言之，宗教对于人生最大的贡献，即是能将一切盲目和机械的物质人生，予以"精神化"和"理想化"。美术与人生的关系，与宗教略同，都以"精神化"（Spiritualizing）和"理想化"（Idealizing）为改善人生的张本。我们反对唯物的人生观，并不是说物质与人生不生关系，乃是以人生的真价，有非物质所能表现者。并且唯物的人生，不论走上哪条路途，终归走不通。富于"理性"和"情感"的人们，绝不会安于"衣架饭囊"的生活——物质的生活，必定要从以理想和精神为重心，宗教美术两者中，必求那"精神的粮食"（Spiritual food）以维持其"精神生活"（Spiritual life）。

卡理提（Carritt）在《美的理论》（*Theory of Beauty*）一书中，论美与人生的关系甚为中肯，他说："人生如不是从美中得着刺激与安慰，差不多是不可了解的。"（Human life with no stimulus or consolation from some supposed beauty is almost inconceivable.）又说："美并不是奢侈，乃是正确与严肃的理想；美是盐，若没有它，人生便无味了。"（Beauty is no luxury, but often an exacting and. severe ideal. it is the salt without which life would be savourless.）我们不都是希望实现一个"美的宇宙"和"美的人生"吗？谁能创造这美的宇宙和美的人生呢？我记得在《菲斯特雷先生的 10 点钟》（Mr. Whistler's Ten o'clock）中有两句话说："世界不会美的呵！只有美术家能使它美。"（The world will not grow fair, and only the artist can make it so.）

（选自《美的哲学》，世界学会 1928 年版）

美的观照

范寿康

所谓美，即如上述，乃是由感情移入而成立的物象的价值。但是我们如果囿于种种利害的观念与现实的欲望时，那么，纯粹的感情移入是绝难成立的。我们如以日常生活中那种散漫迟缓的态度对诸物象时，我们的视线一接触到某一物象的表皮时，其他物象的印象及其他现实的利害等就会从横边突入进来以夺我们的注意。所以，在这种时候我们只是彷徨于现实的世界里边，对于沉潜在物象的奥底的那种生命之泉当然不能掬出。我们唯有在对于物象的态度具有一定的条件时——唯有在日常生活的自我翻然改变态度时——我们方才能够透贯物象之美的意义。我们果要真正玩味世界的美，那么，我们必须像在宗教及哲学一样把我们的生活的态度加以改变才行。然则，我们为透彻对象之美的意义起见，我们的主观不可不具的条件究竟是什么？这是我们现在应当再加研究的问题，也是对于美的一般的考察中一个最后的问题。

所谓美的观照，一言以蔽之，就可以说是否定与凝集。换言之，所谓美的观照，就是指我们把其他一切的诱惑加以断绝而专一地陶醉于对象生命里面而言。所以，美的观照不可不具有下列两种条件。第一个条件就是我们应当把一切现实的利害等加以隔绝，纯粹构成独立的世界这件事。凡足以混乱这世界的种种关系我们都应施以隔离。讲到这层，尤其是以把现实、非现实的问题丢开这一层为最重要。对象之为现实与否，乃是我们使对象与自己以外的东西发生关系时才有的问题。我们纯粹地依据对象的性质而施行观照时，那么，对象与现实、非现实这个问题是全然无关的。如果我们一提出了现实、非现实的问题，不管答案是肯定或是否定，总之，对象内面的世界不免要起一种紊乱，因为不能保持沉静与圆满。这对于对象的现实与否的那种考虑，稍一发动，便已足为构成美的世界上的一种阻碍。这念头稍微一动，我们的注意就不能够集中；我们要想把我们的注意不使逸出美的对象的内部一步已经是不可能的了。所以我们当观照美的对象时第一个条件就是我们不可不完全忘却那个现实、非现实的问题。美的对象，是超越这个问题而单纯地无条件地存在着的。

第二个条件就是我们在美的观照的时候，不但只是思维着或表象着这无条件地存在着的对象，而且要完全地陶醉于这对象里面。所谓观照对象，不是把静止的自我与生动的对象世界使之对立的意思，乃是使自我与对象协同生动，使自我应着对象的要求自由自在地协同活动的意思。所谓观照，我们的自我不可不与所观照的对象协同营一种生命的流动。不过，不随自己的意志而活动，却遵守对象的命令，没入对象的深处而营活动这一层是很当注意罢了。我们如拿着这个条件去观照，那么，对象的生命方才能够流入我们的内心，对象的价值方才能够浸润我们的内面。而所谓对象的生命，毕竟是由我们的生命移入对象之中的，所以所谓"没入对象"之句话。换言之，就是以自我的生命为贯彻对象而已。所谓委身于对象的观照，换言之，就是非自我赋予对象生命这个意思。所以观照云云，要不外以对象的统觉为条件，把自己的生命渗透在对象之中罢了。

这样看来，所谓美的观照，不外是在种种的意义上去改变对象的性质罢了。当我们拿美的眼光去观照时，那对象早已不是现实的对象了，那么，由着美的观照我们怎样去变换对象的性质呢？这就是以下应当考究的问题了。

第一，美的对象，因我们美的观照获得美的观念性（AEsthetische Idealität）。美的对象虽然是由于官能上的材料与由其中表现出来的生命两个要素结合而成，但这二个要素却不得不离开现实世界的关系，转移到与现实、非现实的问题全无关系的一个纯粹的观念的境界上面。关于这点若就官能的材料上言，那么，如雕刻上用的大理石，只不过自然界中与其他许多的物象相联系，为自然的因果律所束缚的一块石头，只不过是触之感冷、击之便碎的现实的自然的一片罢了。可是我们当对象大理石的雕刻时，我们却忘却这大理石乃是一个死物，乃是一个与我们的皮肤底下不断环流着的赤血，胸腔里面不绝鼓动着的心脏各异其趣的死物。我们只是单纯地把艺术家在这块石头上所表现的形象借着视觉的作用吸收来。这大理石在美的观照上不是一个现实，只是一个单纯的形象（Bild）。而这里所谓不是现实这句话，又绝不是把现实误当作非现实的那种错觉（Illusion）的意思，乃是超越现实、非现实的问题而呈一种特异的存在的意思。

同样美的内容——大理石中所表现着的生命也与现实的关系完全隔离。大理石乃是一件永久封闭这生命的法宝。这生命既为这法宝封闭，就不能跳出雷池一步。所以这生命绝不能对于外部的现实行施作用，也不能因外部的现实而受影响。这生命乃不过是一个观念的力量罢了。

更进一步，美的对象的内容，不仅是脱离现实的束缚，并且对于我们其他的观念的世界——如我们的思想、想象以及历史的回顾等——也行隔绝。这种内容乃构成一彻头彻尾地独立着的而且另具一种组织的世界。我们对于这个事实，名之曰美的分离性（Aesthetische Isoliertheit）。这种美的分离性乃是美的观照赋予于美的对象的第二种性质。

第三，这样被观念化而且这样完全与他种观念隔离着的对象的生命，对于我们当然是一个存在。这是一个与我们的主观互相对立的单纯地、无条件地存在着的客观的事实。但这一种事实所以为客观的，并不是因为这种事实是现实的缘故，却是因为这种事实超越非现实的问题的缘故。例如歌德的浮士德，我们并不知道他是现实的或非现实的。但是我们纯以美的态度欣赏这小说的主人公的深秘的苦闷、悲哀等时，这一切的对象，是完全超越现实、非现实的问题而成为与我们对立的客观的事实。我们对于美的这一种性质称之为美的客观性。（Aesthetische Objektivität）。美的客观性为美的观念性之当然的结果，与由证明妥当性而成立的客观性是完全异样的。这是美的观照给予美的对象的第三种性质。

此外，我们如把美的观照所应具的第二条件——就是对象的生命像实在的生命一样激动我们这一点——命之曰美的实在性（Aesthetische Realität）的时候，那么，把这一种美的实在性赋予对象这件事乃是美的观照的最后的使命。而上述的美的客观性可以说是这一种美的实在性所以发生的根源。换言之，正因为对象超越现实、非现实的问题，只是单纯地绝对地呈现在我们的面前，所以我们总能够沉潜在那对象的生命中，总能够体得对象的生命所有的深处。对象如不是获到这一种实在性，那么，我们对象之间只有冷淡的对立，二者的中间永远地隔着一道墙壁，断不能相互渗透，融合一致。对于浮士德的苦闷，我们不仅看作只是浮士德的苦闷，而看作我们自身的苦闷时，美的观照才能完成一切的使命。换言之，必须这样，那么，感情移入才能完成。上面所述的对象的种种性质，都不过是为最后的一种性质的预备条件而已。

固然，我们当观照浮士德时所感到的苦闷与我们在日常生活中所体验到的不能说是完全同质。因为这一种苦闷乃是由感情移入而生的苦闷。在这被移入的苦闷中含有着不可名状的特质。例如，我们看到舞台上足以使人十分愤怒的事情时，我们这时所引起的愤怒之感，第一不是从实际生活的根源中发生出来的，第二使人发生愤怒的那种对象在我们也不过是具有观念的存在的一种形象。所以我们只要不是神经错乱的人，那么，我们总不至于因这一种愤怒而引起实际行动——如跑上舞台去殴打那表演这可恨角色的戏子。因为这愤怒是由观照中得来的愤怒，这自我又是浸透在观照中的自我，而这观照的自我与实践的自我是完全异其性质的缘故。同样，这时我们所体验的感情也绝不是现实的感情，却是一种与现实的感情异其色调的美的感情。"浮士德的苦闷"等对于我们正不过是具有这一种美的实在罢了。

人们往往拿上面的事实做根据，把美的感情称之曰假象感情（Scheingefühl）或空想感情（Phantasiegefühl），以与实际感情（Ernstigefühl）对立。如他们所谓实际感情，是指由我们的实践的生活态度发生出来的感情而言，那么，这种观察，固然可以说是正当。如不然，那么，我们的美的感情，与那些单是被我们空想出来的感情或那些单是假象的感情实在是大有差别。为什么呢？因为美的感情乃是一种事实上被我们体验的实际感情，乃是一种行在特殊的境界里面的具有特殊的性格的实际感情。不过，我们对于这种感情——具有美的实在性的感情——的特性，到底是难以表示出来罢了。这种感情乃是一种与世界上一切体验都不能直接比较的，只有在委身于艺术品的观照，适应艺术品的要求，对于对象的内容行深切的体验时才能为我们所感到的特殊感情。

可是此地我们关于美的观照，不可不更举出一种特质。这种特质乃是美的实性的一面，而且是构成美的意义的最根本的条件。美的观照对于对象更予以一种深度。这叫作"美的深"（Aesthetische Tiefe）。我们当观照浮士德的苦闷或绝望时，我们体验的不单单是苦闷或绝望的情绪。在美的观照，由对象浸润到我们的内心中来的，不仅仅限于这些情绪；并且这些情绪的根源——就是浮士德的人格的力量与伟大——也渗透到我们的内面了。反之，在于日常生活，我们往往为种种的利害好恶之念所支配，所以我们不能贯彻到那对象的根柢上。因此在日常生活中，对象的人格，常似被云雾遮盖着一样，不会明白玲珑地浮现在我们的前面。可是我们一用美的观照的态度来施以观照时，那么，对象的人格的根奥方才都能呈现出来。这样对象经过美的观照之后，所谓对象的"深"才都浮现到我们面前。我们决定对象的美丑——感情移入的积极与消极——的境域，就在这个"深"的所在。不在这个"深"的所在，严格讲来，我们实无美丑可言。

我们现在既讲到这种"美的深"，我们不得不联想到不快或苦恼等对于美的价值具有重大的意义这一层。当我们对诸悲壮的对象时，我们心中不消说只是感到一种极大的苦痛，绝不能感到什么愉快。但是同时在其他方面，我们却又不得不感到我们内面生活的扩张与提高。把对象的苦痛在我们人格深处加以肯定的时候，那么，悲壮的对象也成为值得我们欣赏的东西了。而更进一步讲，为引导我们到我们人格深处起见，最好最便的方法莫过于这一类不快的否定。再拿积极的感情移入与消极的感情移入的概念来说，这一种苦恼等的感情移入，就本身论，当然是消极的感情移入。但是我们因这一类消极的感情移入的对象的导引，沉潜于对象的人格深处时，我们最容易逢着积极的感情移入的对象。换言之，我们在这一种人格深处才能发出"人"来。这样，消极的感情移入，是可以做积极的感情移入的基础、过程或手段的。

再换一方面讲，美的观照所能予以变质的，不仅限于美的对象，我们的主观在美的观照时也会由其他一切完全隔离。在欣赏艺术的时候，那观照美的对象的自我——徘徊在美的对象之中而生动着的自我——与生动在现实世界中的自我会生一种分离的。所以，美的观照是从自我中解放自我，同时是从其他一切的观念我解放自我；约言之，乃是一种自我的解脱。

但这一段话，并没含有什么新的意义。美的对象之观念的内容，毕竟不外是观照的自我。在美的观照中，主观与对象之间实在没有什么差别。所以观照的对象——美的内容——与一切分离时，那么，观照的主体——自我——也就与这观照以外的一切分离。对象的分离与主观的分离，不过是一件事。

在美的观照中的自我，是超个人的自我，正和在学术的认识中的自我以及在道德的评价中的自我同为超个人的一样。这超个人的自我，只能在观照的对象里面生动着，而被观照的东西因此对于一切个人结局不得不为同一。

　　最后，我们再就美的观照与美的鉴赏（Aesthetische Genuss）的关系略加论述。所谓观照乃是我们对于美的对象的一种态度。而所谓欣赏乃是由美的观照在我们内心所行的一种关于价值的体验。我们要是不观照对象，那么，我们对于对象的价值也无从体验；而我们如既已观照了对象，那我们对于那种价值就不得不去体验。所以鉴赏可以说是美的观照之自然的连续或完成。所以鉴赏可以说是美的观照的一面，自然被包含在美的观照里面的。

（选自《美学概论》，商务印书馆 1927 年版）

有用与美

徐蔚南

照上面那样说来，劳动快乐化了，才不愧为名副其实的生活。但是实现了"生活的艺术"，把生活来艺术化美化的时候，敢问从这生活美化里生出来的人生之效果，究竟是什么呢？

加本探说从劳动快乐化里带来的利益有二种：一种是劳动者跟着自己表现，自己解放而来的自身的快乐。换言之，就是创造的欢乐。其他一种，就是从创造的欢乐里制出来的东西的价值。换言之，制造出来送到市场上或商店里去出卖的或交换的物品，因其是从欢乐里造成之故，在那物品里所以吸收着制造者的精神的；购买这种物品的人，使用这种物品的人也反映着相同的精神。说得通俗一点，就是靠了劳动的快乐化，劳动者自身享受着创造的欢喜，使用从这种劳动里产生的物品的人也分得创造的欢喜。制造者与使用者大家得着欢喜，幸福的世界即依此涌现。这便是劳动快乐化生活美化的社会的意义了。莫利史说民众艺术，是"靠了民众，为了民众而制造的，制造者与使用者均得幸福的艺术。"不外是我们上面说明的意味。

然而，我们怎样在劳动里找求快乐呢？我们怎样把生活来艺术化、美化呢？劳动快乐化与生活的艺术化的条件，已经说过了的，把我们内在的所有活动，缩到最少限度的活动，把我们的创造的冲动扩充到最大的活动。但是现在问题便要转换了。就是为了实现那尽量伸张，扩充我们的创造冲动的条件，要如何才可以成功？

那是很明白的事，我们来把那所有冲动具体化的近代商业主义之跋扈扑灭了，造成一个能容各个人尽量发展创造冲动的新社会就成功了。

造成近代劳动生活根本的弊害，是商业主义之跋扈，资本主义之横暴。商业主义、资本主义极端地发挥了所有本能，形成了一种错误的财富。结果，人类的劳动便与商品一样买卖起来了。买劳动的人是资本阶级，他们自己一点也不劳动，而专以财富来买他人的劳动。卖劳动的人便是劳动阶级，他们为了非卖去劳动不可生存之故，于是不能不叛逆了自己的意志，去依从买主（资本家）的意志了。从事劳动的劳动阶级中人，于是便不得不如莫利史所云："他们生活的兴味已从劳动的中心游离开了，他们的事务只是一种苦役；跟着别人的意志而得活计，简直只是一个机械罢了。他们是成为毫无一点意志的人了。"那种劳役，完全是单为了生活而劳役，为了劳役而生活的奴隶状态。

但是这种奴隶状态，不仅从事于劳动的人如此，就是使用购买那种劳动里所产的物品者何尝不是如此呢？我们要知道，近代的商业主义把那具有卖买才能的购买者变成为市场的奴隶了。"市场不是为了人类而有的，人类为了市场而有的，"是近代商业主义的标语。这种样子，自然不论在劳动者方面，使用者方面，都浪费了许多的精力，而毫无一点幸福了。

如果要改革这种状态，应当如何着手呢？那就是莫利史所说的，劳动者要有"非造真正有用的东西不可"的觉悟。有用的东西是什么东西呢？就是劳动者自己与邻人均认为"必要"的东西。近代，劳动者的"必要"，与使用劳动生产品的人的"必要"，完全不同。现在为便利起见，即就日常用品说一说，制造日常用品的人，对于制造出来的物品，简直毫不觉得"必要"，然而要当作"必要"一般的工作着。在使用者的一方面呢，对于所用的物品完全不知道怎样造成的。因此，使用者与制造者之间，不论在使用那物品上，制造那物品上，都没有一点同感。如果要得到同感，最好使用者与制造者互相帮忙做。例如，一个木匠，一天做一只箱子来给一个铜匠；另一日，那个铜匠做一只杯子来给木匠。这样，二人的工作便有同感了。因为木匠的箱子，是像做给自己用的一般，去替他的朋友铜匠做的；铜匠的杯子也是像做给他自己用的一般，去替朋友木匠做了。彼此之间，大家觉得"必要"才工作，那种工作才是快乐的工作，那种物品才是真正有用的物品。

离开了那"必要"，便没有了"有用"的意义。把自己与邻人的"必要"置之度外的都不过是服从商业主义的命令的劳动罢了。这种劳动产生的物品，不是游惰阶级的奢侈品，便是只为供给市场上出卖的粗制滥造品。生产品与生产者的生活毫无一点必然的关系，所以那种劳动毫不带着一点创造的快乐，只是苦役罢了。

上面所说的有用的工作，如果我们要格外做得好一点，应当怎么样呢？莫利史对于这个具体的问题举出三个条件来。第一要工作有变化，打破工作的单调。我们如果被强迫着，每天做同样的工作，没有一点变化的希望，也没有免除不做的一天，我们的生活不是像关在监牢里拷问一样吗？假使说我们应该如此的，那不过表示商业主义的暴虐罢了。凡是一个人至少应有三种职业，有的是坐在室内做的，有的是在露天去做的。不仅做强健精神的工作，并且也要做强健身体的工作。譬如把我们生活的一部分，放到一切工作中最为重要最为愉快的工作（像种田）里经营，我们总没有人会不欢喜的。所以用工作的变化来破除单调的弊端，绝不是不可能的。

为要把有用的工作更加做得好一点的另一条件，便是劳动生活的环境的改造。所谓环境的改造，意思不外乎要把劳动生活的环境变成为快乐的罢了。莫利史说，我们文明人，看见凄惨污秽的劳动生活，竟毫无动心，仿佛劳动生活里应该有龌龊，应该是凄惨的一般，正合富有之家总相当得龌龊一样，社会上的人看去以为是必然的。但是，假使有个富翁在会客室里，堆了一大堆的煤渣，当作弗看见；在饭厅旁边筑了一间毛厕，漂亮的庭中堆积着小山般的垃圾，床上被褥永不洗濯，台毯也永不替换，一家五六口一起睡在一张床上。这个富翁果真这样做，他一定是癫狂的东西，不癫狂，那里会如此！但是，劳动生活的凄惨、污秽，现在我们的社会却视若无睹，甚至以为是当然的，毫不介意，我们不是头等的狂夫了吗？不改革劳动生活的环境，我们简直是无从辩白的独夫。要改革，便得将工厂制度改良起来，把工厂变成理智活动的中心、交际的场所；在工厂里涌现出如在家中一般安慰与欢乐，那末才行！

（选自《生活艺术化之是非》，世界书局 1927 年版）

美与用的连系

朱稣典　潘淡明

实用和艺术，照纯艺术主义和纯实用主义者的看法，好像是相反而对立的名词，艺术不必求实用，实用无须顾到艺术。这仅是粗浅的表面的看法，其实艺术和实用并非背道而驰的。从艺术的起源说，古代的绘画，或为物像的标记，或为冠服宫殿器具的装饰，差不多全为实用；从人类的欲望说，一切所需的器物，除实用外，一定还要求其美观，以满足我们美的欲望。所以艺术虽然是追求美的，但美和用有着相当的联系。

随着时代的转变、文化的进步、科学的发达，对于艺术的观点，也发生不少的变动。艺术除"为艺术而艺术"的纯艺术以外，还须与大众生活发生关系；生活除"为生活而生活"的实用生活外，还需求精神观赏的艺术生活。艺术可以脱离实用生活，而成为纯正艺术；生活却不能脱离艺术，致人生枯燥乏味。这是为了适应生活的需要，实用须和艺术相结合，于是有"艺术民众化""生活艺术化"的呼声。所以现在的艺术教育，正由艺术至上主义，转向到生活化和民众化的方面去了。

　　十九世纪中叶，第一次世界博览会举行于伦敦，从各国所展览的工艺品美术品中，发现普遍的衰退，尤以英国为最。于是，英国就首先展开艺术教育运动，着眼于图画教育的改革。德国、美国亦追踪发展此项运动，于是造成了现代欧美工艺美术品的进步。我国现在正向工业建设大道迈进，对于工艺美术之前途，胥赖于图画教育的发展。

　　各种艺术中，与实用又密切关系的，是工艺美术。就小学课程来说，则为美术与劳作。从前，中小学的课程概设有"图画"一科，现在中学仍称图画，小学则改称美术。美术科包括图画、建筑、雕刻、工艺美术等，图画则为美术科中最重要的一项。劳作科中的工艺部分，即为工艺美术的肇端，然其重心，则在于制作设计图，即属于图画训练的。图画为工艺美术的基础，不能不注意于图画教育。

　　　　　（节选自《小学教师的艺术知识》，中华书局 1948 年版）

美　流

张竞生

时间有二种意义：一为社会上通用的，即"空间的时间"，如每天有二十四点钟之类；一为"心理的时间"，即各人所觉的，柏格森叫做"生命流"，可惜他的学说流入玄学的神秘，我今叫"心理的时间"为"美流"，全在心理发展上的现象去考究。

美流是一种精神力经过心理的作用而发展于外的一种现象。它的进行乃从最美的方面与采取"用力少而收效大"的方法。柏氏尝比生命，如一雪球乱滚，于滚时逐层吸收外边的雪花以成就它逐渐增大的整个球形。这样球形全是一色的雪花所合成，所以不能去逐层认识它从前吸收所经过的痕迹。这样的学说，看生命自然是"内包"的，故有一种不可思议的神秘。我今看生命流乃是一条瀑布从山顶上向了万丈深壑倾泻下去，它是"外展"的不是内包的。各人生命的经过全靠他所经历的路程，而我们从他所经历的路程看去，自然是了如指掌毫无神秘的意义了。譬如一条瀑布在山上与山下的水量固是一样多，但从山顶到山下一路上所发展的水力为无穷大。美流在生命的发展，也似这样的瀑布状态。同一样的生命，各因其流的发展，而生种种不同的效果。美的生命流是要从最高的峰上与最便利的路程倾泻出去的。它要使点点皆变成为细沫，点点细沫变成为云霞的光丽，电气的作用，热力的济物利人！所以美的生命流于每一发泄时必要得到充满的生命而后快。"充满的生命"即在于极端情感、极端智慧和极端志愿与极端审美时得到。今仅以情感说：当我人极端快乐时，我们觉得"空间的时间"甚短一样。究竟这个"空间的时间"固甚短，而我人所得到的"心理的时间"则极长。因为我人在这情景之下觉得我们生命是充满了这个物了，觉得并无第二件事去混入生命了，故这个"充满的生命"的享用，一边，能使人于极短"空间的时间"中而得了无穷长的"心理的时间"，谁不觉得于一个最短的晚景或晨曦的赏玩好似经过了无限的光阴（心理的光阴）一样呢。别的一方面，这个"充满的生命"能使人把现在所得的景象继续存留下去而无终止。例如恋爱一人而相思憔悴以至于死，这个就是把他的情感继续保存下去，以致他所思想者，所感触者，皆是一样物在其中活动变幻的好证据。任你如何要摆脱要消遣，终是不能摆脱不能消遣，好似春蚕自缚，灯蛾扑火，终不能跳出其情圈！我常考究这个现象，而得了一个"现在长存"的生命。凡能极端去发展情感，或极端智慧，或极端志愿，或极端审美者，即能得到一种"现在长存"的美流。情爱也可，怨恨也可，快乐也可，忧愁也可，如使我人于其中得到"充满的生命"，则我们自能把一时所得的情感延成为无穷期的"现在"，而无过去与未来二个时间了。这样生命，快乐者必永久快乐，如一班乐天派之人；痛苦者必永久痛苦，如一班忧天派之人。他与常人不同处，常人常有过去懊悔的痛苦与得意的快乐，常有未来希望的快乐与患失患得的痛苦。常人是把生命分成三截的：过去、现在、未来。而现在的时间甚少，全被过去及未来所拿去。享受"充满的生命"的人则唯有"现在"。我以为美流的作用，即在使人们不觉一切的痛苦而使其常有"现在长存"的快乐。我们在上节说能极端去发展者，爱与恨都能得到极端的快乐。故唯有能极端扩充其情感、智慧、志愿及审美性者能得了"充满的生命"，而同时能享受"现在长存"的快乐。这种人不会如宗教家希望未来的天堂那样痛苦，他的天堂即在他的生命所经历的现在。最紧要的是这些人既不是如常人有"未来"的观念，所以他不觉有"死"一回事，因为他仅有现在的美流继续生存下去，他的生活的经过好似睡人一样。睡人不知何时睡去与何时醒来。自入睡至醒时，睡人仅觉得一个"现在长存"的生命者，他即在长期的梦境，但他是一个"自觉的睡人"，当其生时，他并不知有死这一回事，及时死时他也不知有死一回事，因为他所知者仅是他现在的生命，死时不是他的现在的生命，所以他不能知了。更进一层说，凡"现在"的发展是无穷尽的，一秒钟即等于千万年一样。自生到死，总有一倏忽时间的界限，而此一倏忽间，生者总不能知有死能到头，因为一倏忽的时间，由彼看来为无穷尽的时间总是跳越不完的（参看罗素关于无穷教一问题的讨论）。故凡能纯粹享用现在的快乐生命者，不但无过去的烦恼，并且无死境的可怕！这个不是玄学，乃是心理学的作用。时间一变为美流，自然是心理的物件，这个心理的享用乃是确确切切的现象，不是神秘的东西了。

现在最难的问题即在怎么能把精神力变成美流而使其继续成为现在的生活。这个可用二方面去创造：一方面由各个生活上去造成美流，这个当依我们在上章所说的先把一切生活美化，同时又使它变成美流；另一方面把各个美的生活所变成的美流组合起来为一整个的美流，然后由极端的情感向一极美的空间去发展扩张。设一切生活的事情都是美的，则我人在这样生活上所经过的时间也都是美了。我人所经过的时间，既然全由这样美的生活的经历所造成，则自然无有别的恶潮流来掺杂，所以觉得一切的时间皆是一条线而无间断的美流了。并且，照我们上节所说的极端心理派做去，则由极少的美力就能扩充为无穷大的美流，以延成为一条无穷尽的美河，所以能享美的生命的人，他的快乐全在最确切的"现在"，而这个"现在"乃是无穷尽的长线形。这个道理待与下段所要讲的美力互相证明之后，更加明白。

（节选自张竞生《美的人生观》，生活·读书·新知三联书店2009 年版）

动美与宏美

张竞生

在美的人生观中，尚有静美与动美，优美与宏美，及真、善、美合一的三种问题，应当在此总结束上付诸讨论。看我书者，已能逆料我所主张的必为动美，为宏美与美为一切行为的根本了，但我对于静美，优美，及真、善各方面也有相当的赞许。例如以"动美"与"静美"二方面说，我看动是人类本性：脉搏跳跃，呼吸继续，无时停止，稍停即死，可见生理是动的物了；以思想说，大思小思，急思缓思，无时不思，虽睡尚思，可见心理是活动的物了；社会事物，变迁不居，进化退步，因时演绎，人为社会之一物，不能不与社会相周旋，可见人类行为是活动的物了。愈能活动，愈能生新机而免腐败：水活动而不臭，地活动而不坠，人如活动，则身体可得壮健而精神可得灵敏。故动的美，为宇宙内一切物要生存上不可缺的。可惜东方人不知道这个动美的道理，而误认以静为美了。西洋人又不知动美的真义，以致一味乱动而无次序了。实则，静有时也是美的，因为它是蓄精养锐，待时而动的妙境，这样静象当然是极需要的。我们所反对的是一味以静为美，势必使生命变成死象，这个是极危险了。究竟，动比静好的理由有二：

（1）凡动极的必有静，这样静境不过是比较上稍为不动而已，实际上它尚是继续去活动与进取。但凡静极的必不能动，它已变成死态了，不能再复人类原有的生机了。

（2）动的，假设是乱动，尚望于进行时得到一个好教训，重新取了好方向；若静的，假设是好的，善的，也不过成一个固定形不能进化的静象而已，终不能望有大出息。由这两面的比较，可见静终不如动了。

我想我国人的性质也是与人相同本是好动的。试看黄帝时代，逐蚩尤而争中原，那时民族何等活泼！到如今除了一些乱动的军阀外，我们大多数人终是喜欢静的了。循此静的态度做去不用别种恶德即可灭身亡国。缠足，是要女子静的结果，务使女子成为多愁多病身，然后是美人！男的食鸦片，尺二指甲长，宽衣大褂，说话哼哼做蚊声，然后谓之温文尔雅的书生（说话清楚斩截，伶俐切当，才是美丽。现时国人的说话习惯太坏了，或一味打官话；或混乱无头绪，无逻辑。故逻辑、辩学、修辞学等项的研究实在不可少了）。这些都是好静的恶结果，极望我人今后改变方向，从活动的途径去进行，使身体与精神皆得了动美的成绩，这是我对于美的人生观上提倡动美的理由。

论及优美与宏美（或做壮美）二项上，我国人优美有余（气象雍容）而宏美不足（度量与志气皆狭小）。宏美的伟大，能使未习惯它的人骇怕。例如登喜马拉雅峰而惊天高，临东海而叹巨洋的浩瀚，探百丈的深渊，目眩足颤，似是灵魂出了躯壳一样。但不讲求宏美的人，直不知道美的精深。凡"无穷大"、"无穷小"、"无穷高"、"无穷低"与"无穷尽"等等的美丽，需要从宏美中去寻求。优美的美，也必以宏美为衬托而后才觉无穷的趣乐。例如中国人谈风景者必说西湖为最美。我尝流连于其间，觉得西湖的美丽乃是小家碧玉，气度狭小的，一班人不惯看那宏美，难怪以西湖为自足了。

我今要提高中国人宏美的气魄，试与他们一游黄河的形势吧，则见有那九曲风涛，疑是银河落九天的壮观；再与他们看钱塘江的怒潮三叠吼奔而至，或与他们登泰山看日出满天红，观东海的水天一色而不知其涯岸。这些伟大的美趣，岂那一望而尽的西湖，水不腾波，而满山濯濯如美人头上无发所能比拟么？由此说来，能养成宏美的现念者，始能领略无穷大，无穷小，无穷尽，无限精微的趣味；同时，自然是气魄大，度量大，潇洒不凡，风韵不俗而具有各种优美的态度了。但凡养成优美的观念，而不以宏美为意者，则常流入于狭小，于偏窄，于穷酸气。

再就人生行为与做事上说，我国人因无宏美做目标，凡一切的经营都是苟安敷衍，脱不了小鬼头的态度。试看德人经营莱比锡的图书馆以二百年的发展为期，以达到世界第一图书馆为志愿，又试看他们在十年前五万余吨东方通商船只的伟观，这些凡事必达"巨观"（co-lossal）的奢望，实在为德国民族的光荣。即以现在的美国说，他们无一不要以"世界第一"为目的，这样宏大的观念，当然能产生宏大的出息，而使人类上或一民族上享受宏大的幸福。不见我们的万里长城么？得它而后免使北方夷狄蹂躏中国古代的文化。又不见我们的运河吗？有它而后南北得了商业及文化上交通传播的便利。这些皆是从宏大的地方着想而生的效果呢。人们所怕的是自足，自足则画圈自限不再发展，势必不能进步而终于腐败。宏大的美，就是救济这个自足的良方，提高人们一切进化的关键，这是我对于美的人生观上提提倡宏美的理由。

末了，从前的道德家以为人生的行为，善而已矣。在今日的科学世界，则有主张人生的行为，真而已矣。依我的意，善而不美则为"善棍"，其上者也不过妇人之仁，如今日狭义的慈善家仅知头痛治头，足痛治足之类，于社会上实无有善德可记，其流弊且养成了社会上许多的惰民。至于真的定义，更无标准。科学定则，与时进化变迁，在科学上，已无"真"的可说，其在活动的创造的人生观上，当然更无真的一回事了。

故我主张美的，广义的美的，这个广义的美，一面即是善的、真的综合物；一面又是超于善，超于真。读《水浒传》后，谁不赞叹鲁智深及李逵行为的美丽，而忘其凶暴；读《三国演义》后，谁不赏识诸葛孔明的机巧而忘其谲诈。大美不讲小善与小真；大美，却是大善，大真，故美能统摄善与真，而善与真必要以美为根底而后可。由此说来，可见美是一切人生行为的根源了，这是我对于美的人生观上提倡"唯美主义"的理由。

除了以上所提倡三个理由之外，我们的希望更是无穷尽的。希望人们若依我们的人生观做去，自然能组织又能创造，能和平兼能奋斗，能英雄又能儿女，能理想兼能实行。这些观念，看此书者当各具慧眼用灵心去领略理会，恕我不能一一详说了。

（节选自张竞生《美的人生观》，生活·读书·新知三联书店2009 年版。标题为编者所加）

极端的情感

张竞生

　　人类本性，爱之，必爱到其极点；恨之，必恨到其尽头。这些才是真爱与真恨。爱之而有所不尽，恨之而有所忌惮，这些不透彻的爱与恨乃是社会人的普通性，但不是人类的本性。我尝恨我国社会都是虚假敷衍，感情薄弱，于极长期间未尝听到一个真为恋爱而牺牲，也未尝为什么真仇恨而厮杀。死的社会与死的人心原是互相因果的，这样社会安能得到有特别情感的人物呢！我们由此更当特别注意养成极端的情感以提醒这个麻木不仁的社会了。先就极端的情爱说：凡恋爱的人对于所爱者觉有一种不可思议的乐趣在心中，好似有无穷的力量要从四方八面射去一样。如被爱者是光，则用爱者即觉满地包含了光的美丽和他满身是光化了。如被爱者是声是电，用爱者即觉自己是声化电化了，遇着什么事都觉有一种声与电的作用了。被爱者是用爱的天神与生命。真晓得极端的恋爱者觉得他的生命充满了爱的甜蜜，一思想，一动作，一起一睡，都有爱神在其中鼓荡激扬。他的亿兆细血轮，轮轮有一爱情作元素；他的不停止的吹嘘，次次有无数的爱神随呼吸的气息相出入。领略极端爱的乐趣者处地狱如天堂，上断头台如

往剧场一样。他似一个狂人疯子，但他愈觉狂疯化愈觉快乐！

怎样晓得极端恋爱的人就能得到这样极端的快乐呢？这个是因为极端恋爱的人一面享受了"唯我"的滋味；一面又领略了"忘我"的乐趣。由"唯我"的作用，觉得世界仅有我，仅有我能享受这个世界无穷尽的快乐。由"忘我"的作用，又觉得我不是我，小我的我已扩张为大我的我了，扩张到和世界并大与时间并长了。"唯我"时，则世界上无一人能来分少了我一毫的爱情。而世界上一切的爱情由我一人领受。"忘我"时，则当我领略情感时，我并无我一回事，我已忘却我了，我已与情爱并合为一了。当唯我的景象时，我觉得"小我"上的极端快乐。当忘我的景象时，我又觉得"大我"上极端快乐。当唯我变化到忘我时，我则觉"小我"已扩张为无穷大的我了，我又觉得极端的快乐。当忘我变化为唯我时，我又觉得"大我"已缩小为无限精微的结晶品，我更领略极端的快乐。总之，因极端的情感，就生出了唯我与忘我二种景象与一切"小我"及"大我"变化上的各种极端的乐趣。这些妙理，人当然要等到会领略极端的情感时才能完全了解，我今姑举不极端中稍极端的证例来谈一谈：

凡人初饮酒时不觉快乐，愈饮愈快乐，饮到微醺时更快乐，到大醉时，则极大痛快。这个即是饮酒愈极端时愈得极端快乐的证明了，又当其大醉时，他所以大快乐的缘故，即因醉者此时一边觉得是"唯我独醉，众人皆醒"；一边又觉得我已忘却是我，我已与酒醉的最象并合为一，我此时把我的"常我"完全脱离，而与"醉我"新相结识别有一天地了。以言交媾也有这样现象，所谓"刘阮到天台"，此时刘阮已非刘阮了，他是天台上的刘阮，不是先前人间上的刘阮了。但除了这个忘我的刘阮之外，确确切切的另有一个唯我的刘阮在其中独一静静地领受世上一切温柔的艳福。如无这个忘我的刘阮，自然更无那个唯我的刘阮，那么刘阮未免等于乡愚的煞兴。又假设无这个唯我的刘阮，更无那个忘我的刘阮，那么刘阮又未免似那禽兽交尾一样的糊涂。因有唯我与忘我陆续代替，起灭消长，所以常人觉得酒色中大有快乐在，遂奔驰争竞趋之若鹜了。

再说及冒险的乐趣，也因唯我与忘我的二个现象所致。我尝与友数人在法国瑞士间的冰山上纵兴遨游。行到中途凹凸不能越过，遂下转而行，忽低头见万丈深壑，横在目前，脚稍一溜，就有碎身的危险。在此时候，一面，我觉得是唯我，因我全身靠诸足跟支持，屏气敛息，不敢有一大呼吸的放纵；于精神上，也觉我所得的情感，此时分外真切，到现在写此时，觉当时那样情形俨然在我眼前。但别方面，我又觉得是忘我一样，我的身体软化了似变成为冰山的冰与冰壑之水了，我的精神已与地上一片白茫茫的雪景及天上一片光蓝蓝的云色相混合而为一了。我在这二个景象——唯我与忘我——突隐突现的交叉上，我才知道冒险的人是以死为玩耍，为快乐的了（参看上章第四节关于冒险一段上）。

上所取的例证，当然是极粗浅与不极端的事，但所得的快乐已足令人视死如归了。若能领略真正的极端情爱时，其快乐更为无穷量了。现再以极端的恨说，它也能使人得到极端的快乐。侠客义士，当其悲歌淋漓，觉得惟有我才能做这样惊天动地的事业，这时何等痛快。但当其浩歌"壮士一去不复还"时，又觉得我不是我了，他也有无限的痛快。总而言之，唯我与忘我，在极端恨的人心目中所得的快乐当然非普通人所能领略于万一。推而论及极端喜、极端怒、极端慈善，极端凶恶，他们都觉得有一种极端的美趣。这些极端感情的人，不但于本人上得到极端的痛快，并且于社会上也有极端的利益。社会所怕的是一群牛羊似的人类把社会拖累到与禽兽同等低劣的生活。若怀有极端的情感者，自然是一个非常人，当然有一种非常的行为给社会生色，给人类增光。情爱的，慈善的，固当有一些极端的人物为社会做柱石；即使仇恨的凶恶的，也不可无一些极端的怪杰以促人类的警悟。我们不单要提倡"爱的主义"，并且要提倡"恨的主义"。爱固然是美，而恨也是美。况且，凡能极端恨者才能极端爱，极端爱者才能极端恨。一社会上不能单有爱而无恨，也犹电子不能独有阴而无阳，宇宙吸力不能仅有吸而无推。由此可知宗教家的一味讲爱为偏于一端，而帝国主义的一味讲恨又未免失于所见不广了。凡完全的人物，遇到可爱时当极端爱，遇到可恨时又要极端恨，总不可有"中庸"。为社会计，也望有一班能极端爱者与一班极端恨者，总不可有牛羊似的人类！以理想说，极端的情感是使人心理上得到极端的美趣；以实用说，极端的情感又能使心理上用力少而收效则极大。这个有二种理由：一是因极端情感的人必是感觉极端灵敏，思念极端专一；二是因极端情感的人必能把唯我变成忘我，又能把忘我变成唯我。现把上第一理由先讲。

极端情感的人必是感觉极端灵敏，思念极端专一，所以于极细微的感觉中就能变为无穷大的情感。现就极端的爱情说：凡恋爱者偶见了爱人的一手帕，即足以引起了无穷尽的情感而可以做成一部"咏手帕"的情歌。只要爱人的眼角一传，脚跟一转，就能使用爱者生出了无限的风魔，而可以生，可以死，可以歌，可以泣，一切离奇古怪的行为与夫惊天动地的事业也都缘此而起。总之，极端用爱者的感觉是灵敏的，他能于一细点看出天大来，又常能于无中看出有，于有中看出一种格外生动的色彩出来。他的思念又是极端专一的，故能于极复杂的现象中得了一个整个的系统；而一切情感到他身上便如电气似的相吸引，只要一星原力，就能变成千万倍大的作用了。

又凡极端情感的人必能把唯我变成忘我，又能把忘我变成唯我，所以他于心理上其用力少而收效大。今从唯我变成忘我上说，这个即是把小我的情愫一变而为大我的扩张，此中心理上的出息极为巨大。例如孔德把他爱情妇个人的心怀，推广而为人道教上全人类的博爱，即是这个意思。凡由爱己而推及爱家，爱国，爱社会，爱宇宙，都是由小我的扩张而成为大我的作用的。反之，由忘我而变为唯我，即由大我而结晶为小我时，这个是"万物皆备于我一身"的意义，只要我情感一动，就觉天地间的情感一齐奔凑于我心坎之下听我使命一样，相传阿波罗神笛一吹，万方神女与仙童一齐响应，能用极端情感的人，确有这样伟大的魔力哪！

以上所说，可见情感中以极端为最美与最有效用了。实则极端情感的好处，尚能由它生出极端的智慧与极端的志愿，这些理由待我们在下头去分论。

（节选自张竞生《美的人生观》，生活·读书·新知三联书店2009 年版）

情绪底养育及其完成

向培良

  不过上面这种说法，虽属简明，却嫌太素朴了，与创作的实际情形不甚相符，这只是事后从鉴赏者的眼光来勾勒一点轮廓。艺术的创作决不是先有情绪，然后再与以翻译。创作之际，不仅是机械地完成传达情绪的手段，实在是前此并无完整的情绪，而有待于创作与以形成。一种具体的对象（刺激）虽能产生情绪，但在未曾实行着手制作之先，情绪因未得发泄而不曾完成，这里由前面已经详细说过了。所以就既成的艺术品看，不妨当作情绪之再生的刺激因子；但在创作的过程和作者本身看，则应该是当作完成情绪的方法。就在创作的活动之间，逐渐刺激自己，发泄自己，扩张自己，使情绪逐渐达到完整的地步。所以才有一种不可抗的力量，迫使自我焦心苦思，非完成创作不可。

  例如刚才所谈到的秋山图。从这画面上所激起的鉴赏者的情绪，不独非鉴赏者直接去看秋山风景时所能引起，也与画家最初从山岚云树所生的感觉，不是一个东西：画家并不复制他网膜里的映像。秋山，不过是引起作者发生无限深远的情绪之起点。在作者的全部精神中，原已预先准备好了一种情绪底倾向，情幽渺远，非复人间烟火的精神，不过储而未发罢了。一旦外界的刺激出现，秋山的形式，正使他的情绪得以移入，这才引动他把过去的经验联络起来，过去留有痕迹的情绪都活动起来。但假如他不着手制作，则印象稍纵即逝，活动和联络仍然是零乱的，不自觉的，模糊的，半途而废的，不足以构成明确的情绪，不表现不成立。等到他挥舞画笔之际，才逐渐把一切经验，回忆，理想都因行动而组织起来，使他的情绪，得到无限的活动，因以发泄而完成。就在这基础上，他的全生命之整个的绵延才完整无间，不再是为时间的分割的片段的人生或为现实所牵引的部分的人生。这时候他也许仍保留原有的印像，即用之为表现的工具，也许已经从这里离开很远；这些并不关重要。但无论如何他对于最初的印像，必已有所修改，有所补充，加以组织。这就足以证明任何既成的对象都不足以涵容我们的情绪，故在创作之前并无现成的情绪使我们仅尽一举手的翻译之劳。

所以要从作品里追求作者所受的影响，虽可以多加说明，但也往往易流于牵强附会。因为对象之所以成为刺激的因素，不过引起制作的动机，而在制作之际，已经是彻底的创造，则又何从去寻找那原物呢？说《建筑匠》里面的塔，就是格林斯坦诚（Grinstand）里礼拜堂的塔，又有什么意义呢？

这样看起来，究竟艺术的创作，并不是纯然传达情绪的事。未曾创作之先，情绪并不存在。最初的印像，即引起创作时的动机，不过是决开一道门路，以引动全部精神底发泄而已。我们正可以引《孟子》"决之东方则东流，决之西方则西流"的话，来形容创作的状态。起先，精神是已经积蓄一种潜力了，正如储蓄的水。掘开了一个决口，水便开始流动了，正如创作的动机引起此后的活动。决口的力量与水流的力量并无比例地相关处，也如动机与创作的成果无比例的关系。水流的力系于储蓄的水量，如艺术的造诣系于精神的修养。以后，水因其流程的经过，而成为一条河道：作品的情绪，也是在创造的过程中才完成的。并且，水储积着没有出路，则或会泛滥，或会腐败；我们的精神，也正要有相当的发泄，否则也会发生变态。

所以创作的功效，首先第一，在于使精神得到正当的通路，不至停滞或横决。我们的欲望，类为现实所碍而不得发泄，创作则引之入于另一世界，得到一种与现实并不冲突的满足。这还是只论其粗。创作之际，我们的精神得以任意发挥，对象得以自由组织，因此情绪也就得以无限生发。创作者，是一段最紧张最精采的生活。我们超越日常生活里所有的顾虑，琐屑，利害，纠葛；我们解脱了物质世界所与的狭隘，限制，浅薄，种种不可能。精神的高扬，使我们入于无限的境地；我们的人格就可以扩大，情绪就得以超升了。但如认创作仅是一种机械的翻译过程，则这些都不可能了。

平常都说艺术是陶冶性情的。所陶冶，殆指一种中和状态的人格，即精神上所有一切重要冲动，都能和谐无有矛盾。人格里冲突分离的状态既去，当然会有进一步的发展。这话也许还不能说尽创作的精髓。创作者，正像在纯养气里的燃烧似的，会增加无量数的光和热。在创作之际自由组织对象，自由发泄情绪，亦即无限地扩大自己。这时候常常是热烈的，猛勇的，突进的。假如说人生是战斗，则创作便是夜间巡哨的一刻，是两军相接，短兵肉搏的一刻，是战胜归来，狂歌纵饮的一刻，是兵尽矢绝，败北奔亡的一刻——而一切都不是现实生活所能达到的。所以创作能逐渐改造我们的人格，使之趋于更深厚更伟大。这就是艺术对于吾人精神的重大影响了。

（节选自向培良《艺术通论》，商务印书馆 1940 年版）

艺术如何引导人类

向培良

　　那么，艺术如何能够引导人类的精神，使之趋于永久的上进呢？这是由于第一，艺术能够使人集团地感觉；第二，艺术使人自即刻的反应导入延缓的反应；第三，艺术使本能冲决的力量升华。

　　集团地感觉，为艺术所由成立之第一因素。因为人之互助了解，艺术的鉴赏之得以成立，必须基于双方有相同的（或相似的）经验。这种牵联，以情绪的记号（象征）而无限扩大。在创作的时候，欲有所表现，必潜意识地觉到所表现的不止于他能身受，而且于他也能身受，否则就失去表现的意义了。譬如说饥饿，这是纯粹个人的感觉，然而呼吁饥饿则已经含有一种"他人也能够了解此饥饿之感"的前提了。由个人的感觉扩充为一切人的感觉，于是产生艺术。借艺术之力，使一切人的感觉合而为一，正如际天的巴别之塔一样。此种境界，在舞蹈时尤其分明可见。原始人的舞蹈，就是以集团的动作激起集团感觉，因而产生集团底情绪。这种舞蹈在原始人中如何重要，非常显明。

　　再则，凡是艺术的行动，都不含有任何求取报偿的要求。这和淳于髡所形容的恰好相反。（淳于髡说齐威王；"臣见道傍有穰田者，操一豚蹄酒一盂祝曰，'欧蒌满篝，汙邪满车。五谷蕃熟，穰穰满家。'臣见其所持者狭而所欲者奢。"）从这一点可以分别巫术的行动和艺术。这是合于老子所说："既以为人己愈有，既以与人己愈多。"艺术也不是模仿；模仿是先有一对象，然后用某种方法重现某一帮分，是在实际行动之后的。艺术在实际行动之先，不独代替实际行动，且超越实际行动，都得到情绪底发泄。本来吾人精神上的任何观念，任何冲动，以及所受的任何刺激，都有立即反应，发挥为行动的趋向。而这些观念和冲动，在性质上往往是在相冲突的，故吾人精神生活，每不免于支离破碎。艺术上的行为，则一方面把反应引导到非实际生活上去，使之与现实世界得到相当的距离，一方面又把反应转成非个人主义的，遂得以免除一切利害的冲突。这样，精神便有了回旋的余地，不为成见所拘，不为目前的实利所动，而达于圆满具足的境界了。

人生有许多重要的原始的本能，如食色之类，其本身是一种强固的力量，既不可以放纵，又不可以抑压。此外，则种种强烈的感情，狂欢切痛，深爱厚怨，都积压在我们的精神界里，要求变为行动。这些原始的本能，其性质与动物所有的相类。若是固着在其原来的对象上面，则不独精神的发展不可能，且将泛滥无归，冲决毁坏。种种性欲上的变态，如父母固着（father or mother，fixation），同性恋爱（homosexuolism）及性的拜物狂（fetishism）等都为显例。在艺术的境界里（也唯有在艺术的境界里），则精神既经扩大，遂使此等基力（借用精神分析学的名词脱离其原始的对象，转移到阔大的范围里去，使之趋于升华。这就是艺术所以能使人生淳化的原因。

总之，艺术就是在人类实际生活里所不能充分发泄的情绪之表现。而惟有情绪底正当的发泄，才是人生上进之机，故艺术遂成为人类永久上进之实际的程序了。但这种情绪，决不能够是自私的，个人主义的；因为凡是自私的个人主义的一切，都是以实利的满足为止境；而一经满足，情绪便已消灭，无由扩大了。我们得再提明一句：艺术与个人主义正是极端相反。

（节选自向培良《艺术通论》，商务印书馆 1940 年版）

艺术活动之力

徐朗西

　　艺术活动之发现，有二种样式。一是创作艺术，一是享乐艺术。普通的人每以为前者是能动的，后者是受动的。然从心理学的研究说，则二者同一之心理的过程，同有能动的要素。不过前者把内的发动，表现于外，作为所谓艺术之形。后者则把内的发动，怀抱于心之内部，移向分析的活动或批评的活动。所以心内的实感，创作与享乐，完全相同，皆为自主的能动的活动。因此鉴赏者，对作者之心的过程，能得共鸣同感时，始得最能享乐此艺术品。简言之，创作艺术者和享乐艺术者，心理上是完全同一的活动，且都带有能动的努力性。

　　至于刺激诱发此艺术活动者，是我人心身所本具之所谓"艺术本能"（或称艺术冲动）。这艺术本能，究有怎样的实态，只许反省我人自身之艺术活动，研究诸学者所述关于艺术之起源，便自能了解。若"模仿本能"，"秩序本能"，"游戏本能"等，皆是属于艺术本能者，而我人内心之"自己表现本能"，更为艺术本能中最有力者。若能一读艺术活动之发达史，及最近之美学说，则更易明了。自己表现之力，即是艺术活动之力。而自己表现之实现，即是人之所以谓人之生活。明白的说，艺术活动，即是人类生活的精髓，是最有力的生活。

观照作用，为自己表现之必要条件。若不能全体的，统一的，综合的依照自己之本身，则决不能完全的表现自己。故自己表现之作用，必伴有观照之作用。所谓观照，就是对自己心身之全体，能一目了然。而想观照自己，必须先了解或自觉自己在宇宙间之地位。故观照更有了解宇宙全体之必要。把观照所得，具体的表现于外时，即是所谓自己表现之作用。能力强的以营观照，即能与自己之现在生活以统一，整顿，综合，且能与未来之生活以发动力。本能的活动，经过此状态后，便成意志的活动，完成自己表现之作用，实现艺术活动。

所以自己表现之完成，不外乎自己统一和自己整顿之完成。并把自己之分裂的活动，作成基本力，以完全自己之活动。而所谓个性之发挥，因此得十分的充足。个性的发挥，就是实现生长和生命之增进。故艺术活动之意味，即是自我之自由的发挥和个性之解放。这就是艺术活动之力。

依赖此艺术活动之力，以谋心身之成长，就是艺术教育乃至艺术的教化之根本原理。我人所主张之以艺术改社会，即是把艺术位于感觉性和合理性中间，使人类从动物之境涯，进行于理性生活之道路。而市民教育之必须艺术教育，亦本此意义。

欲想真的完全发挥人之性能，以实现坚确的人格，则不得不注意艺术活动之力。人生意义和价值，皆发生于此处。人格之基础，伟大的创造力，亦发源于此。

我人之生活，若有所摇动，则已远离生活之本质，或流入低级的实利主力，或埋没于因袭的习惯之中。自由的能动性，完全消灭，变成堕落的生活。

　　欲使人类生活向上，以谋真的进步，第一须注意人类生活之本质，否则至多不过是表面的向上与进步。名称是谋政治的向上和社会之进步，而绝少触及人类生活之本质，则虽再经若干次之革命，其结果不过是甲倒乙或乙倒甲，断难彻底的成功。

　　一辈人以为生命之本质，依科学以把握，最为确实。尤其是在十九世纪之中叶至末期，此种主张，最普及于社会。岂知科学愈发达，与人类生活之本质愈远离。欲求触及生活之本质，先须超越一切分析，一切概念，一切计算。脱去功力主义之衣，赤裸裸的奔向生活之流，最为紧要。若为概念所欺，被功力所囚，断难接触生活之本质。

　　若为养成浅薄的人类，或是固定的人类，所以要有教育教化，则可不必多谈。教育而想养成活泼的人类，有能动力和创造力之人类，则除注意艺术活动外，更无别法。

　　我人绝对不是排斥科学或道德，从人类生活现象之经济方面说，确须托科学之力。欲满足人类之伦理的意识，确不得不涵养道德的情操。但是当教育采用科学或道德时，亦不可缺少艺术的精神。换言之，亦须彻底生活之本质。

　　试观现代的社会，艺术活动的精神，是何等的缺少，以致不幸和悲剧，连续不断的发现！所以我人要假艺术活动之力，来改造社会。虽或不能使社会变成天国一般，然至少总能养成若干真的人类，有意义的人类生活，使社会充满着真实和幸福。

　　　　　　　　（选自徐朗西《艺术与社会》，上海现代书局 1932 年版）

文学上的五种力

王森然

文学是人生的表现，是生活的描写，所以文学应该跟着时代跑的，文学应该是时代的先驱。在二下世纪二个四分之一的年头当中，整个的地球，将的确都被卷入革命的旋涡中而成为革命的世界。这是不可避免的事实，是一个伟大的时代所给我们中国的文学作者的伟大启示。

次之，经济落后，产业落后，已经沦于次殖民地的中国民族，因为受着世界的革命潮流的影响，与自身的对于帝国主义与军阀双重压迫之反抗，而感到"国民革命"之必要，于是"中国的国民革命，是中国民族解放的唯一的出路"的呼声一起，许多有血气的青年战士便一齐站到这旗帜之下了。这一种国内的政治环境的转变，当然给与我们的文学不少的影响的。你看自从国民革命的旗帜高举在广东以后，多少的文学青年去参加实际的工作啊！这都是因为生活问题的压迫，直逼得人们没有安适的路可走。在这无可如何的情形中，一切的人们便走上两条路，不是革命，便是忍苦与自杀。为了生活问题，而忍受着千般苦痛把自己人格卖了的，在现在社会之下，不知有多少；但能够奋起精神，走上革命文学的道路的却也不乏其人。因为文学的使命，在于急进的创造。文学应该创造新的人生的典型，灌注新的人生的精神。这精神是特立的，是强毅，是勇敢，是革命的艺术之花。这种新的文学之力，含有下列五种。

爆发力　高洁的、勇敢的、伟大的天才作家，不是纯粹像空中楼阁，专由自己内心的要求而创作，更不是他的自由不羁的生命力，凭空就能尽量地飞跃起来，如心如意地使着个性能够发展。确乎是另一种压迫逼催的力量，使他不得不喷放，不得不暴怒，可是周围的阻止和压抑，终久使他不能喷放，不能暴怒，使他内心的生活上，跳动着不安，将要受酷烈的创伤似的，赶紧地前进着转到另一方面去——文艺创作方面。他的澈坦的精神，对于个人的威权、个人自由的强固不屈的主张，不但永远不能与虚伪、庸俗、礼教的假面具掩饰着的一切的社会组织相融洽，相妥协；而且深绝着、痛恶着，在他的内心的波动上起了海流，燃起了新的生命之火，热血沸腾起来，像火药一样容易爆发。当他迎受外面强制或压抑的时候，他的暴怒、抵抗、补救、苦闷、抑郁、失望、绝望种种的情绪，都像狂风似的向着害他的人群中发作，火焰燃烧着，波涛汹涌着，他的生命不安宁地在中间旋转着，像一只想突出幽禁的野兽，摇撼震荡着他的铁栅栏。在这像立马阵头勇往猛进的战士一样酸辛的景况里，取一种迂回曲折的路径，阴进阳退的战略，努力杀却几十万个敌手的雄心，全然离开了外界的压抑，站在绝对自由的意境上，无条件地表现出个性来。这种作品，才能喷吐出高洁的人格、伟大的心胸、坚强的意志、炮火的热情，像瀑布，像暴雨一般的言辞，从一切羁绊束缚的刑台上解放下来，向自然的空中飞跃。使读者感到如夏午太阳似的热力，如春晨温风所带来的生气，将含在眼眶的温泪、潜在心里的热情，全都爆跳出来；像一面明朗晶莹的镜子，易受热气感动一般地倾倒。

倘若外面的压抑力强大，他的创作的爆发力的突进性亦越强大，好像铁与石之相击，作品就是迸出来的美丽的绚烂的火花；好像奔流与磐石之相抵挡，作品就是溅起的飞沫和浪花；雷电与暴风雨之后的虹彩，越觉鲜明与美丽，经了不可遏止的气焰压抑的渲染，才能产生强烈炽热真实动人的作物，这是不可异议的定理。

如果作家只知看着读者的面孔来说话，介意于报章上的批评，计算着稿费的多寡，反复着妥协降伏的态度，给因袭束缚着，给传统拘囚着，平庸地像猪羊一样地过生活，甘愿低下头到别人的眼前求怜，把别人的唾液当自己的思想，对那些下劣的、痴痴的、地面上卑俗无聊的奴隶性行动，全然没有两样心境，还有什么高贵的个性来表现，还发挥什么自己本身的生命力！不过摹拟些别人做过的事，说些别人说过的话，和禽兽同列着，坦然地生活罢了。

厨川白村说得好：我们在政治生活、劳动生活、社会生活之类里所到底寻不见的生命力的无条件的发现，只有在这里却完全存在。换句话说，就是人类得以抛弃了一切虚伪和敷衍，认真诚实地活下去的唯一的生活。文艺的所以能占人类的文化生活的最高位，那缘故也就在此。孤傲、寂寞、抑郁、苦闷的人们，不要厌弃压抑，压抑是奋斗的象征，是创作的生母，我们像饿鹰一般地探求吧！

文学上能够有了爆发力，才算是好作品，它能够深深地打动了读者的心坎，它便是近于煽动的了；所谓煽动与不煽动，不是十分重要的问题。不过，有许多人至今还以为文学如果一近于煽动，则文学的根本的要素已经丧失，文学已经走出了文学的范围以外；不知道文学主要的价值，并不能因为它是曾经做了什么政治革命与经济革命的手段而降低，而被贬出艺术之国门以外的，并且因其阶级意识与革命情绪，而增高其价值。因为作者离不了社会，社会离不了经济，离不了斗争；人类的历史是斗争的历史，人类的生活是在斗争的进程中讨生活，所以只要我们的作者，是明了了阶级意识与文学使命的，即将其新的人生观、新的宇宙观、新的社会观以及喜乐哀愁的感情一一表白，毕露无遗。呼喊出千千万万贫苦者压在心头想呼喊而又呼喊不出的呼声，引起无数读者的同情、觉醒，明瞭了自身的地位与使命，燃烧起革命的情绪，以积极地参加革命工作，这是文学爆发力的力量。

热力　我们的动弹战栗不止的生命，受着压抑和强制的残害的时候，痛伤就深入在自己的心底深处，藏伏着跳动不息的弹力，像一团钢丝颤跃着而且有音声地动弹战栗。等到经了具象化的心像呼唤，这不成形的痛伤的象征，在自己的心底深处，就异常地升腾着发热。热是对于压抑和强制的反作用，压抑和强制的残害越酷烈，热之发动力越大；热之发动力越大，猛烈的爆发性越高，破坏性突进性越盛，人的生命力亦越强。生命像是机关车上的锅炉，只要燃烧着就有爆发性、破坏性和突进性。热是永远藏在心底深处潜伏的东西。

这热的本质，是超绝了利害的年头，离了善恶邪正的估价，脱却道德法律的批评和因袭传统的束缚，而带着一意只要飞腾的倾向，几乎是胡乱地突进，暴燥地燃烧，跳跃着、爆发着，要求着发泄、喷放、号叫、破裂。这一个不得已的内心底要求的催促逼迫，就是真的创作行动。假如能很巧妙地利用着这热的爆发的力量，分割着自己的血肉和灵感，对于常人的眼睛所没有看见的人生的或一状态，提出未知的事物的形象来，作为想象的物体；抓住了空漠、不可捉摸的自然人生的真实，给予居处与定名，造成理趣、情景兼备的一个新的完全统一的小天地，能在读者神经上振动着可见而不可见、可感而不可感的旋律之波，像浓烟沉雾中若听见、若听不见的遥远声浪，像夕阳垂暮里若飘动、若不飘动的惨淡微光；或者是霹雳震耳的轰动，光芒刺目的强焰，火山崩裂的喷烧，倒海颠仆的狂澜，痛快淋漓地使人离却压抑和强制，乃至得到一种意外的胜利的欢喜，这是热力最伟大的使命。

伟大的创作家，能引人到若讲出、若讲不出的情状的世界；伟大的创作家，能送人到若看见、若看不见的深邃的乐园；唯独读他的作品，才像倾听一个极亲知的朋友，在诉说、在表白他的欢乐与悲苦，日常的生活与奇异的经历，温靡的情感与壮烈的热肠，微微地如游丝似的飘过心头的一缕恋感；唯独读他的作品，才像看见一位最钟爱的情人，能曲尽、能感应在瞬刻有幻化万千的光彩，如斜阳照射于被晚风轻荡着的碧绿沥沥的湖面的微漪。读了之后，使我们受到一种莫名其妙的感动，使我们的心灵激动地急跳着，连呼吸都似乎要停止，使我们怡然地静穆地感到一种步于仙岛上似的清谧，使我们不期然地、不自禁地生了一种崇慕羡爱的感情。

他所以能叫人这样的，就因为他能将潜伏着隐藏着在潜意识的海的底里的烦闷、悲惨、痛苦，心灵的伤痕、精神的惨害、一切的热力，从自己的心底深处，深深而且更深深地穿掘下去，到了自己的内容的底里，竭力地、忠诚地，把客观的事物象征化了，毫不勉强地、浑然地不失掉本来的热力，照样地表现出他那自我的个性来。唯独如此，才能包藏着作家的真生命！唯独如此，真的生命的表现的创作才能成功！唯独如此，大自然大生命的真髓，才能捉到！

诗人、小说家、戏剧家、画家、雕刻家，一切的艺术家，创作这一个不可捉摸的空想之梦，是作家的经验的内容中的事物，各式各样地凑合了来，和自己的心底深处所藏之热力，炼成一贯而再现成功的；并不是摹写、模仿、抄袭、剽窃得来的，更不是浅薄的浮面的描写，胡闹飘荡的游戏所能成功的。无论你有怎样地巧妙的伎俩，怎样委婉，怎样幽美，怎样秀丽，没有热力的发动，就没有真的生命的普遍性，也就没有打动读者的生命的伟力，作品当然不能像真的生命似的动人！

在这样"癞皮狗的世界"上作为一分子而生活着，制度、法律、军备、警察之类的压制机关，不算不完备了吧！再加上衣、食、住、捐、税等生活难的恐吓，假若你要不肯在消灭个人自由的国家至上主义面前低头，在抹杀劳动生活的资本万能主义膝下下跪，或是舍了像人样的个性生活，变成法则的奴隶，和机械的妖精、排列着造成一式泥人似的一模一样的东西们合作，无论你有意识地无意识地，总难以脱离这压抑和强制吧！那么你的热力的爆发性、突进性，不就是增添了强烈的度数吗？你的飞跃的突进的生命力，也要和创作一起生出人生的兴味来。人类得以抛弃了一切虚伪和敷衍的奴隶囚牢，认真地诚实地动着自己的心底深处的感激和情热，只有这像天地创造的曙神做的一样程度的自己表现的世界，算是唯一的生活道路了。

文学有了热力，才能够明了阶级意识、阶级使命，而且能够切身感到痛痒，觉得有梗在喉、不得不吐的样子，终于有节奏的交响乐之容易打动读者的心灵，诉之人们的情绪来得悠远而有力，我们以热之内容来充实文学，是以文学来做革命的工具。

文学，不能放在资本家的美丽的客厅上当装饰，而是万人应有的事业。一切的民众们之玩赏着文学，应该消灭了贫富的界限，如呼吸着空气，如观瞻着天空；而文学的对于民众们的恩赐，也应该如雨露之无偏私般沾润了一切草木花卉。

现在的世界已经百孔千疮了，社会呈出一种机阱不安的怪象，帝国主义在血眼看人，做最后的残搏；新的时代的婴儿，有的早已诞生下来，有的正在剧烈的胎动。在这一个新旧交替的时代情形中，时代的反映的文学镜子，应该反映些什么东西呢？全看热烈的燃烧了，时代先驱的文学作家，努力呵！

独创力 经过外面的压抑和内面的燃烧之后，欲想将个人的生活、经验、哀苦、欢快，情思的奇伟、想象的宏丽，委婉地、细腻地表达出来，还得经过这层独创力的锤炼，方可成功。我们知道一个作家的最伟大处，是在作品中显示着生动、伟大、深致的别个的自我的存在。故对独创力不可不有深切的考究。一个人有一个人的性质与涵养，一个人有一个人的风调与格式，遇到压抑的迫急、热力的蒸发，创造物象而发泄的时候，这一切能在幽默的静境中溶化，开出自我的别个的鲜花，这鲜花在到处不曾也不会遇过的。一切神奇奥妙的情思，不论至大与至微，常人所见不到、想不到的，他都能很微妙地刻画出来，其节奏有如闪电般迅速地急转，有如风平浪静的湖面之缓流，全部的凝练如一枝飞箭般抒写其燃烧于内心的情感之光焰。将生命中沉寂的回意，综合地酝酿，能够使浅情转深，艺词变美，其境越苦，其心越热，其意越精，其精力越集中，把散乱漂浮的漫情感象熔于一炉，创作始得成功。

最近法国新情绪派的美学者，美术批评家哥尔梯（Paul Gaultier）在《艺术的意义》（*The meaning of art*）上论"作品与个性的问题"曾经这样说过："艺术作品的独自性，单独的印象、独创力等，是从那作家所注入于其作品中的东西——把他的梦、他的悲哀、他的野心、他的希望等，一切生于他的心，和触于他的心弦的东西注入于其作品而生。只要是真的艺术品，他自己的线和调子，没有不表明作家其人的心的世界的。画家、音乐家，无非在他们的制作品中，歌他们自己、画他们自己罢了。"可见艺术确乎是表现自己的东西，是自己灵魂深处埋藏着的一种秘密。

当代专门的诗人、画家、小说家、音乐家、戏剧家，有几个不是专看着读者的面孔来说话？结果，还是不为自己，是为着虚伪！到了不得不败露的时候，便一落千丈，不值半文了。这真是艺术界最可羞耻的一种倾向。

固然，人们都是假装的诚实：顶好也不过是一种伶俐的虚伪，任你剥了他们的衣服，一丝不挂着赤条条地去看，那心脏还是包在皮肉骨骼里边的，那独自性却从哪里看见？独创力，又从哪里看见？不过，真正艺术家的态度，读者的爱好与憎恶，赞扬与毁骂，他全不放在眼里。他只凭卓绝的艺术天才和极勇敢的胆量，去发现新的领土，创造新的格调，打破一切新旧的束缚，建立一种特殊的韵味，以发展他自己的独创力。

在这未经开垦的文学领土上，一切新旧思想冲突的现象，社会家庭黑暗的事实，民间的贪淫、残暴、相猜、相忌，自私、自大的芜秽的心田；世人烦闷、苦恼、悲哀、忧愁、悲凄，惨淡的误解的生活，和一切政治上丑陋悲惨的恶剧，一切阶级下暴烈压迫的酷情，无一件不是艺术界上好的范本，我们当用一种独特的方法改变之，当用一种独创的力量发挥之——把独特的色调和阴影，具体地化到艺术作品里，成一种独创的作品。这样作品里，自然会表现出作者高洁的人格、伟大的心胸、坦白的行动、炮火似的热情，如山泉如春雨似的言辞，坚固不拔的意志，勇迈直前、不顾一切的精神。

现在这样的人生，每日生活，都是呻吟于帝国主义、军阀、资本家、贪官污吏、土豪劣绅的多重压迫之下的，是一切被压迫的人生；每日如牛马一般囚牢在资本家的工厂，吃 12 小时乃至 16 小时的煤烟的工人的人生；每日在日炙雨淋，胼手胝脚的耕种，到了秋收以后便没有积粮的是农人的人生……还有兵士的人生、军官的人生、资本家的人生、军阀的人生……他们的生活是如何的不同、奇怪，有独创力的文学作者应该如何切实地描写！不，"切实地描写"的事，已经是过去的话了。应该对着这畸形的、病的、苦痛的人生，如何地表现、指示、设计、改革？

倘使文学是时代的反映，又是时代的先驱；倘使文学是描写人生，表现人生，又是创造人生的；那么，这种劳动文学的独创是值得我们欢呼，值得我们拥护，高呼万岁，也没有什么惊奇的。劳动文学的独创，并不是一种零碎的主义、褊狭的流派，它实在是时代与社会开辟的新的文学国土，现代的文化与艺术所必走的文学大路。

应了时代的要求，在资本主义成熟到最后的溃烂时期，新的时代与它的精神便缩过旧时代的尸身而被产生了出来。独创的文学作家要振作起来，巩固我们的阵营，支持我们的革命。我们本身先要充实起来，巩固我们的阵营，支持我们的革命。我们本身先要充实起来，获得的结果，献给我们的民众，给以坚决的信仰。克服一切虚无主义的妖魔，才能遂行重要的任务，维持我们对于时代的信仰，新的时代终必带来新的果实。

魔力　作品赖压力的迫击，热力的燃烧，独创力的陶熔锤炼，产生以后，所需要的色泽的即魔力。戴崐西（De Quincey）说："与人以魔力者，则为文学；与人以知识者，则非文学。所谓魔力者，入人深，动人烈，非平常生活所能也。"褒劳（John Buroughs）说："文学之所以为文学者，并不在于作者所以告诉我们的，乃在于作者怎样告诉我们的告诉法。换句话说，是在于作者注入在那作品里面的，他的独自的性质或魔力到若干的程度；这个他的独自的性质或魔力，是他自己的灵魂的赐物，不能从作品离开的一种东西，是像鸟羽的光泽，花瓣的纹理一般的根本的一种东西。蜜蜂从花里所得来的并不是蜜，只是一种甜汁，蜜蜂必须把它自己的少量的分泌物即所谓蚁酸者注入在这甜汁里。就是，把这单是甜的汁改造为蜜的，是蜜蜂的特殊的人格的寄兴。在文学者作物里面的日常生活的事实和经验，也是被用了与这个同样的方法改变而且高尚化的。"被称为"万物之灵"的人们，本来是过于聪明的。只要我们稍微留心，就可以觉察出聪明人的"文学流产"。他说，他纯真无杂地去表现他自己赤裸裸的心怀，你说你红焰焰地燃烧你自己的生命之火，差不多都是"精神病的暴露狂"。只是孤零零一根无光泽的布羽毛，呆板板一朵无纹理的纸花瓣，好比说算是一种甜汁，但是还没有成蜜！

文学之所以为文学，全在他有鼓舞感情的魔力；这种魔力，能使读者，像晶莹之镜易受热气的感动一般，像火药一样容易爆发。世界上不劳而食的文学家有繁延的可能性，就是因为他们能痛切地将现实生活的快乐和烦恼，有魔力地感动读者，读者就作品的魔力感到生活的趣味与痛苦，将一切和人生密接的、迫急的政治问题、经济问题、社会问题、宗教问题、道德问题……设法改进，然后文学的价值才得增高。所以，真正伟大天才的作家，对于所有的对象，心灵上、高洁的、自然的都具有一种崇慕的情感，一种热烈的魔力；他的作品，都是他的温靡的情感和壮烈的热肠的结晶，他的奇异的经历和血液喷放的结晶。对于读者好像一位极亲爱的朋友在倾听他的难以言语表白而只可以心灵感应的眉的诉说、情的表白，曲折详尽——是欢笑，是痛苦，或是刺心的难受——读者心坎上微微地如游丝一般的热情之力穿插着、飘过着送到内心的深处，荡逸着一缕不尽的恋感，在闭目深思的分际。这一缕恋感，倏忽间能幻化出万千的光彩，好像春雨初晴的斜阳映射着晚飔轻荡的碧波，绿垄起伏，点点银蝶贴面飞舞的微情，使人得到一种莫名的感动。此即所谓魔力，犹鸟羽之有光泽，花瓣之有纹理，蜂蜜之有蚁酸。此种魔力，是作者独自灵魂的赐物，所有作者坚固不拔的意志、勇迈直前的壮气，不顾一切的牺牲精神，和一切动人的真实的经历，都从文字上跃出。使读者感到春日晨朝那温风所带来的生气，或泪盈目眶的感兴，将潜在心底的热情，要蹂跳出来，那心板上刻下永远不可磨灭的痕迹。这儿是新文学的特别点，这儿是新文学的新生命。有此魔力，才能把理论与实际统一起来；有此魔力，才能克服自己旧有的个人主义；有此魔力，才能参加集体的社会活动。文学有魔力，与其说是社会生活的表现，不如说是反映阶级的实践的意欲。青年们！中国的文艺青年们！请你们去多多接近些社会思想和工农群众的生活，只要得到作品的时候，施以魔力的修饰，不知有多少读者，要获得新的宇宙观和人生观，借以成为未来社会的斗士。

传导力 创作完成以后，因其独创力的真实和魔力的美丽，遂成为感觉的具象的事象而表现出来的东西。内含着作家的个性、生命、心、思想、情调、心气，和那些茫然不可捕捉的无形无色、无嗅无声的材料，表现出有色有嗅有声的具象的人物事件风景以及此外各样的事物，传给读者，作为媒介物。因为作家和读者的生命内容有共通性共感情，所以就因了这一种具有刺激性、暗示性的媒介物的作用而起共鸣作用。从此，作家和读者所曾经深切分地感到过、想过，或者见过、听过、做过的事的一切；就是连同外底和内底所曾经经验的事，都起了共鸣共感。即在作家和读者的"无意识""潜意识""意识"中，两边都有能够共通共感的存在。于是，作家只要将这一种媒介物的强刺激将暗示给与读者，读者的胸中即燃起一样的生命之火，自己燃烧起来，起同样的感动，是谓传导力。

托尔斯泰把情绪的传导，当作一种人类团结的工具，实有几分至理。真的，凡是一件艺术品，如果不能拿感情传导到观者或听者身上去，那就不是艺术了。固然，未受教育的农民工友的观者或听者有时见不到音乐、建筑和诗歌里面一种不易领略的美（因为这种美，除非有注意分析思索能力的人，才能见得到，绝不是一般没有经验，未经教化者所能领略的），但是 Debussy 的音乐，Bowning 的戏曲，以及 H. James 的短篇小说，虽说不是为一般农民工友作的，而情绪的传导却也能够使一般农民工友得到相当的愉快。我们想一想 Gray《哀辞》对于数代后人还能使他发生一种快感，便可明白。况且社会要渐渐地艺术化，艺术要渐渐社会化之后，农民工友的鉴赏程度逐渐增高，社会艺术的距离逐渐逼近，这种以情绪为艺术冲动的根据之言，却不得不认为一种很有价值的见解。

凡有创作的本能，同时必有强烈的感情、创作的兴趣以及对于作品的刺激。这种刺激，只要资格相称的鉴赏家必能分得一部分去。就依赖这一部分刺激，由作家分给观者和听者，那便是传导情绪的开始，到了情绪一致的兴奋，感化的作用即统一，团结的势力自然也要统一了。所有人类一切夸大、自是、嫉妒、惨酷、暴虐诸恶性，久而久之，被艺术的传导力所融化所陶冶，渐渐消失而归于尽，也是有的。所以艺术作品永久的生命，就在能兴起这种刺激，传达这种刺激，予人奋发与愉快。

有许多思想家，说艺术给人的娱乐的真正性质，必定是不存私心的，而且是可与人共的。Coquelin 说："戏台上的女子应该供给观众一种戏台上的娱乐，而不应该供给他们一种情人的娱乐。"就是这个道理。反过来说，作品如果是自私自利的，那便没有传导力，感情怎能奋发，愉快怎能激起，势力又怎能团结？所以艺术给人的娱乐，是从作家感情里来的，一经人认识以后，便可与人共之。跳舞足蹈的精彩剧场里，观客里有一人不期然而然地鼓掌，引起观众的鼓掌；运动会场里，有一人不期然而然地喝起彩来，其余的人便跟着喝彩。Negro 船上起落货物的人，其中若有人唱了一句情歌，其余人的脚步就不知不觉都快起来。北京修楼基的工人，其中有一人嚷一段小曲，其余人的力量就不知不觉都集中。凡此一切，可以来证明一条公例；凡是感情强烈起来的时候，必有一种条理的表现之趋势。艺术情绪的传导，当然也不能外乎比例。即以 Coleridge 的话 "诗是出乎寻常的条理联合起来的结果"，可以证明不误。Siany Colyin 说："我们所做的事情，有些事我们必须做的，然后做的，这就是我们的必要；还有些事情，是我们应做才做的，这是我们的本务。此外还有一种事情，是我们喜欢做才做的，这就是我们的游戏。美术就是我们喜欢做而做的一种，美术的效果，就是供给多人一种永久而无私的快乐，美术的成功必须具一种预有计划的技巧，而又能归束到一个要点上去。但过了这点之后，便有一种不可窥探的秘密及一种规则所不能束缚的自由了。"（见《大英百科全书》美术条下）美学上有名的快感游离说的主唱者山泰耶奈，主张快感在固着于自己的心内之间，不是美感，必须离开自己而附着于对象的物象时——快感被客观化才得成为美感。在这情形的所谓离开（to project）自己，而被客观化（to be objectifid）是有非常重大的意味的。托尔斯泰把情绪的传导当作人类团结的工具，是指离开自己而被客观化的情趣。所以文学的情绪，简约地说，便是所谓被客观化的情绪，被客观化的情绪，才有传导力。

文学有了传导力，才能用艺术的力量来启示读者大众；能使大众理解，才能使大众爱护；能使大众爱护，才能结合大众的感情与思想及意志而加以抬高，所谓艺术运动与政治运动合流者，赖此魔力也。在中国的特殊状态之下，我们的作品，必须具有真正的艺术性，这里的作家必须有优秀的素养及努力，真正能够鼓动及宣传大众的艺术，就可达到革命的途径。青年们！决定你们创作者应具有的态度，以及你们应努力的方向，联合一切同情的作家，为新时代的文艺而战斗，共同担负时代的最大的任务。

（选自《文学新论》，上海光华书局1930年版）

艺术家是什么

洪毅然

艺术家是什么？这问题在一般人的口中或笔底下，是常常被看成过分地繁复，过分地杂乱的。人们是常常用了许多的时间在写出许多的字而企图把它描画出一个清晰的轮廓，但是，结果却一些也没有说明过艺术家究竟是什么。

有人把诗人理解成"夜猫"，有人把长头发、大领结等观念紧紧地和画家的观念联结在一起，甚至一提起文学家便联想到近视眼镜。其实，这都是不正确的。

固然，诗人之中有爱在夜间工作的，而且甚至于非常地多；但是，我们不能够说，凡欢喜在夜间工作的人皆是诗人，同样，我们也不能够说，凡戴近视眼镜者都是文学家。更何况，诗人并不是一例地欢喜在夜间工作，而文学家中也仍然有鼻梁上不架上近视眼镜者。所以，长头发、大领结的人不一定尽是画家，而画家，也不一定尽是长头发、大领结的怪种。

正确的艺术家的定义，应该是"艺术的生产者"。（The producer of art）假如他没有生产艺术的话，他不应该被称作艺术家。不管他夜里工作到什么时候，但假若他所工作的并不是诗，他不是真的诗人。不管他头发有多少长，不管他领结有多少大；或者，他鼻梁上的近视眼镜有多少度地深，如果他并没有生产过画或者文章，他也并不是真的画家与文学家。

真的画家与文学家的定义应该以其是否生产着画或文章一事以为其判断的基准。至于其 Manner 是属于何种类型，却对于他是否画家或文学家之判定上没有影响。

假如，我这儿主张的"艺术家就是生产艺术的人"这命题没有错误，（Artist 一字从 Art 加 ist 而成立，我想，那是不会有什么错误的。）那么，加上前一章所讲的我们所定义了的艺术底本质的解释，然后，我要再进一步地主张一个也许会被斥为怪诞的说法，就是我以为艺术不应该有所谓什么专门的"家"！

上面说过，艺术是人类生活中底非物质的情感和思想之物质化，艺术是人类生活中成形了的精神诸状态；艺术的创造活动是一种交际，是一种人类彼此之间情感和思想的传达，是到达人我的谐和境界的一种行为、一种手段、一种方法。那么，当然，艺术绝非某种特殊类型的人类所可专利或独有。这因为，人类之每一个微小的构成分子在生活的大海中都受到生活之浪的冲击，必然地都有他对于其生活压力的感应与回响。这感应与回响就构成了每一个人艺术的冲动与艺术的行为，即人类中每一个微小的存在都必然地是在那儿存在，则其周围环境的一切激荡对于他总不能够全无所感触。并且，既有了对于其环境的感应而又同时因为他们都是些社会的动物的缘故，于是，必然地总都找求着其精神生活中情感和思想之社会化的手段与方法，以企图维持其生活与提高其生活的水准。

我们绝不能说，某些人没有思想，也绝不能够说某些人没有感情。要是真的有没有思想和感情的人，那人一定是没有生活！（没有生活即没有存在）同样，我们也绝没有权利说某些人没有行过其思想和感情向外地的传达或表现。亲爱的读者诸君，你们曾看见过没有哭也没有笑的人吗？如果有，我想，他那种既非哭又非笑的奇怪的人的奇怪精神，一定是曾经被你们确切地所感知的。不然，为什么人说他确切是既非哭也非笑的奇怪的呢？所以，纵然在绝对地不动心的场合，也仍然巧妙地传达了他绝不动心的精神状态给你们的吧？更何况，那情形是几乎绝不会有的。

既然，建筑在物质生活之基础上的人类精神生活并不是某些特殊类型的人类所独有或专利，每一个人都有他对于其生活环境的回响与感应，每一个人都有他精神社会化的必需，而且，依前第一章的定义，艺术正是填补此种必需的人类感情与思想等精神社会化的手段。那么，每一个人都不断地在创造着艺术——每一个人都不断地在应用着此种手段以遂行其各种精神的社会化一事是不难设想的。

不过，照习惯的意思，"艺术家"这个字似乎是指明社会中有一种特殊范型的，以画或者诗或文章等做商品贩卖以取得其生活资料的人。其实，这是不对的，这是一个严重的习惯错误。这正如我们对于以办学校吃饭的人不能够称呼他是"教育家"而只配称呼他是"经营学校店的商人"一样，我们对于以艺术做吃饭手段者也不能称"艺术家"，而只能称"艺术品贩卖者"。甚至，我们不能够承认他所贩卖的是真的艺术，而只可以视他作"伪造艺术品的奸商"！

这里，我想提出一个问题；我想说，"职业艺术家"是多少地包含了几分语病的名词。这也和"职业教育家"一名词之有语病而应改为"教徒教育家"一样，我想用"教徒艺术家"一名词来代替它。

　　我以为，艺术是人类生活中的一种必需的精神社会化的行为。但是，艺术绝不是正则的人类生活的手段！

　　正则的生活建筑在正则的劳动之上。如果人不用正则的劳动去取得他的生活而不郑重其行为，就譬如娼妓之以性行为为她的生活手段一样，是应该被指摘的！因为，那会导人类生活入于污秽的邪途，那会引人类生活堕入黑暗的地狱里去的。

　　然而，宗教生活（非狭义的）的精神，所谓"Life of devotion"，便正是以最严正的态度去处理其生活的意思，便正是努力追求生活的真理的意思。教徒对于他自己的生活行为要求着绝对地符合真理的则律而绝无其所苟。此种严正的行为，严正地对付其生活的"宗教的"（Devotional）精神，我以为（其实任何人也应该以为）是人类生活之向上的唯一的去路。为生活而生活，为行为而行为的 Life of devotion，我想，那应该是每一个人的生活的准则，因为，人不仅为了其单独的个体而生活，也同时是为了其整体而生活的。即是，人不但要求其个体生活的维持，也同时对于其整体生活之向上的推进有着不可推卸的责任的。

　　由此可见，真理的人的生活应该是 Life of devotion，换句话说，真理的人应该是"教徒"（非狭义的），应该是如教徒一般严正地生活着、行为着的！虽然，他的脑中不一定要有愚蠢的神的观念。

　　现在，我们确定了每一个人都应该是一个教徒，我们即确定了每一个人都应该教徒般严正地处理他的生活行为。而且，我们又知道艺术是人类生活中许许多多行为之一种；那么，我们说，艺术家应该在他艺术创造的行为中绝对地教徒般郑重，如他在其他方面的生活行为中应该绝对地教徒般郑重一样，是不会有错误的吧？并且，假若这没有错误，那么，我说每一个艺术家应该努力做"教徒艺术家"这话也将没有错误！

在上面，我说过艺术家就是生产艺术的人，而同时考察了事实上并没有不生产艺术的人。当然，艺术家三字失掉了其被一般人习惯地所使用着的含义。即是说，一切人都是艺术家，一切人都不是艺术家。这因为，一切人都有他精神的生活，一切人都有他精神社会化的行为的缘故。

一切人都在传达或表现一切人产生于生活中的主观精神诸状态于其周围的客观，固属事实，但是，我却也并不否认事实上一切人所传达或所表现之精神本身的价值与其传达或表现的技术各有高下。而且，甚至我尤其是不否认普通人与特殊的人之间存在着一种明显的差异。其实，这差异到底是程度上的而绝不是性质上的。

事实是：在经验生活的过程中，一切的人都必然地感到（Feel）其生活历程中的任何事件与任何事物之所给予他的感觉官品上的刺激，而在意识中被知道（Know）它。普通人即止于此；而特殊的人却能够更进一步地由于努力而创造出另一个新的创造物。其所创造之物即为其主观与客观媾合以后而始得成形之新的、主观客观化了的物质体系。且能脱离主观而独立自足地给予接受之者一种几乎完全相当于该创造者在对着其创造之张本时所经验到的刺激及其感知过程，而令创造者本人以外的一切鉴赏者在赏鉴某创造物时也经验到恰如其本人在自然界所经验者完全一样。即是说，普通人所经验的，自然给予他的刺激及其本人的感知，永远地附着于其凝固的主观而不能客观化，对外不能够有所传达。而特殊的人则反是。今以图表之如下：

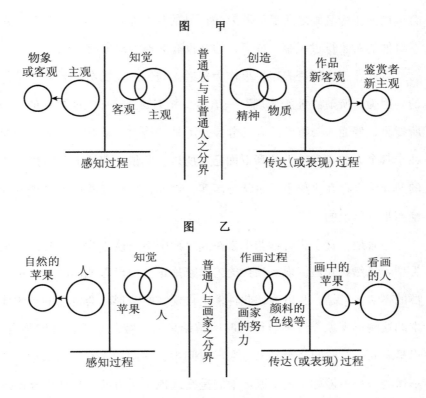

自然，以能表现或不能表现一事作为普通人与特殊的人之间的分界，在原则上说来没有多大的错误。不过，我们不应该忘记，上面所举的是一个极端的例，是一个为了方便而虚构出来的理论上的假设。实际的事实，绝没有绝对的只具感知的机能而全无表现机能的人。我们可以设想，一个绝对的不曾练习过作画的小孩子，我们为了做我们的实验而命令他对着一只苹果"写生"。那结果，假若他并没有违背命令，假若他是既经对那放在他面前的一只苹果行过观察，即是说，假若他是既经对那一只放在他面前的苹果有所感知的话，他在画幅上一定多少总有所"表现"！虽然，他不能够做到 Ceanzne 所做到的那样充分地表现出其所应该表现的关于其对象的一切。然而，他总决不会完全地不能够涂画点什么东西到他面前的白纸上去。他的纸上一定会被加上作为其眼之所见的苹果的记号的什么东西。不然，是他并没有对他的对象行过观察。或者，他并没有对他的对象有所感知。

以此，人以能否表现一事作为普通人与艺术家的分界是不可同意的。因为，所谓"能否表现"一语本身并不健全。如上面描述的实验所指示，普通人与特殊的人的分界并不是"能否"表现的问题，而是在于其个人的表现能力的高下而已。所以，我说：普通人与特殊的人的差异性之存在固属不可否认之事实，然而，那仅是程度上的差异而绝不是性质上的。

一直地，我主张着：艺术家在人之群中不应该成为一特殊的人的类型。虽然我知道，现实社会的艺术家是正表现出着他们脱离一般人群的事实。可是，我以为，此种发生自现实的畸形社会生活的组织体中的这畸形现象，迟早总得有时间被结束的。我幻想着，我向往着，迟早总有一个时间会要到来；在那时间中，一切的人都是艺术家，而一切的人都不被称作艺术家。他们是真理地生活着的。在他们经历着Life of devotion 的过程中，他们同时生产着真理的艺术。

（选自《艺术家修养论》，粹华印刷所 1936 年版）

艺术家的难关

邓 以 蛰

自柏拉图要摒弃我们艺术家（诗人在内）于他的共和国之外，我们的冤屈至今还没有诉清白呢。柏拉图说艺术不能超脱自然（谓自然的摹仿），而造乎理想之境；我们要是细细解析起来，艺术毕竟为人生的爱宠的理由，就是因为它有一种特殊的力量，使我们暂时得与自然脱离，达到一种绝对的境界，得一刹那间的心境的圆满。这正是艺术超脱平铺的自然的所在；艺术的名称，也就是这样赚得的。柏拉图不引用艺术为到达理想国——绝对境界——的椎轮大辂，反以为艺术是他们的理想国中鄙弃的自然的影子。这自然竟是绝对境界——乌托邦——的守门猛犬；艺术若是冲它不过，真要冤屈一辈的了。

骤然看来，自然这名词是何等可人，仿佛唯自然能对我们吐露宇宙的真消息。艺术若真有存在的价值，必得宇宙的真底蕴它也能吐露一些才算得。为什么要说自然与艺术是两件东西？在此我且先引申老子的"道可道，非常道"一句话说，权也说"自然可自然，非寻常的自然"。寻常的自然，反怕是人为的居多，或就是"圣人不死，大盗不止"的圣人的累世功德了吧。这功德深刻在我们知觉里，是亘古不磨的。知觉里这些亘古不磨的典册，够得艺术家的冲锋破阵。

你看：艺术家临绘画的时候，一动手，不等到美的程式有所安排，他的知觉就要处处提醒他，务使他感到不是这点不对，就是那点差池。结果他画的如果是人物，这人物的姿态必定照他知觉的要求：或是临流钓月的姿态，或是倚风怀人的姿态。这姿态必使人人看到，得以欣赏其间的意趣。假使意趣表现得不充分明了时，图中人肤发的色泽与形体的均势，都算不得什么了。不仅如此，有时还要画出故事来：什么流觞曲水了，什么林下七贤了，这种与文学家争得鉴赏者爱宠的技能，一般画家是不惜他们的精力去实切讲求的。要是山水画呢，一幅中不是崎岖山径，断续行人，就是推窗对景，流连之至。仿佛宇宙之大，终逃不了人的手掌心！倪云林虽觉人类脚迹，足污大地灵秀，但他也舍不了以篁里茅亭为栖息意志之所，似乎美的感得处处要人事上的意趣做幌子，否则造宇宙就搦不笼来了。文学以写感情为主，更逃不了以人事为蓝本的例子；你如果要写一种感情，必先要把能起这种感情的人事架造起来，才能引人入胜。可怜一般文人，被整群这样要求的读者鞭挞得实在不堪了：要他写什么男女爱情，要他写什么悲欢离合，处处必得曲尽情理。情理就把艺术家层层束缚，解放的日子好难盼望得到！

所谓人生从狭义方面讲来，原只有保持生命为它的唯一的勾当。在性情方面，这个勾当就会把幽隐荡漾的情感，结成功一段一段的本能。怀了这个本能，走遍天涯，都可以寻得他的衣钵。你看：只要天授你一个男人的形体，你无论到什么地方，都寻得着你的对偶——女人，却是这个对偶，在狭义的人生眼里看来是实用的，是传布种子以延长生息的。再你有你的口，何处寻不到食物。有你的眼睛，何处不可以保护你的生命的安全。有你的耳朵，还有什么危险能侵入你的生命安全的范围之内来？这实用化的本能，它才没有什么留有余地的情趣呢！生命因为要保持的逼迫，机体上遂无端涌出众多的官能，好帮它分担这保持的职务。浸假又发展一个中央集权的脑府。自从有了脑府，各官能却更省事了。如今：外界若向你的眼睛呈露一种光波，脑府发出命令说是红的，你的眼睛就认得认为是红的；不像从前脑府未发达的时候，你的眼珠险要钻出眼窠似的来探求这光波摇动的性质；抵死还说不定这光的意义，徒有其印象而已。耳根在从前也是照样的笨重，其他官能的发展都是一律如此。五官自受了这脑府的管辖，宇宙间一切的现象，都不是它们从前的浑然天成的样子了：从前无论有没有人理会它们，都不会影响到它们的本色，自从人类的官能匍匐在地，当头是脑府的圣旨以来，它们就好像搭上了一面有颜色的头巾，由处女变成娘子，动静都有意义了，无心的转移都要防人类的官能们的猜忌。宇宙的自然，到这时真不自然了，我们的性情官能向着实用的方面锻炼，结果只是顺着利害成日里活动的一座机械，漏下无穷的经验，磨成无限的知识好供脑府应用配置。看看走狗烹、良弓藏的日子到了，性情官能！脑府都用不着你们了。因为脑府里如今所藏的知识，足够使用一辈子的。这些知识，也就是艺术家的知觉的内容，与观者读者的欣赏艺术的工具。

所以你画的人物，如果没有一种意志——情理上的——脑府会板起面孔，若摇首称道："不对不对！我不懂得你画的是什么。"你画的山水中，若没有人物在其中做幌子，亭舍在其间做归宿，脑府必掉过头来，口里埋怨道："去它的，谁看它这个莫名其妙的东西。"艺术家！你们要是遭了这种没趣，你们还是对他们冲锋破阵的向前进吗，还是屈服给他们，擦擦刷子洗洗笔，再重来吗？

没要怕！我们有我们的工具。我们的工具，与知识充满的观者读者的不大相同。他们的利器全陈列在脑府里面，他们的脑府最怕的是五官性情的太伶俐，不遵从脑府的命令，使结果，宇宙间一切现象不能得知识上的一致、普遍、真确。譬如一块石头罢，若依知识的报告，上可以说到星气的转动、地球的凝成，下可以说到它的性质的坚硬（这是石的抽象，石的普遍性），彻上彻下，这块石头本身的样子，在呈露的一刹那间，五官性情所感受的到底是怎样，仅可以不必提及了。换言，知识，究竟讲来，所谓对于人的真实在只是一时的、特殊的，哪有一致的，普遍的呢？除非是一时间的特殊的印象，送在脑府里，永远保存，却是有的。至于宇宙间实在的现象，它是时时刻刻变动的。

这变动的现象，该谁去认识呢？我们且请教艺术家的本领看看。艺术家对于现象，是先要把它的五官性情搬出来，放在时时刻刻变动的现象中当作寒暑表或镜子似的，现象如何动，五官性情就如何迎合。外界一丝的动静，无不波及性情之弦的。这波及的印象，再嵌入知觉里，若有此伎俩表现出来剜成艺术。这种表现不在整个图书馆里的书籍中，乃在一部艺术史上。到近世印象派——前印象派的绘画，格外聪明伶俐，表现得也格外真实。但这不过是现象的真实。现象是自然界的东西，最是变动不居的，不是性灵中的绝对的境界。艺术得到现象的真实，原不是它的分内事。要是它不向前进时，柏拉图是要驱逐它出境的！所谓艺术，是性灵的，非自然的；是人生感得的一种绝对的境界，非自然中的变动不居的现象——无组织、无形状的东西。

如此，艺术为的是组织的完好处、形式的独到处了。所谓绝对的境界，就是完好独到的所在。你看：艺术史上绝造的时期，如欧洲13世纪——拜占庭艺术在意大利活动的时期——与后印象派的塞尚一流，以及中国晋唐的人物、六朝的造像、宋元的山水、名家的手笔，无不简切淳厚；举凡文艺复兴时代的设意肤泛的习气，与夫院派画的琐碎平凡的体裁，都丝毫不曾侵入，这真是人类性灵独造的绝对的境界了。真实的现象，是艺术的笔画刀脚，但不是它的形状。它的形状是感情的擒获，是性灵的创造，官能又争不到它的功劳了。

艺术与人生发生关系的地方，正赖生人的同情，但艺术招引同情的力量，不在它的善于逢迎脑府的知识、本能的需要；是在它的鼓励、鞭策人类的感情。这鼓励鞭策也许使你不舒服，使你寒暑表失去了以知识本能为凭借的肤泛平庸的畅快。所以，当代或艺术史上有许多造境极高的艺术，反遭一般观者读者的非难，就是这个缘由。因为不能使他们舒服畅快，所以不易得他们的同情了。其实，艺术根本就不仅是使你舒服畅快的东西。

反过来说，艺术正要与一般人的舒服畅快的感觉相对筑垒的呢！它的先锋队，就是绘画与雕刻（音乐有时也靠近），因为这两种艺术最易得同人类的舒服畅快的感受与肤泛平庸的知识交绥的。文学是最狡猾，纯粹艺术的大本营，不能给它留守的，因为它与人事的关系太密切了。音乐、建筑、器皿之构形，都是人类的知识本能永难接近的：它们是纯粹的构形，真正的绝对境界，它们是艺术的极峰，它们的纯形主义犹之乎狭义的信仰，战争的使令可以决定行为的价值，所以它们才合坐镇全军了。但是人事上的情理，放乎四海而皆准的知识，百世而不移的本能，都是一切艺术的共同敌阵，也就是艺术家誓必冲过的难关。

（原刊《晨报副刊》1926 年 1 月 6 日）

戏剧与道德的进化

邓以蛰

艺术中算戏剧与人事关系最密切了。绘画只要颜色线条，再加上人类的纯粹的感情，就可以开工了。音乐只要有声音高低缓急的变化，照样供给人类的感情使用，音乐这项艺术也就有把握了。戏剧则不然，若仅有个人的五官感情，戏剧还产生不出来，必得人类发达到有了一个精神的机体——社会——然后才可以创造戏剧。所以，原始社会尽管有它的舞蹈，它的神会，它的旗杆（Totem pole）上的绘画雕刻，它的木石金革的音乐；说到戏剧，它是不会有的。戏剧直等到社会有了文化与历史之后，它才肯露头角呢。纪元前5世纪的希腊若非遭了"波斯战争"的剧痛，Aischulos是不会出世的。

产生戏剧的既是社会；而戏剧又是艺术，与同生的其他文化如家庭、政府、议会等的性质迥不相同。产生艺术的主动力毕竟是感情。戏剧的材料虽是人事；倘无感情，终有不了戏剧。既如是，我们先看看社会上的人事与人生的感情是怎么一回事，然后再看戏剧如何关乎道德的进化。

我们讲的人事，不待言是就人事的意趣方面说的。换言之，是就包含善恶的行为说的。人类的行为如何得到善恶的判别，这又是我们先要问的。

近代的哲学似乎要把真善美派为弟兄行。我们若是细细推敲一下，应当把"美"抬高一辈，"真"与"善"都只能是"美"的儿辈了。因为照人类学的研究，宇宙的解释是始于神话；而万物的赋形、品类的正序，又赖乎人类五官的笼罩与鉴别。倘无官能，宇宙终古是浑然一体的，哪有形象可分？形象不分，实质（Reality）终没有正位的机会。无实质，当然不会发生"真"的问题；更说不上"真"的认识了。所谓神话，是感情所造；所谓形象，是官能所赋予。感情官能在这种时期还是直觉的、非理智的。到由形象脱成实质，由神话脱成科学方式，才算是脑力主事的时期了。即使免不了官能感情的辅助：到这时它们都已理智化了。在官能感情没有失去直觉力的时期，宇宙间一切诚然都是美的（注意：美者指感情的意境，不专是美观的美）。

在官能感情没有失去它们的直觉力的时候，所谓"善"也还是"美"。现在人类行为的善恶，固以利害为标准。然理智时期的利害，大半是直觉时期的赏悦与厌恶，否则利害的价值也就无从寄托了。譬如忠信的言行与贞洁的信奉，在初只是赏悦，觉得它们有实在的价值在。到了人事复杂起来，行为就成了善恶的形式，因形式而成为道德。自有了道德观念，人类的行为遂变成理智的、对待的、仪式的、因袭的；社会也因之成了刻板式的；个人也用不着自出心裁，奋进与爱憎了。一切仿照社会的习惯行之，绝不会有过错的。然而无损于为"善"。

倘若人类感情真个绝灭，社会必得死无救地。幸亏不然，人人偏又要来什么自由，来什意志，来什么理想，来什么奋斗，来什么革命，看多少悲剧，人类演的！接下去，又来什么破坏，来什么解决，来什么调和，这般煞风景的喜剧也够多的！

希腊的悲剧大都描写神话中的神的性格。那些性格虽属于神，却不一定是完美的。无论神人两界，假使有真正完美的品格，那必然是绝对的，超乎复杂的人事之上，使人仰之弥高的品格了。这样品格的描写，是 Phidias 的斧头锉子，脱出形来，是白石的 Zeus 与象牙黄金的 Athena。若 Sophokles 的 Ajax 中所描写的诸神，与 Euripidcs 的 Hippolytus 还得要同人类一样，免不了有动作行为的。所以戏剧之有 Drama 的名称，在希腊的原意就是"动作"的意思。但是，神的性格毕竟是自信的、执拗的，不能牵强附会的，不比市井之徒刁巧弄玩、无是无非的。因是悲剧的主人翁由希腊的神降而为帝王贵族，如西班牙与法国 Neo-Classicism 剧本中所描写的。市侩小人绝当不了悲剧的主人翁。如今神也罢，人也罢，—描写在悲剧中的性格不是执拗的、无调和的，如《打渔杀家》的萧恩，就是猜忌的、热衷的，如 Othello；不是拘泥的如 Le Cid 中的 Chimene（Corncille 的剧本），就是反抗的如 Romeo 同 Juliet；不是重节义、肯牺牲的如《搜孤救孤》的程婴、杵臼，就是任情任性、自投罗网的如《坐楼杀惜》的阎惜娇；不是悲观的 Hamlet，就是急进的 Doll's house 中的 Nora。

把这些描写在悲剧中的人格类别起来，总不出乎：（1）视杜会上的道德信条为人文的结晶、人伦的支柱，牢不可破，必得遵守的；这种人格实现在历史上的如伯夷、叔齐、方孝孺、张苍水辈。（2）视礼仪三百、威仪三千都与人生无切实的关系，道德习惯更是空泛的、陈死的，所以有一般急进的人格求个人的意志与理想的实现，激扬奋发，抵死不止，实际上这种人格如耶稣、墨翟、王安石、陈同甫都属于此。（3）看到人世变幻，一切是非皆以一时的利害为标准，此际于我为利，则虽危及他人在所不惜，社会的评判乃强有力者的评判，久之且奉之为是非的绳墨。"圣人不死，大盗不止""人生如刍狗，岂有甚于此者"，有这种冷眼热肠，以为社会根本无可救药，屈原、陶渊明、SchoPenhauer 都是这类的性格了。（4）对自然界，见山川的奇伟、春秋的代谢，人生于此，诚与蜉蝣为昆季，又觉到自身欲浪情波，心为形役，百年生事如驹过隙，于是顺天命、绝人欲的思想家创出希腊末季的 Stoicism、中世纪的 Franciscan、宋明的理学；任自然、适吾性的思想家又有 Epikouros 与杨朱。

由以上四种观念养成的人格，或一意孤行，皎洁幽芬；或发扬蹈厉，豪迈沈雄；或愤慨嫉世，高亢深远；或矫枉过正，狂狷真诚。这些人格的躬行实践虽无丝毫假借，然其间苦恨悲愤与激昂慷慨的感情也是不可掩的。

这些感情是什么激动的呢？说是对于社会的反动。社会这个机体的组织的成分：有非人力所能左右的自然环境，有不可改变的天性本能，有血流成河而赢得的信条，有万世遗传的习惯，有非挟山超海的力量所能转移的惰性，有百法难攻的结核性。若是个人的意志或理想投入这种威力憨厚的社会里去，诚然是一粟之于沧海，一时不会起波澜的；再说与之抗衡冲击，及身的胜利那会看得见呢！所以 Aristotle 的理论，说：悲剧的主人翁，性格是不要完美，多少要带点弱点的；结果必得受应得的报应（Retributive justice）。

其实，何用得使悲剧的主人翁受这种冤屈，简直的，社会的积壳层岩永远不是一朝所能凿穿的，包管不会有胜利的结果。因是，悲剧总是悲惨的收场。

苦恨悲愤、激昂慷慨的感情，顿地不能征服社会；再看讽刺破坏的手段，能否有个解决？

要实行征服，我们非先削夺被征服者的威权与否认它的价值不可（Falsification）。这样的实行，非得镇静些，冷酷些不可（Absence of feeling）。讽刺破坏正是如此的。

讽刺破坏正是喜剧家的手段。喜剧家观察社会的态度是冷静的、客观的，不用感情的反应，正同科学家研究无机体的物质一般。认定它的境遇（Situation），用名学家的头脑来支配，管它有如何狡猾的变幻，终逃脱不了他的把握中。你看：邹应龙之打严嵩，那般的设计，是如何合乎名理；然而严嵩终逃不了邹应龙的无线无索的网罟！Moliere 的 L'Ecole des Femmes 剧中的 ArnolPhe 痛世间为丈夫的总逃不了羞辱，于是把 Agnes 从小（4 岁）就买下，深藏紧固，不让她与外界接近，家里只蓄两个丑陋的奴仆。这总算费尽心思，无丝毫含糊的了吧？谁只望 Agnes 偏偏遇着 Horaca，一见相倾。这是第一步破坏他的计划。他的朋友 Chrysalde 又劝他将真名隐瞒，换名 La Souche。恰巧 Horace 的父亲，又与 Arnolphe 有知交，自然 Horace 要央求他的长辈（Arnolphe）替他帮忙，遂向 Arnolphe 探听 Agnes 的保护者 Ia Souche 之为人。哪晓得这个玩笑就开到本人的头上。这又是第二步否认 Arnolphe 隐瞒姓名的价值。这些情节真是机械式地凑合，刍狗人生于不知不觉之中。

喜剧家舞弄一点机巧，哪怕你极当世的富贵，多少贫贱受过你的欺凌，也管叫你有受平等待遇之一日。哪怕你竭尽心力所得的结果，只要是过了分，动了物忌之后的时候，总有其人一朝给你全盘推翻的。不仅是此，看一代一代的江山之失，都是在末叶的帝王奢侈无度，或好大喜功，遭人民怨恨的时候。亡国的帝王有时固然是悲剧中的英雄，但是亡其国的人用他的奸谋诡计必定是喜剧中的角色。历史上这样的角色是数不尽的。如今感情日薄，理智日进，全世界人人都带几分喜剧家的趣味，一举足之劳，管教一国的制度由君主变成民主，资本家一朝就会落到贫民的地位。所以，喜剧终有个调和解决的办法，在开幕时就给你预备好。

Hegel 的 Dialectics "有"（Being）即"无"（Not-being），"有""无"相触，而后真"有"（Becoming）。此"有"依次地又当入于"无"。如此转变，就是历史的演进。所以，勿以悲剧的结果的"无"，而忘却它的实在经过的"有"；喜剧结果虽是"有"，但也不能当作最末一次的"有"看！世间上的喜剧不定演到何时止呢！

艺术是艺术，曾无人把它当作"真"的看。那么，戏剧于实际上的道德的进化有何影响呢？这是我们要疑问的。Aristoteles 关乎论悲剧时曾用到 Katharsis 这个字。这个字义是言"除邪"（Purification 或 Purgation）。古希腊的 Dionysus 节本身就是一种 Katharsis，希腊的悲剧本从 Dionysus 的神舞脱化出来的。叔本华（Schopenhauer）的艺术论，又说得艺术好像是一面照妖镜，把人类意志（Will）的活动，形形色色都丝毫不放松地不隐瞒地收摄住，显映出来，使人类对着自身的写真，刹那间愕然地起敬，渺然的澄澈如入定的一般。这种境界佛谓之涅槃。现在我且运用 Kathorsis 与涅槃这两个意义上来作上面疑问的解说并本文的结论。

艺术的促进人生在陶熔熏化，不在鞭策教训；在真实的表现，不在委曲的引诱。人生即使发达到成了一个社会，其间经过因利害冲击的关系，淤结壅塞着无限的污秽邪毒；因执用过久之故，免不得将有温润内容的美德都磨炼成顽厚的胼胝。

若要解脱这些害及人类行为本身的成分，用人生之外的诚劝鞭励的方法如教育吗？不成！

用祛蔽解惑的知识吗？是不切题！

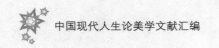

用引导皈依的宗教吗？又莫奈生命不能永久驯服何！

到底人类行为是人类自有的，还是和盘托出交给他看，看他是羞恼吗，悔恨吗，惊讶吗，疑虑吗，刺激吗，醒悟吗，屈服吗，承认吗？

……

我们渐渐知道那一件也不是，却是件件都得齐全，然后那座涅槃才建造得起来。因涅槃笼罩的是人生全部，包含的是人生本体；所以，人对之如葵之向日，磁针之朝南的一般。因为它们俩本是一体的——尤其戏剧的内容更得点点滴滴是人生了。

感情、意志、理想诸实现之"有"却包含道德上的理智、机械、因袭的空形式之"无"，结果又有一番改革实现的"有"。这是 Hegel 的历史演进的步骤，也就是我们的道德进化的观念了。唯道德的进化由上面的观察看起来，是由悲剧进于喜剧，仿佛自此以后当全是喜剧的世界了。能如此，当然是吾人的希望。但是，事实许不尽然：叔本华以为这整个的世界原就是悲剧张设的罗网，吾人生活其间，演的无一不是悲剧，特吾人不自觉耳。天地不仁，以万物为刍狗，吾人是一辈子脱不了这不仁的圈子。于是，喜剧不过一时的聊以解嘲罢了。也许喜中含着不少悲的成分吧！

（选自《艺术家的难关》，古城书社 1928 年版）

诗与历史

邓以蛰

一

宇宙间的现象，不论是外界的或心内的，在我们知觉中显映着，而知觉自身又寻不到有什么已成的知识可以定它的意义或概括它的时候，这只是印象了。把印象表现出来给他人享受的时候，如果是耳根领会得到的就拿音乐表现；是目官收摄得的，就拿绘画表现了。如此讲来，所谓印象，便是吾人得之于外界或心象的一种完全无缺的直接经验，倘人类有领会自然的真实在的机会，还要将所领会的表现出来，最具体的办法，就无过于音乐绘画等艺术了。但是音乐绘画，多少要经过人类的理性与技艺上的选择，方能脱胎成形。这样讲来，比较上艺术又不敌个人的印象直接了。

再看到由艺术变到知识的经过，乃觉得艺术又太具体了。在社会里，用艺术来做传递的工具，实在不堪其笨重，于是又不得不在印象的内容里择几个最明显的，人人印象中同有的成分，特别提出来，造成一个概念。将来只用这个概念，在社会上流通着，仿佛钱票一般，用来用去，大家交换着、珍惜着，真与币帛同价了！那些充塞于府库的整个的印象，尽管不用关心了。这确是一种极方便、极经济的办法。吾人这条知觉的涧水，得了知识做些踏步的石蹬，一块一块地露在涧上面，无论目的何在，都能使我们轻易地到达。所以知识帮助人类的行为与思想的地方，并非浅显。

在印象与知识之间，我们看出了艺术已经插进去了。但艺术与知识之间，在知觉上还有一段空白。这段空白的内容，是印象与知识参和起来捏成的：忽尔是缥缈的印象之中，显出些嘹亮的知识来，仿佛在绝顶之上俯视平地，有些压都压不平的邱垤峥嵘着；忽尔知识的四围又起些印象的光晕，捉摸不定；甚至知识更似土偶一般，投到印象的海里去，消融得连个影子都觉不出。这一段知觉的表现是什么呢？从形式方面说，是历史；从实质方面说，就是诗了。（哲学、科学无不是用散文做它们表现的工具，所以在此处暂把散文除开）。

二

为什么诗与历史，在人类的知觉上所站的地位是同一的呢？历史上的事迹，是起于一种境遇（situation）之下的。今考人类（个人或群类）的行为，凡历史可以记载的，诗文可以叙述的，无一不是以境遇为它的终始。它的发动是一种境遇的刺激，它的发展又势必向着一种新境遇为指归。发展的经过，或由感情潜入理性，（根据知识）再归到行为的实现，如经济的行为；或不经过理性的考量，直接由感情激发出来的行为，如善恶的行为。境遇启发行为，行为更造出境遇，毕竟不爽。再看，历史根本就是人类的行为造成的，而行为的内容，依适才所讲的分析起来，一方面是属于知识的，一方面是属于感情的。如境遇的认定，理性的计量、结果的判断，内中都有知识活动的痕迹。善恶的行为，其判别的经过，又是先有人类感情上的印象，而后有性质善恶的区别，有性质的区别，而后有意义；意义从理智方面说是知识，从感情方面说也可以是境遇了。因为意义足以左右行为使之实现，故得云境遇。道德、艺术、制度，无往而不以感情为始，以知识为终的（道德艺术虽只有善恶美丑的价值，不过价值并也是一种直觉的知识）。至于境遇的具体，只是对于人生才会有的。倘没有以感情感到它的时候，自然界不会产生什么境遇。这样看来，知识既成于意义，间接已是人类感情的陶铸了。而境遇也是人类感情的发现，是不待言。假如宇宙间生来就有境遇，生来就有知识，而独没有以感情为内容的知觉在内；那么，所谓历史只是政治理论、制度考、法律大全、经济学、统计学、伦理学、自然科学都对，顶说不上的就是诗了。

因此，历史与诗不同之点，仅在：历史的形式，事迹之外，还需事迹的时地的正确；诗则只要事迹的具体的经验就够了，时地虽隐含在内，却不求纪实上的苛责。无论如何，二者的内容，只是一个了。

研究历史的，注重事迹的编年、风俗的推移，固是分所当然；但须知道事迹风俗是由人类的意志实现出来的（意志多半是合感情与知识二者而成）。若要了解它们，研究它们，必先同其意志而后可，非独考查事迹的片面和习俗的仪式所能了事。事迹风俗所以实现的感情活动的那些具体的印象若唤不起——换言之，作者若不能使历史上一切的存在，在他自身的意识上，照样的重新生起，或事迹上的过去未曾化成精神上的现在——结果必致属于文物方面的变成考据学、考古学、分类学，属于风俗方面变为社会学了。科学所研究的对象只能是无机体的。换言之，它对于所研究的内容有没有意志的活动，是不能顾虑及的；若顾虑及，则解析类分之法必穷。历史分明是人类自身的事迹，分明有意志活动的内容；若用科学方法来研究它，非先把它变成无机体的东西不可。殊知历史的存在在它的内容，内容没了则历史也就过去了。那些适应研究无机体的社会学、考古学和分类学只是科学了，不是历史。然而这几种科学都用历史做研究的材料，岂不是互相消灭么？

三

历史已经变成科学了，那是历史的劫运。我们再看看内容与历史相同的诗是怎样。谁知道诗也有它的末运走的，它则变成专门描写感情的工具了。感情如不掺和着知识，感情如果没有境遇来范围它，便只是纯粹的感情了。纯粹的感情，上面略已提及，是机体上自然发达的一种活动状态；或对外界所起的一种知觉上的印象。这种感情在知觉上实不在诗与历史的领土之内，乃在艺术的部分了。表现这种纯粹感情最妥当的工具只有音乐和绘画。

音乐绘画不必有境遇的范围，因为它们所描写的只是感情的完全无缺的具体的印象。譬如哭泣的声音只是悲哀，不管这个哭泣是发生于创痛的境遇，还是其他的境遇。根本，这些境遇于悲哀的印象就没有什么关系。若用音乐来表现这种印象，这印象的性格价值就蜕化在声音里了；声音之外，绝用不着别的东西来帮助我们的领悟和了解。一幅画的特殊的价值只尽于颜色和轮廓。假使有一幅写意的作品，它的颜色轮廓有不足的地方，你心想替它补上一点；这补上的还不过是你意象中适宜的物象的颜色与轮廓罢了。领会音乐与绘画的价值，是用不着什么人事上的境遇来帮助的。即使你要勉强羼入一个境遇进去，那也不过是由你的经验上联想的关系，与音乐绘画本身的价值必定毫无增减。因此，音乐绘画等艺术的表现，只是整个的印象，不是片断的事迹；所以也就用不着什么境遇来做它们前后的关节了。它们表现的本旨原来就不在叙述事迹。

　　诗的表现能够这般具体吗，能够这样纯洁吗？譬如你用文字来描写一段风景，无论你所用的字推敲得如何的微妙，堆砌得如何的浓厚，那风景中的颜色与轮廓绝对是描写不出的；即使能够，也必不敌绘画那般的具体。因为一个个的字是一个个的概念，已经不是具体的印象了。再说用文字描摹声音，无论如何形声的字也万万不敌音乐的声音那般具体。我们看一段风景，这段风景与我们绝对没有历史上的联想，它对于我们并没有人事上的意趣；但是它的具体的印象，只要我们看到它的时候，总是有的。这种具体的印象，用文字来描写，它定敌不上绘画。假使它与我们有了历史的关系，它曾经是一个境遇，那么，这些精神上的关节，只有诗才能表现得出来，绘画于此又要束手了。

　　这样讲来，诗的描写最重要的是境遇。境遇是感情掺和着知识的一种情景；又可说是自然与人生的结合点，过去与未来的关键了。怎样讲呢？原来人的知觉由内的只有感情，由外的只有印象。如今怎样将感情与印象铸成知识——直觉的知识类如善恶美丑的价值之判定，概念的知识类如品类的正名——就全赖境遇的运用了。因为，境遇是知觉发动的导火线，是已成的知识，在知觉的孔道上树立的津埭与标记。认识了境遇，然后感情才得到进行的方向，有了方向，才有价值之可定，意义之能明，新知识于是才产生得出。使人了解新知识、新价值的方法，必得用知识掺和着感情，以引起吾人全个精神的响应。感情响应着，知识随之如蜘蛛吐丝，节节自有着处。感情如果没有知识辅佐，便如一握乱丝，无从抽解了，更何能组织成锦绣呢？厥罗耶（Troy）的战史、伊琴（Aegen）海上的文物、Odysseus 的智勇、Homer 的写法，在能引起读者的情智两方面同等的共鸣；Lucretius 的 De Re，um Natura 是谈哲理的，但用人事上的意趣来辅佐他的理智上的抽解；Dante 的《神曲》是宗教的宣传，却是诗中运用历史上以及当时的事迹，能使读者觉不出是他们身心以外的陈迹似的。这都是善于运用境遇，运用人事上的意趣，能使知识脱乎感情而出；这才是真历史，真诗了。如果只在感情的旋涡沉浮旋转，而没有一个具体的境遇为知觉活动的凭借，这样的诗，结果不是无病呻吟，便是言之无物了。所以，历史和诗在人的知觉上所占的地位是介乎感情知识之间的。

四

境遇的关节有事实上的信实就是历史，否则便是诗了。这是诗与历史的一个区别。再有，就是散文与韵文的区别了。

文学的内容是人生，是历史，这是通例。诗之所以异于其他的文学的类型，只在它的形式罢了。形式的特点就在它的音节的和谐。谐和的音节，成于字的平仄，句的韵脚，因韵而定句之长短，使读者感情的呼吸能够同时与音节相抑扬。知觉里的知识又随着感情和音节的抑扬相与沉浮变化，仿佛两岸的砂砾为水转入长流中的一般，不停地夹在感情中活动着。诗不同于音乐，就在声音的印象之外，更有知识的活动。至于诗的创格，是全章的音节在吟诵时，使人无形中起了快感。渐渐地，口耳与之纯熟，于是这种音调就成为一种格式；若再谱入管弦，便因为乐谱的成立，它的音律就要格外固定了。人类的快感与管弦的音谱都是富于保守性，随意变更颇不容易；所以一首诗不能单独有一首诗的格式，一个人也难得有一个人的格式。充其量恐怕只能一个时代有一个时代的格式：类如楚

骚、汉赋、唐诗、宋词、元曲；或则一体有一体的格式，类如四言、五言、七言、长短句。

凡在创格时期的作者和平时出类拔萃的巨子名家大都富有历史上的学识，并且是经验宏富，感情强烈的，所以他们的作品总能朴茂并显，使读者感情与意识的活动不相径庭，如《古诗十九首》同沈佺期的《古意》、老杜的《咏古》诸作中决觉不出什么格式与内容的破绽来。便是小名家以诗词为专业的，亦必心中积字盈串，按音律以求字，无论字的如何新奇，必求能叶音律而后可。这种寻字的功夫，到了西昆体与词家可谓极致。诗做到模仿陈调与用字新奇成为专艺，则将流入音乐和绘画的境界。是讲究声调的终超不过音乐，讲究用字的也绝对比不上绘画，结果，使诗与历史脱离关系，诗的内容因之薄弱，徒剩下一个空格式而后已。

五

如今再说诗的内容与诗的等第，而归结到诗与历史相同之点。上面已经论到走入纯艺术内的诗是专在音调形式上讲求，不大措意到内容的。但是：诗的内容究竟以何处为起点呢？原来人类知觉的发动，姑且定它从感情与印象起罢。这段知觉的表现是音乐与绘画的领土，从理论上说，固然不错。但另以言词为工具的诗人，就用言词来描写他的直接的经验，具体的印象，也未尝不可以做此艺技上的尝试。不过言词终不外乎理智对于具体的印象的一种抽象而已，用来和声音颜色相抗衡，总有些挣扎吃力的痕迹。所以用文字描写的情景，结果必堆砌得厉害；汉赋便是一个明证。一方面想不失具体的印象，他方面又求表现的结果能得读者充分的领会，于是假借比拟，无所不用其极了。美人芳草，风雨醉醒，都成为人事上爱憎升沉的象征。文字的表现到了这样落套的时候，便成了表现的抽象，犹之乎一个字是一个印象的抽象，久之就唤不起印象的具体来了。所以看到这种缺憾，文字是不知声音颜色的了。却是文字含有知识的成分。我们单是看，单是听，有时捉不住意义，捉住些但又飘忽不定。若使知识得凝成意义的机会，非感情中潜入些知识的脚迹不可。所以诗文中多少不用一点人事上的关节（境遇），则新的感情，新的印象，定不能活动得起。把时间性的动力加给感情和印象，则知识暗中吐露着不至于像理论家之言的索然无味。这种本领，这种境遇的描写，声音颜色又夺不去文字的威权了，只要能使读者知识的希冀不至于落空。换言之，使读者不至于觉到言之无物，描写尽管比拟堆砌藻饰长言，与绘画音乐争其工致，实无不可，人类自始从外界所得的印象，又渐从印象脱出知识，其间经过，若能描写得澎湃回荡，踊跃冲激，仿佛如见曲茁苞菡的知识脱乎弥漫无边的星气似的情感印象而出，这样的诗力，确乎非天才不能到。人类精神生活起源的状态赖这一类的诗的保存，真是可贵了。儿童与原人常有诗人的感觉，而无诗人的才与艺的诗人，他的作品是浪漫派、印象派，是诗的第一步。

历史可以说是人类的精神生活的写照。人类向只为生存而生存，那只有食住动静的问题，便厌恶与禽兽同科，是不用讲的了。但是，所谓人生，也不是生于纯粹感情——如上面所说的机体上自然发达的活动状态与对外界所起的印象的感觉——之下的生；假如人生只是这样的生着，那也不过是一种自生自灭的流星之光，在空中留不住痕迹的。再进一层乃有机体发达上所显的种种顺逆的境遇，在这些境遇之下所发泄的感情，如心知乐乐、离合悲欢之类，虽已和精神生活有了关系，但在历史上还是留不住深刻的痕迹。必须精神上有一个坚强的意志或理想，才可以推得动历史。我们看历史上的改良，都是由于理想的奋进与当时社会上的陈规习俗相接触，或个人意志的扩张的结果，这种接触与扩张，描写在诗里的在在皆是；而在戏剧文学里，尤其充斥了。接触与扩张的结果胜的是喜剧，败的便是悲剧。不独社会与历史是人类理想意志对锋的阵地，便是自然和人类本身的天性也都必有矫正的气概，如历史上节烈狂狷的人格，都是这种矫正的躬行实践。历史是人生，但不是人生的全部，它是人生有价值的一部分。价值是开辟出来的，不是生成的；那么，有价值的人生便是指创造的、理想的人生了。如果诗所描写的是这一部分的人生，它的等第，从种类上说，比那伶俐的幼稚的浪漫派或印象派进了一步。

乡土最是被人忽视的。家山家水成天地在眼前，往往看不见它们的美处。遗风遗俗，迂赘得厉害，它们的好处也往往被人一笔抹杀了。浪子对于故旧的恩情，不觉得是可嫌弃的；他只觉得异乡的花草才足以令人栖迟。新奇的景物，无处不可以使人流连忘返。但是这些流恋栖迟，是源于感情的翻新、印象的出奇；究竟没有历史的蕴蓄、深刻的意味，不过一时的炫耀罢了。其实，乡土的风情有极长的历史背景，可以耐人寻索，有深长的韵味。将这种韵味寻索，发为诗歌，若 Hesiodos 的 Works and Days，Wirgilius 的 Georgics 以及陶渊明、陆放翁诸家作品皆属于此类了。这一类的诗可以启发读者的深意，把人生与历史牵联起来，所以比那些炫耀于一时的印象与情感的诗品又要进一等。

适才所讲的那一类的诗，固然能把人文的精彩结晶在历史上的，灌输到人生里面，使人类的精神的创造，实际上生存者至于延绵不绝。但是它的范围只限于过去与乡土，还不能扩充到历史的未来与世界的广大；它只笃于所以知，而未及未知、不知的境界。音乐绘画表现的只是直接的经验与具体的印象，所以不能达到耳目之外；言词乃是理智用于输运流传耳所不能闻、目所不能见的意象。诗既以言词为工具，它所及的远处，应不止于情景的描写、古迹的歌咏，它应使自然的玄秘，人生的究竟，都借此可以输贯到人的情智里面去，使吾人能领会到知识之外还有知识，有限之内包含无限。Lu-cretius, Dante, Goethe 以及陶谢的小诗，屈原的歌骚，释老的经典，都是人类的招魂之曲，引着我们向实际社会上所不闻不见的境界走去；我们的扈从在这些神曲之后的：前面有感情，中间有想象，最后有智慧随押着。眼前所望的是万物无碍、百音调谐的境界。然后回顾到人世间，只看见些微末的物体，互相冲击，永无宁静。这是何等境界！何等胸襟！人生的知觉走不到这个处所，是不值得的！这才是诗的别境。

六

诗的形式前面既已论到，诗的内容如今也已经窥见一个大概了。到这里我们便可以归结到诗与历史不能分离之点。

艺术家研究艺术，是把前人的作品，意琢神磨，化为精髓，炼成种子，深深地注入他的手技心灵里面，再蜕成新艺术，使历史上的艺术在这新艺术里面生存着。换言之，历史须在人生的精神里面生存着，不是生存在与人生漠不相关的书籍或人生以外的东西上面。诗人的研究历史也是这样，倚仗他那锋利的感觉，坚强的记忆，任何历史上的陈迹，都可以随时原原本本的在他的精神里复活着；这样，历史才可以永远存在。此外的人研究历史，只看得见历史的蝉脱，历史的物质方面。硬要把它当一种无机体的物质研究，所以历史变成考古学、社会学了。这般人得不着任何事迹所留下的具体的感情与印象；

他们寻找不出事迹前后的境遇，因为境遇是精神的，曾没有留下可见的痕迹；他们性情不敦厚，时地上的风俗习尚的真诚的地方，他们领会不出；他们气量褊狭，没有远大的目光，历史的前途他们视不出，拟想不到。他们不是诗人；所以他们不合研究历史。诗的内容是人生，历史是人生的写照，诗与历史不能分离，这样看来，便格外分明了。

（原刊《晨报副刊》1926 年 4 月 8 日）

民众的艺术

——为北京艺术大会作

邓以蛰

　　吾人对于这个题目心里必起疑问：所谓民众的艺术，是指民众创造的艺术呢，还是为民众创造艺术？这种疑问在心头冲击着一时不得着落。题目既能惹起两种解释，索性就从两方面来讲罢。

　　但是，无论从那一方面来讲，我先要把艺术的定义弄清楚之后，才可以开始讨论。无论何种现象，我们要给它一个定义。如今不像从前，只要凭着理性给它下一个混混沌沌的定义，如曰"艺术是理想的实现""艺术是真情的流露"等就可以了事的。我们要给艺术一个定义时，必先把艺术进化的过程观察一番，看它如何变迁的。明白了变迁的步骤，虽是不下定义我们对于艺术，心中已有一个大概了。

　　那么，我们先不要向前看，讨论为民众创造艺术这个关于将来的问题，且回过头来向过去看看，看艺术是怎么来的。大概艺术自始就未同生命分开，更说不上艺术与民众有成两回事的理由。初民有他们剧烈性的音乐所以激起同样的情感来参加群众的跳舞；这中间若除去群众，即无所谓跳舞同音乐了。欧洲北部与英国有些初民的遗迹为极大的石头堆起来的，若不计较精粗、工程之大，可以与埃及金字塔相抗衡。这种建造，根本非群众莫办。人类体质生下来到长大，美丑大致是一定的，不能陶熔或改造；而人类的感情则不然，我所没有的情调心境，得人家的启示或鼓励，马上就会有的。譬如：初民的工艺，开始是一半顺着自然，一半是自己工作时感情上好恶的矫正，如编织和陶冶等物的形状的脱就；渐渐要博得人家的赏悦，于是人家的感情意见也移入工作的人的感情意见里面去以改善他的工作。这样看起来，人类精神上的联络全仗艺术的表现为媒介了。我有感情，人家也有感情，要将这两处的感情连到一气，所以才使穴居时代的初民用了极陋的工具与土的颜色，费了经年累月的工夫向不见天日的洞壁上画了些惊人的动物。不用说，我们走进博物院或故宫三殿内，对着那些商、周的鼎彝以及石砚瓷器，连远在古昔的祖先的工作感情都同我们联结起来了。艺术哪一件不是民众创造的，哪一件又不是为着民众创造的？历史尽管为功臣名将的名字填满了，宫殿华屋尽管只是帝王阔人住居的，哪一点又不是民众的心血铸成的？艺术根本就是民众。民众若离了艺术，还有什么存在的价值可以使人觉得出的呢？譬如我一天吃了三顿饭，睡了一次觉，这算是我存在了吗？我要有一天的存在，必要有一天的工作。但使我在工厂里转了一天的机器，或在水井边头绞了一天的吸水机，或在街上走了一天的路这算是工作么？若问你，不但你要笑话我，就是我自问也必定惭愧，觉得这如何算得是工作？请看，我们近来的工作怎样？将来的工作又要怎么样？工场得立起来了。每日货品越出得多越好。因为货要多出，人工越要用得经济。要经济人工，非得分工不可。一双鞋子可以分作无数部分；一类的工人只管一部分的工作。如此，这一双鞋子的无数的部分要经过无数的工人才得成功。我们成天的在那儿做这无数的部分的一部分的工作，永远见不到一双鞋子的面：如今连一双鞋子都要成了天高皇帝远的气概了！试问这种工作同在街上走一天的无意识的路，右足伸出去，左足退进来的有什么区别呢？将来我们就要做这种工作！

机器场里东西出来了。小孩子手里玩的，大人身上穿的，在路上走的，在天上飞的，战场上放来放去的，请你说，这一些都是人类的工作么？呵！不是。是机器的工作，不是人类（此处都用不上"民众"二字！）的工作。那么，在这种情形之下，人类连工作都没有了，那里还说得上什么创造？不创造，又焉得有艺术？这是民众的艺术的尽头。

好了，我们现在来讲求替人类创造艺术，或创造艺术给与民众。但是，在创造之先，必得讨论拿什么艺术给民众？讲到这个问题，我们又得回过头来，先看看民众的艺术是否同我们现在所谓艺术的艺术一样？如果不一样，我们说替什么人——阔人，有钱的，鉴赏家——创造都可以，且慢说给民众创造！民众的艺术，我们在寻艺术的定义的时候已经知道一个大概。现在且看所谓艺术的艺术为何？前面已经讲过，凡是要了解一件事体，必得拿那事体的变迁整个的观察一下，才能了解，才能下定义；不过对于所谓艺术的艺术却是可以行方便的，因为它是艺术整个的变迁的最近的情形；最近的情形都在大家的眼前。所以能一言断定，现今所谓艺术的艺术不是"民众的艺术"。何以故呢？请先就中国的艺术说罢：中国现今的艺术只是艺术家的艺术，不是民众的艺术了。何以言之？因为它只是艺术的艺术：一切用艺术的眼光来批评都是对的。譬如一钩一画都有它特殊的笔法，推而及之一木一石，一幅画，百幅画乃至千幅万幅都是特殊的。特殊的说法，是言其超过自然而另有一境界。换言之，不同乎民众自然的感情。自然的感情可以人人相通，可以不假言诠自然相通的。感情与好尚，劝导、雷同等落言诠的性质绝对不同；感情之打动与流通是在心悦而神服，不在强之使信告之使知。愉快即了解，了解即愉快的才是感情的欣赏。这种感情的打动本不易得，所以艺术才可贵。但中国现今的艺术简直很难打动民众的感情。它只有极少数好之者可以赏悦；若这少数的好之者求不到的时候，再只有同类的艺术家可以看得懂；艺术家再不能赏识的时候，只有自己一人顾而乐之。尽管到了这一步，从艺术的眼光看起来，还不失之为艺术；曲高和寡，艺术正不能以知音的多寡来判断它的价值。但它同时不是民众的艺术也可以断言。欧洲此刻也正提倡为艺术而有艺术，不是为别的，所以有未来派、立体派种种运动。立意虽高，只也是特殊的了。无论东西艺术越到最近越发特殊得厉害，仿佛同民众斗气的一般。乘这个当儿替民众另创一种艺术，岂不是正切题吗？

　　却是拿什么艺术给民众呢？这个问题还要涌上前来。前面已经讲过，艺术的源头是与生命分不开的。所谓生命是不断向前去的活动；这种活动就在人类的工作上表现；工作的痕迹就寄在艺术上面。人类的历史不间断，生命不断绝，确乎不在历史上记载的那些帝王将相的空名姓上面，而在故宫三殿的建筑与其内所收藏的钟鼎彝器镂刻画绘上面。今要民众有艺术，非先使民众有生命不可，要有生命非使他有工作不可。有了工作——真正自由自主的工作不是弄机器的工作——自然他的感情会引动出来；感情发动如电流一般；一人动了，大家都会动起来；如不信，请到博物院里去试试瞧，无论某一件器皿，只要你同我们祖先制作它的时候一样的细心玩味与推敲，看能引起你的感情不能？人与我的感情结合起来的工作产生出来的无往而不是艺术：一个陶器斧璧的形状必定是做的人的感情与用的人的感情掺合起来决定的，这样艺术才是民众的艺术。民众的艺术是民众自己创造的，给自己受用的；不是为艺术而有艺术的艺术家所能为他创造的，所能强迫他受用的。艺术家的艺术如今只能供给少数人的赏玩。少数人不能包含民众，自不待言了。民众所要的艺术，是能打动他的感情的艺术。要能打动他的感情，非从工作——自由自主的工作起不可。老老实实，诚诚恳恳地工作自然会发生感情，并能引起人家的感情。这种工作乃是生命的表现，生命的愉快，生命的幸福。因为能使人愉快，给人幸福，所以艺术也就可贵了。民众照这样所赚得的幸福乃是由内滋生出来的，是诚实的，是自己勤劳换来的，是贴到身心里面的；不是外来的，不是社会赐与的，不是他人烘托成的高官厚禄望重声隆的幸福。如此说来，切实真正的幸福与愉快简直是从工作里面得来的，不是闲暇之人可以坐享其成的。归根一句话，民众的艺术非得从民众自身发出来的不可；从外面强塞进去的艺术也罢，非艺术也罢，总归是不成的。逗着此时，我要替艺术做一个分家的调人：为艺术而有艺术的艺术只是艺术家鉴赏家的艺术；民众的艺术，必得民众自己创造的，给民众自己受用的才是呢。那么，民众日用的，日日要享受的是些什么？街上走的街道，天天住的房屋，日日动用的器具，辅助身子雅观的衣服，早晚消遣的旷野与剧场……

　　以上不过是一番讨论。至于将来民众的艺术究竟怎么样，我不是预言家，我不敢说出：说对了呢，恐怕不是艺术之福；只看近年来北京城拆毁到了如何地步！霞公府边近，黄墙拆去，里面的同墙连在一起的建筑都暴露在外，仿佛向过者号泣一般，真是令人惨不忍睹；其他在种种势力之下毁坏的更不待言；这是破坏的方面。建设的方面，也不过是将天安门内极壮观的空间之美，无意识地在中路的两旁栽上些障碍眼界的树木；至于用洋灰土这里糊一下那里补一下，有时竟用它来模仿石头的雕刻。这种模仿不摆在门前，因为怕经不起来往的人手抚足触，于是从门前移到门顶上。这一来，狮子变成狗，狗变成其他不可思议的怪物，总归不变到令人喷饭不止，中国人苟且将就、一任退化的性格活现现地露出来。这种丑陋不堪的新建筑四面八方挤着来了，大家都忝不为怪，无怪乎平妥抢眼的机器的出品更能享受一辈子的了。

说得不对呢，或许是历史的神秘，艺术的尊严不轻易让我臆语而中。可真的是，民众，你如果真个关心艺术，你得自己起来工作！说是空的。

（选自《艺术的难关》，北京古城书社 1928 年版）

中国画中花卉之意义：经过组织的人生经验

李长之

中国不重人物画，但是对于人的兴趣并不是没有，那么，这些兴味到了什么地方去了呢？很奇怪的，中国乃是把人物统属在植物之中了，所以中国画竹，不是竹，乃就是画的"才子"，画兰，也不是兰，乃是画的"佳人"：

> 写兰之法，多与写竹同，然竹之态度，自有风流潇洒，如高人才子，体质不凡，而一种清高雅致，尚可攀抑。唯兰蕙之性，天然高杰，如大家主妇、名门烈女，令人有不可犯之状，若使俗笔为此，便落妾媵下辈，不足观也。学者思欲以庄严体格为之。庶几不失其性情矣。
>
> ——清·汪之元《天下有山堂画艺》

说兰的话还有：

> 叶虽数笔，其风韵飘然，如霞裙月珮，翩翩自由，无一点尘俗气。
>
> ——清·王概《芥子园画传》二集

兰之点心，如美人有目也，湘浦秋波，能使全体生动，则传
神以点心为阿堵。

——清·王概《芥子园画传》二集

画梅也不是梅，也是一种人格：

　　梅乃清高拔俗之品。

——清·王寅《冶梅梅谱》

一般的花，也都作为女性的象征：

　　花枝欲动，其势在叶，娇红掩映，重绿交加，如婢拥夫人，
夫人所之，婢必先起。夫纸上之花何能使之摇动，唯以叶助其带
露迎风之势，则花如飞燕，自飘飘欲飞矣。

——清·王概《芥子园画传》二集

　　虞美人乃卉草之极丽者。其花有光，有态，有韵，因风拂
舞，乍低乍扬，若语若笑，子见作者能工矣，辄不能似，似矣辄
不能佳。盖色光态韵，在形似之外，故得之者鲜也。

——明·恽寿平《南田画跋》

　　画秋海棠，不难于绰约、妖冶、可怜之态，而难于矫拔有挺
立意；唯能挺立而绰约、妖冶以为容，斯可以况美人之贞而极
丽者。

——明·恽寿平《南田画跋》

这种象征的女性，又不仅仅是容貌，乃是精神，乃是德性了。现
在我们可以说这句话了，像中国诗、文表现时所用的方式一样，中国
画的表现方式乃是间接的。严格地说，中国画没有写生。虽然当前画

的是事物，其实不是事物，乃是人生经验，又不是原料式的人生经验，乃是人生经验而经过组织，经过提炼，经过理想化者。这是多么特殊的一种艺术！

（选自《中国画论体系及其批评》，独立出版社 1944 年版）

孔子的古典精神

李长之

作为中国思想正统的儒家哲学，尤其是孔孟贡献最大的，即审美教育。中国文化的精华在此，孔孟思想极峰在此。先说孔子。

孔子说："兴于诗，立于礼，成于乐"，这就是他的美育之实施的步骤。

我一再说过，美育以美学为基础。孔子的美学是古典精神的。他一则说："《诗》三百，一言以蔽之，思无邪"，二则说："《关雎》乐而不淫，哀而不伤"，三则说："质胜文则野，文胜质则史，文质彬彬，然后君子"。

这都是古典主义者一贯的立场，古典精神原是无可非议的，古典精神乃是艺术并人生的极则。孔子不讲怪力乱神，这也是古典精神的表现，反之，如浪漫精神的代表人物屈原就满篇是怪力乱神了。能够代表占典精神的，中国有一个很好的字，这就是"雅"，孔子正常常注意及之，所以有"子所雅言，《诗》《书》，执礼，皆雅言也"的话。

孔子自己深深地浸润于审美的生活之中。他喜欢音乐，在齐闻

《韶》，有三月不知肉味，他高兴地说："不图为乐之至于斯也"。他对于音乐很能欣赏，他有一回形容道："乐其可知也，始作，翕如也，从之，纯如也，皦如也，绎如也，以成"。知道他是很能心领神会的。不但音乐，唱歌他也有浓厚的兴趣，假若他和别人唱得高兴了，他一定让那人重唱一遍，而自己也再陪着唱一遍。他是多么会欣取人生呢？

孔子有积极不已，精勤奋发的一方面，但也有闲适恬淡的一方面。所谓"君子坦荡荡，小人长戚戚"，他实在是做到了"坦荡荡"的一方面的。他说过："饭疏食，饮水，曲肱而枕之，乐亦在其中矣"。因此，无怪乎他赞美颜回的"一箪食，一瓢饮，在陋巷，人不堪其忧，回也不改其乐"；无怪他推许公西华的"暮春者，春服既成，冠者五六人，童子六七人，浴乎沂，风乎舞雩，咏而归"；更无怪乎在他的教化之下，后来出了许多闲适的大诗人、大词人了。这是他自己审美的陶冶之成功，并影响后世之成功。

子贡有言："夫子之文章，可得而闻也，夫子之言性与天道，不可得而闻也"。这里所谓"文章"并不是后世所谓文字，却是一切精神的表现。就时代讲，是一时的典章制度；就个人讲，就是一个人的风度威仪。孔子的风度威仪是好极了的，我们只要吟味他底弟子所记的"温而厉，威而不猛、恭而安"10个字好了，俨然一个庄严刚健的雕像屹立在那里！孔子的做人，是做到了像一件极名贵的艺术品的地步。只此一端，已足千秋。

孔子是知道美学的真精神的，美学的精神在反功利，在忘却自己，在理想之追求。孔子对小人君子之别，即一刀两截地从功利与否上划分，他的话是："小人喻于利，君子喻于义。"喻字很妙，喻就是说否则便听不明白的意思。你和"小人"说三话四，都是枉然，只有一说到"利"，他便立刻恍然领悟了。现在是"小人"的世界呵，也就是"喻于利"的世界呵，无怪乎反功利的主张总为人所不省了。孔子自己一生却秉着反功利的精神——也就是美学的真精神，"知其不可而为之"地奋斗下去。

孔子又是确切知道美育的功效了的，他说："知之者不如好之者，好之者不如乐之者"。他又说："唯仁者能好人，能恶人"。为什么？只因为从好恶的味觉上，即趣味上，去辨是非恶善，是较从知识上直接得多，自然得多，也根本得多。此种趣味之养成，正是美学的教养所有事。

孔子一生的成功，是美学教养的成功。他40年进德修业的收获（从"三十而立"算起至70岁），是"从心所欲，不逾矩"。一个人的性格的完成就像一件伟大的艺术品的完成一样，是几经奋斗，几经失败，最后才终底于成的。孔子以一个古典精神的大师，其最后成就者如此其崇高完美，是无足怪的。"从心所欲，不逾矩"是所有艺术天才所遵循的律则，同时是所有伦理家表现的最高实践。最美与最善，融合为一了。美学的理想，不能再高了！美育的成功，不能再大了！孔子之可以为人类永久的导师者正在此。

（选自《苦雾集》，商务印书馆1942年版）

中国先哲的艺术理想

方东美

今天第六讲的题目是中国先哲的艺术理想。这个题目的含义十分微妙，很难讲得清楚。我前在第二讲里面曾经说过，中国先哲所认识的宇宙是一种价值的境界，其中包藏无限的善性和美景。我们民族生在这完善和纯美的宇宙中，处处要启发道德的人格，努力以求止于至善，同时要涵养艺术的才能，借以实现美的理想。说到此地，诸位或许要问，中国哲学家富于道德精神，自是确切不移的事实，但是如果说他们又有湛深的艺术才能，恐怕是言过其实罢。假使他们真正沉潜濡染在艺术境界里面，为何历代哲学家不将他们的艺术思想昭示我们呢？诚然不错，中国先哲对于美的问题，向少直接的阐发和显明的分析，但因此便能断定他们缺少艺术思想吗？不能！

庄子说得好："言无言，终身言；未尝言，终身不言，未尝不言。"艺术的纯美太微妙了，假使我们自身毫无艺术修养，纵有人整天耳提面命，说这是美，我们能了解吗？假使我们内心具有艺术才能，时常和艺术家亲近，观摩他的创作，纵然他对于我们，默无一言，我们又能不欣赏么？

德国最大的音乐家贝多芬第九交响曲作成，有人请他说明这个乐曲的美是如何美法。贝多芬无言以对，只把他的作品奏演一遍。那些听者依旧莫名其妙，继续追问这音乐之美究竟在那儿。贝多芬还是说不出，只好再奏一遍。宇宙间真正美的东西，往往不能以言语形容。

假使有一位美人，名叫西施，静静地坐在你们前面，你们能用几句话说出她所以然之美吗？诗人最了解这一点，所以只好以"无言相对最魂销"一句话来提醒暗示而已。

中国先哲不常谈美，正是因为他们了解很透彻，所以不说。孔子赞美创造不已的生命，一则曰："惟天之命，于穆不已。"再则曰："逝者如斯夫，不舍昼夜。"三则曰："天何言哉！四时行焉，百物生焉，天何言哉！"

关于此层，我们可以引老子的两句话和庄子的一段巧妙故事，来作比方。有一位聪明先生，正当游山玩水的时候，忽然与"无所谓"先生相遇，于是向他问道，如何思想，才能认识大道理；如何体验，才能得着大道理；如何修养，才能保守大道理。这位无所谓先生对于这个问题，却是不答复，他并非不答，只是不知从何说起。聪明先生正在无可奈何中，前面忽然又撞着一位疯狂先生，再向他提出原来的问题。疯狂先生说："啊！我晓得，不妨告诉你。"正说话间，乃又把所要说的话都忘了！这位聪明先生没有办法，最后去拜见黄帝，把如此如此的情由，陈述一遍。黄帝说，不用思想，才能知道；不用体验，才能得道；不用修养，才能守道。聪明先生接着又问："你与我明白这一层，那无所谓先生和疯狂先生都不明白，谁才算对呢？"黄帝说：无所谓先生真对极了，因为他不明白。疯狂先生也很对，因为他好像明白，而又忘其所以。只我们俩察察为明，终觉不对，这就叫作"知者不言，言者不知"。后来疯狂先生辗转听到黄帝这一段话，叹道，黄帝真能了解！"天地有大美而不言，四时有明法而不议，万物有成理而不说。圣人者，原天地之美而达万物之理。"（《庄子·知北游》）

诸位试想一想，那位疯狂先生究竟疯狂吗？殊不知他真是个天才。我们平凡的人，往往称天才为疯汉，其实他何尝是疯汉呢！中国许多哲学家真正是天才，他们最能深悟宇宙人生之美，要想说，直说不尽，要想绝对不说，又不能不说，所以常常用玄妙的寓言来作譬喻之辞，借以测验我们的了解力。

我们先哲好谈道德，因为道德生活是一时一刻也不能撇开。美国有一位哲学家，名叫詹姆士，尝说："道德无假期。"这句话真妙！诸位从星期一到星期六，勤勤恳恳地工作不休，精神疲倦了，在星期日可以休息，这就叫做假期。但是在星期日那一天，诸位能得着学校、社会和自己良心的允许，借安息日而猖狂妄行，依旧于人格无损吗？我想严正的教师，在星期日，有适当的机会，仍然要指导诸位竭力做人，尽心向善。至于艺术，则有时可以不谈，所以不谈，并非把艺术看得不重要，因为一谈到艺术之美，须待兴趣勃发，才情丰富的时候，始能获得效果。

我刚才引证庄子一段话说："天地有大美而不言，……圣人者原天地之美而达万物之理。"究竟甚么是天地的大美？人类要推原天地之美，应如何同情推敲，才能体贴它的妙处？关于此层，我们可以说，天地之大美即在普遍生命之流行变化，创造不息。圣人原天地之美，也就在协和宇宙，使人天合一，相与浃而俱化，以显露同样的创造。换句话说，宇宙之美寄于生命，生命之美形于创造。老子最见得这个道理，所以他把生畜、长育、亭毒、养覆当作妙道与玄德。妙道之行，周遍天地，玄德之门，通达众妙。其在天地之间，虚而不屈

（竭也），动而愈出，不断地表现创造性。《道德经》下篇说："天得一以清，地得一以宁，神得一以灵，谷得一以盈，万物得一以生，侯王得一以为天下贞，其致之一也。"这里所谓致一之道，也就是成化之德，合而言之，即为生命，所以老子接着又说："天无以清将恐裂，地无以宁将恐废，神无以灵将恐歇，谷无以盈将恐竭，万物无以生将恐灭，侯王无以贞而贵高将恐蹶。"准此可知，宇宙假使没有丰富的生命充塞其间，则宇宙即将断灭，那里还有美之可言？生命假使没有敝则新，生而不有，为而不恃，长而不宰，功成而不居的玄德，则生命本身即将裂、歇、竭、蹶，那里还有美之得见？老子彻悟创造的生命，欣赏而赞叹之，所以说"天地相合，以降甘露"，足见生命在宇宙间流衍贯注着，其意味是甜甜蜜蜜的，令人对之，兴奋陶醉，如饮甘露。这种美感是如何亲切而有味！

孔子赞《易》，于宇宙生命之玄秘，更是洞见其几微。天地之所以广大，即在其生生不已。天德施生，如云雨之滋润，人物各得其养以茂育；地德成化，如牝马之驰骤，人物遍受其载以攸行。天之时行，刚健而文明，地之顺动，柔谦而成化，天地之心，盈虚消息，交泰和会，光辉笃实，其德日新，万物成材，贞吉通其志，人类合德，中正同其情。故《文言传》曰："君子黄中通理，正位居体，美在其中，而畅于四支，发于事业，美之至也。"孔子及原始儒家把宇宙人生看成纯美的大和境界，所以于艺术价值言之独详。《论语·述而》篇说："志于道，据于德，依于仁，游于艺。"世界唯有游于艺而领悟其纯美者，才能体道修德而成为完人。《论语》上有两段记载孔子的艺术理想最为玄妙："子谓《韶》尽美矣，又尽善也。""子在齐闻《韶》，三月不知肉味，曰：不图为乐之至于斯也。""小子何莫学夫诗，诗可以兴，可以观，可以群，可以怨。……子谓伯鱼曰，女为

《周南》《召南》矣乎？人而不为《周南》《召南》，其犹正墙面而立也欤。"诗与乐是中和之纪纲，所以孔子对之，欣赏赞叹，至于五体投地。孔子为甚么这般酷爱乐与诗，他自己虽未尝说明，但我们也可以推想其原由。《荀子·乐论》篇说："故乐者天下之大齐也，中和之纪也，人情之所必不免也。""君子以钟鼓道志，琴瑟乐心，动以干戚，饰以羽旄，从以磬管，故其清明象天，其广大象地，其俯仰周旋有以于四时。"《礼记·乐记》也说："天高地下，万物散殊……流而不息，合同而化，而乐兴焉""阴阳相摩，天地相荡，鼓之以雷霆，奋之以风雨，动之以四时，暖之以日月，而百化兴焉。如此，则乐者天地之和也""大乐与天地同和。"《诗纬·含神雾》说："诗者天地之心。"王夫之在《诗广传》上，于诗之精义更是阐发无遗："君子之心，有与天地同情者，有与禽鱼草木同情者，有与女子小人同情者，有与道同情者……悉得其情，而皆有以裁用之，大以体天地之化，微以备禽鱼草木之几。"这样说来，可知孔子之爱诗与乐，其审美纯是要体会宇宙中创造的生命，与之合流同化，以饮其太和，以寄其同情。庄子融贯老、孔，深知其玄旨大义，故说："夫明白于天地之德（天地生生之大德）者，此之谓大本大宗，与天和者也，所以均调天下，与人和者也，与人和者谓之人乐，与天和者谓之天乐。"（《庄子·天道》篇）

一切艺术都是从体贴生命之伟大处得来的。生命之所以伟大，即因为它无论如何变化，无论如何进展，总是不至于走到穷途末路。打个比方说，诸位在春假期内旅行，所阅历的境界，如果山只是些童山，水只是些浅水，地只是些不毛之地，诸位对于这种境界能发生美感吗？山之所以美，因为有幽深的丘壑，有曲折的峰峦，千山万山之间，气势雄壮，脉络连贯；水之所以美，因为有庄严的波澜，有绮丽的景象，千水万水之上，烟云缠绵，清光往复，我们看过去，或是身历其境，风景一步一步地增胜，意境一层一层地加深，真觉"有奇峰断处，美人忽来"之妙，这才算是美。据报上记载，前数年中国西北科学考察团派一位中国人和一位德国人，到额济纳一带去测量气候。经过三年，遍地不毛，尽是些荒寒沙漠，后来那位德国人厌世自杀了，那位同胞也愤慨疯狂了。单调的重复的生命只像许多一粒一粒的散沙，平铺在大地上，无起伏，不紧张，无力量，不兴奋，无希望，不创造。试问诸位能过这种散沙的生活吗？万一不幸，你们的生命落在平淡无奇的境界中，你们能引起审美的情调吗？所以我说，一切美的修养，一切美的成就，一切美的欣赏，都是人类创造的生命欲之表现。

我们中国人真是幸运，自古以来，生在这亚洲广大的疆域里面，有巍峨奥折，千群万群的高山，有雄浑绮丽，千里万里的河流，其间满布着青翠沃壤，弥漫着淋漓元气，风是那般清幽地吹着天籁，雨是这般滋润地流着甘露，花是如此幽香，树是如此勃茂，我们优游其间，逐水看山，生智成仁，怎能不生机活泼，体天地之美以达万物之理，像孔子、庄子所说的那样巧妙呢？诸位！我们中国的宇宙，不只是善的，而且又是十分美的，我们中国人的生命，也不仅富有道德价值，而且又含藏艺术纯美。这一块滋生高贵善性和发扬美感的中国领土，我们不但要从军事上、政治上、经济上，拿热血来保卫，就是从艺术的良心，和审美的真情来说，也得要死生以之，不肯让人家侵略一丝一毫！

（1937 年 4 月 20 日 "中央广播电台" 演讲稿）

美术与科学的关系

蔡元培

诸君都是在专门学校肄业的，所学的都是专门的科学，而我所最喜欢研究的，却是美术；所以与诸君讲：美术与科学的关系。

我们的心理上，可以分三方面看：一面是意志；一面是知识；一面是感情。意志的表现是行为，属于伦理学，知识属于各科学，感情是属于美术的。我们是做人，自然行为是主体，但要行为断不能撇掉知识与感情。例如走路是一种行为，但要先探听：从那一条路走，几时可到目的地？探明白了，是有了走路的知识了；要是没有行路的兴会，就永不会走或走得不起劲，就不能走到目的地。又如踢球的也是一种行为，但要先研究踢的方法；知道踢法了，是有了踢球的知识了；要是不高兴踢，就永踢不好。所以知识与感情不好偏枯，就是科学与美术，不可偏废。

科学与美术有不同的点：科学是用概念的，美术是用直观的。譬如这里有花，在科学上讲起来，这是菊科的植物，这是植物，这是生物，都从概念上进行。若从美术家眼光看起来，这一朵菊花的形式与颜色觉得美观就是了；是不是叫作菊花，都可不管。其余的菊科植物什么样，植物什么样，生物什么样，更可不必管了。又如这里有桌子，在科学上讲起来，他那桌面与四足的比例，是合于力学的理法的；因而推到各种形式不同的桌子，同是一种理法；而且与桌子相类的椅子凳子，也同是一种理法；因而推到屋顶与柱子的关系，也同是一种理法，都是从概念上进行。若从美术家眼光看起来，不过这一个桌面上纵横的尺度的比例配置得适当；四足的粗细与桌面的大小厚薄，配置得也适当罢了，不必推到别的桌子或别的器具。

但是科学虽然与美术不同，在各种科学上，都有可以应用美术眼光的地方。

算术是枯燥的科学，但美术上有一种截金法的比例，凡长方形的器物，最合于美感的，大都纵径与横径，总是 3 与 5、5 与 8、8 与 13 等比例。就是圆形也是这样。

形学的点线面，是严格没有趣味的，但是图案画的分子，有一部分竟是点与直线、曲线或三角形、四方形、圆形等凑合起来。又各种建筑或器具的形式，均不外乎直线、曲线的配置。不是很美观的吗？

声音的高下，在声学上，不过一秒中发声器颤动次数的多少。但是一经复杂的乐器，繁变的曲谱配置起来，就可以成为高尚的音乐。

色彩的不同的在光学上，也不过光线颤动迟速的分别。但是用美术的感情试验起来，红黄等色，叫人兴奋；蓝绿等色，叫人宁静。又把各种饱和或不饱和的颜色配置起来，竟可以唤起种种美的感情。

矿物学不过为应用矿物起见。但因此得见美丽的结晶，金类宝石类的光彩，很可以悦目。

生物学，固然可以知动植物构造的同异、生理的作用，但因此得见种种植物花叶的美，动物毛羽与体段的美。凡是美术家在雕刻上、图画上或装饰品上用作材料的，治生物学的人都时时可以遇到。

天文学，固然可以知各种星体引力的规则，与星座的多寡；但如月光的魔力，星光的异态，凡是文学家几千年来叹赏不尽的，有较多的机会可以赏玩。

照上头举的例看起来，治科学的人，不但治学的余暇，可以选几种美术，供自己的陶养，就是专研的科学上面，也可以兼得美术的趣味，岂不是一举两得吗？

常常看见专治科学、不兼涉美术的人，难免有萧索无聊的状态。无聊不过，于生存上强迫的职务以外，俗的是借低劣的娱乐做消遣，高的是渐渐地成了厌世的神经病。因为专治科学，太偏于概念，太偏于分析，太偏于机械的作用了。譬如，人是何等灵变的东西，照单纯的科学家眼光：解剖起来，不过几根骨头，几堆筋肉。化分起来，不过几种原质。要是科学进步，一定可以制造生人，与现在制造机械一样。兼且凡事都逃不了因果律。即如我们今日在这里会谈，照极端的因果律讲起来，都可以说是前定的。我为什么此时到湖南，为什么今日到这个第一师范学校，为什么我一定讲这些呢，为什么来听的一定是诸位，这都有各种原因凑合成功，竟没有一点自由的。就是一人的生死，国家的存亡，世界的成毁，都是机械作用，并没有自由的意志可以改变他的。抱了这种机械的人生观与世界观，不但对于自己竟无生趣，对于社会毫无爱情，就是对于所治的科学，也不过"依样画葫芦"，绝没有创造的精神。

防这种流弊，就要求知识以外，兼养感情，就是治科学以外，兼治美术。有了美术的兴趣，不但觉得人生很有意义，很有价值，就是治科学的时候，也一定添了勇敢活泼的精神。请诸君试验一试验。

（原刊《北京大学日刊》1921 年 2 月 23 日）

孔子之精神生活

蔡元培

精神生活，是与物质生活对待的名词。孔子尚中庸，并没有绝对的排斥物质生活，如墨子以自苦为极，如佛教的一切唯心造；如《论语》所记："失饪不食，不时不食""狐貉之厚以居"，谓"卫公子荆善居室""从大夫之后，不可以徒行"，对于衣食住行，大抵持一种素富贵行乎富贵、素贫贱行乎贫贱的态度。但使物质生活与精神生活在不可兼得的时候，孔子一定偏重精神方面。例如，孔子说："饭疏食，饮水，曲肱而枕之，乐亦在其中矣；不义而富且贵，于我如浮云。"可见他的精神生活，是绝不为物质生活所摇动的。今请把他的精神生活分三方面来观察。

第一，在智的方面。孔子是一个爱智的人，尝说："盖有不知而作之者，我无是也；多闻，择其善者而从之，多见而识之。"又说"多闻阙疑""多见阙殆"，又说"知之为知之，不知为不知，是知也"。可以见他的爱智，是毫不含糊，绝非强不知为知的。他教子弟通礼、乐、射、御、书、数的六艺，又为分设德行、言语、政事、文学四科，彼劝人学诗，在心理上指出"兴""观""群""怨"，在伦理上指出"事父""事君"，在生物上指出"多识于鸟兽草木之名"。他如《国语》说：孔子识肃慎氏之石砮，防风氏骨节，是考古学；《家语》说：孔子知萍实，知商羊，是生物学；但都不甚可信。可以见知力范围的广大。至于知力的最高点，是道，就是最后的目的，所以说："朝闻道，夕死可矣。"这是何等的高尚！

第二，在仁的方面。从亲爱起点，"泛爱众，而亲仁"，便是仁的出发点。他的进行的方法用恕字，消极的是"己所不欲，勿施于人"；积极的是"已欲立而立人，己欲达而达人"。他的普遍的要求，是"君子无终食之间违仁，造次必于是，颠沛必于是"。他的最高点，是"伯夷、叔齐，古之贤人也，求仁而得仁，又何怨"，"志士仁人，无求生以害仁，有杀人（身）以成仁"。这是何等伟大！

第三，在勇的方面。消极的以见义不为为无勇；积极的以童汪踦能执干戈卫社稷可无殇。但孔子对于勇，却不同仁、智的无限推进，而是加以节制。例如说："小不忍则乱大谋"；"一朝之忿，忘其身以及其亲，非惑欤？""好勇不好学，其蔽也乱"；"君子有勇而无义为乱，小人有勇而无义为盗。""暴虎凭河，死而无悔者，吾不与焉，必也临事而惧，好谋而成者也。"这又是何等的谨慎！

孔子的精神生活，除上列三方面观察外，尚有两特点：一是毫无宗教的迷信；二是利用美术的陶养。孔子也言天，也言命，照孟子的解释，莫之为而为是天，莫之致而至是命，等于数学上的未知数，毫无宗教的气味。凡宗教不是多神，便是一神；孔子不语神，敬鬼神而远之，说"未能事人，焉能事鬼？"完全置鬼神于存而不论之列。凡宗教总有一种死后的世界。孔子说"未知生，焉知死？""之死而致死之，不仁而不可为也；之死而致生之，不知而不可为也"；毫不能用天堂、地狱等说来附会他。凡宗教总有一种祈祷的效验，孔子说"丘之祷久矣""获罪于天，无所祷也"，毫不觉得祈祷的必要。所以孔子的精神上，毫无宗教的分子。

孔子的时代，建筑、雕刻、图画等美术，虽然有一点萌芽，还算是实用与装饰的工具，而不认为独立的美术；那时候认为纯粹美术的是音乐。孔子以乐为六艺之一，在齐闻韶，三月不知肉味。谓："韶尽美矣，又尽善也。"对于音乐的美感，是后人所不及的。

孔子所处的环境与二千年后的今日，很有差别；我们不能说孔子的语言到今日还是句句有价值，也不敢说孔子的行为到今日还是样样可以做模范。但是抽象的提出他精神生活的概略，以智、仁、勇为范围，无宗教的迷信而有音乐的陶养，这是完全可以为师法的。

（原刊《江苏教育》1936 年 9 月第 5 卷第 9 期）

文化运动不要忘了美育

蔡元培

现在文化运动，已经由欧美各国传到中国了。解放呵！创造呵！新思潮呵！新生活呵！在各种周报日报上，已经数见不鲜了。但文化不是简单，是复杂的。运动不是空谈，是要实行的。要透澈复杂的真相，应研究科学。要鼓励实行的兴会，应利用美术。科学的教育，在中国可算有萌芽了；美术的教育，除了小学校中机械性的图画音乐以外，简截可说是没有。

不是用美术的教育，提起一种超越利害的兴趣，融合一种划分人我的偏见，保持一种永久平和的心境；单单凭那个性的冲动、环境的刺激，投入文化运动的潮流，恐不免有下列三种流弊：（一）看得很明白，责备他人很周密，但是到了自己实行的机会，给小小的利害绊住，不能不牺牲主义。（二）借了很好的主义作护身符，放纵卑劣的欲望；到劣迹败露了，叫反对党把他的污点，影射到神圣主义上，增加了发展的阻力。（三）想用简单的方法，短少的时间，达他的极端的主义；经了几次挫折，就觉得没有希望，发起厌世观，甚且自杀。这三种流弊，不是渐渐发见了么？一般自号觉醒的人，还能不注意么？

　　文化进步的国民，既然实施科学教育，尤要普及美术教育。专门练习的，既有美术学校、音乐学校、美术工艺学校、优伶学校等，大学校又设有文学、美学、美术史、乐理等讲座与研究所。普及社会的，有公开的美术馆或博物院，中间陈列品，或由私人捐赠，或用公款购置，都是非常珍贵的。有临时的展览会，有音乐会，有国立或公立的剧院，或演歌舞剧，或演对白剧，都是由著名的文学家、音乐家编制的。演剧的人，多是受过专门教育、有理想、有责任心的。市中大道，不但分行植树，并且间以花畦，逐次移植应时的花。几条大道的交叉点，必设广场，有大树，有喷泉，有花坛，有雕刻品。小的市镇，总有一个公园。大都会的公园，不止一处。又保存自然的林木，加以点缀，作为最自由的公园。一切公私的建筑、陈列器具、书肆与画肆的印刷品，各方面的广告，都是从美术家的意匠构成。所以不论那一种人，都时时刻刻有接触美术的机会。我们现在除文字界稍微有点新机外，别的还有什么？书画是我们的国粹，却是模仿古人的。古人的书画，是有钱的收藏了，作为奢侈品，不是给人人共见的。建筑雕刻，没有人研究。在嚣杂的剧院中，演那简单的音乐、卑鄙的戏曲。在市街上散步，只见飞扬的尘土，横冲直撞的马车，商铺门上贴著无聊的春联，地摊上出售那恶俗的花纸。在这种环境中讨生活，怎能引起活泼高尚的感情呢？所以我很希望致力文化运动诸君，不要忘了美育。

（原刊《晨报副刊》1919 年 12 月 1 日）

美育实施的方法

蔡元培

我国初办新式教育的时候，止提出体育，智育，德育三条件，称为三育。十年来，渐渐的提到美育，现在教育界已经公认了。李石岑先生要求我话说"美育实施的方法"，我把我个人的意见写在下面。

照现在教育状况，可分为三个范围：一、家庭教育；二、学校教育；三、社会教育。我们所说的美育，当然也有这三方面。

我们要作彻底的教育，就要着眼最早的一步，虽不能溢出范围，推到优生学，但至少也要从胎教起点，我从不信家庭有完美教育的可能性，照我的理想，要从公立的胎教院与育婴院着手。

公立胎教院是给孕妇住的，要设在风景佳胜的地方，不为都市中混浊的空气、纷扰的习惯所沾染。建筑的形式要匀称，要玲珑，用本地旧派，略参希腊或文艺中兴时代的气味。凡埃及的高压式，峨特的偏激派，都要避去。四面都是庭院，有广场，可以散步，可以作轻便的运动，可以赏月观星，园中杂莳花木，使四时均有雅丽之花叶，可以悦目，选毛羽秀丽、鸣声谐雅的动物，散布花木间，须避去用索系猴、用笼装鸟的习惯。引水成泉，勿作激流。汇水成池，蓄美观活泼的鱼。室内糊壁的纸、铺地的毡，都要选恬静的颜色、疏秀的花纹。应用与陈列的器具，要轻便雅致，不取笨重或过于璞巧。一室中要自成系统，不可混乱。陈列雕刻、图画，取优美一派；应有健全体格的裸体像与裸体画。凡有粗犷、猥亵、悲惨、怪诞等品，即使描写个性，大有价值，这里都不好加入。过度散刺的色彩，也要避去。各同览的文字，要乐观的，和平的；凡是描写社会黑暗方面、个人神经异常的，要避去。每日可有音乐，选取的标准，与图画一样，激刺太甚的，卑靡的，都不取。总之，各种要孕妇完全在平和活泼的空气里面，才没有不好的影响传到胎儿。这是胎儿的美育。

孕妇产儿以后，就迁到公共育要院，第一年是母亲自己抚养的，第二、三年，如母亲要去担任他的专业，就可把婴儿交给保姆。育婴院的建筑，与胎教院大略相同，或可联合一处。其中陈列的雕刻图画，可多选裸体的康健儿童，备种种动静的要势；隔几日，可更换一套。音乐，选简单静细的。院内成人的言语与动作，都要有适当的音调态度，可以作儿童的模范。就是衣饰，也要有一种优美的表示。

在这些公立机关未成立以前，若能在家庭里面，按照上列条件小心布置，也可承认为家庭美育。儿童满了三岁，要进幼前。幼稚园是家庭教育与学校教育的过渡机关，那时候儿童的美感，不但被动的领受，并且自动的表示了。舞路、唱歌、手工，都是美育的专课。就是教他计算、说话，也要从排列上、音调上迎合他们的美感，不可用枯操的算法与语法。

儿童满了六岁，就进小学校，此后十一二年，都是普通的教育时期，专属美育的课程，是音乐、图画、运动、文学等。到中学时代，他们自主力渐强，表现个性的冲动渐渐发展，选取的文字、美术，可以复杂一点。悲壮、滑稽的著作都可应用了。

但是美育的范围，并不限于这几个科目，凡是学法所有的课程，都没有与美育无关的。例如数学，仿佛是枯燥不过的了；但是美术上的比例、节奏，全是数的关系。截金术是最显的例。数学的游戏，可以引起滑稽的美感。几何的形式，是图案术所应用的 。理化学似乎机械性了；但是声学与音乐，光学与色彩，密切的很。雄强的美，全是力的表示。美学中有"感情移入"论，把美术品形式都用力来说明他。文学、音乐、图画，都有冷热的异感，可以从热学上引起联想。磁电的吸拒，就是人的爱憎。有许多美术工艺，是用电力制成的。化学实验，常见美丽的光焰；元子、电子的排列法，可以助图案的变化。图画所用的颜料，有许多是化学品，星月的光辉，在天文学上不过映照距离的关系，在文学、画上便有绝大的魔力。矿物的结晶、闪光与显色，在科学上不言自然的结果，在装饰品便作重要的材料。植物的花叶，在科学上不过生殖与呼吸机关，或供分类的便利，动物的毛羽与声音，在科学上作为保护生命的作用，或雌雄淘次的结果，美术、文学上都为美观的材料。地理学上云霞风雪的变态，山岳河海的名胜、文学家美学家的遗迹，历史上文学美化、文学家美术家的轶事，也都是美育的资料。

由普通教育转到专门教育，从此关乎美育的学科，都成为单纯的进行了。爱音乐的进音乐学校，爱建筑、雕刻，图画的进美术学校，爱演剧的进戏剧学校，爱文学的进大学文科，爱别种科学的人就进了别的专科了。但是每一个学校的建筑式、陈列品，都要合乎美育的条件。可以时时举行辩论会、音乐会、成绩展览会、各种纪念会等，都可以利用他来行普及的美育。

学生不是常在学校的，又有许多已离学校的人，不能不给他们一种美育的机会；所以又要有社会的美育。

社会美育，从专设的机关起：

（一）美术馆，搜罗各种美术品，分类陈列。于一类中，又可依时代为次。以原本为主，但别处所藏的图画，最著名的，也用名手的摹本。别处所藏的雕刻，也可用摹造品。须有精印的目录，插入最重要品的摄影。每日定时开馆。能不收入门券费最善，必不得已，每星期日或节日必须免费。

（二）美术展览会，须有一定的建筑，每年举行几次，如春季展览、秋季展览等。专征集现代美术家作品，或限于本国，或兼征他国的。所征不陈列，组织审查委员选定。陈列品可开明价值，在会中出售，余时亦可开特别展览会，或专陈一家作品，或专陈一派作品。也有借他国美术馆或私人所藏展览的。

（三）音乐会，可设一定的会场，定期演奏、在夏季也可在公园、广场中演奏。

（四）剧院，可将歌舞剧、科白剧分设两院，亦可于一院中更番演剧。剧本必须出文学家手笔，演员必须受过专门教育，剧院营业，如不缴开支，应用公款补助。

（五）影戏馆，演片须经审查，凡无聊的滑稽剧，凶险的侦探案。卑猥的恋爱剧都去掉。单演风景片与文学素作品。

（六）历史博物馆，所收藏大半是美术品，可以看出美术进化的痕迹。

（七）古物学陈列所，所收藏的大半是古代的美术品，可以考见美术的起源。

（八）人类学博物馆，所收藏的不全是美术品，或者有很丑恶的，但可以比较各民族的美术，或是性质不同，或是程度不同。无论如何幼稚的民族，总有几种惊人的美术品。又往往不相交通的民族，有同性质的作品。很可以促进美术的进步。

（九）博物学陈列所与植物园，动物园，这固然不专为美育而设，但矿物的标本与动植物的化石，或色彩绚烂，或结构精致，或形状奇伟，很可以引起美感。若种种生活的动植物，值得赏鉴，更不待言了。

在这种特别设备以外，又要有一种普遍的设备，就是地方的美化。若止有特别的设备，平常接触耳目的，还是些卑丑的形状，美育就不完全；所以不可不谋地方的美化。

地方的美化：第一是道路。欧洲都市最广的道路，两旁为人行道，其次公车来往道，又间以种树，艺花，及游人列坐的地方二三列，这自然不能常有的。但每条道路，都要宽平。一地方内各条道路，要有一点匀称的分配口道路交叉的点，必须留一空场，置喷泉、花畦、雕刻品等。

第二是建筑。三间东倒西歪屋，固然起脆薄，贫乏的感想；三四层匣子重叠式的洋房，也可起板滞、粗俗的感想。若把这两者合在一处，真异常难受了。欧美海滨或山坳的别墅团体，大半是一层楼，适敷小家庭居住。二层的已经很少，再高是没有的。四面都是花园，疏疏落落，分开看各有各的意匠，合起来看，合成一个系统。现在各国都有"花园城"的运动，他们的建筑也大概如此。我们的城市改革很难，组织新村的人，不可不注意呵！

第三是公园。公园有两种：一种是有围墙，有门，如北京中央公园，上海黄浦滩外国公园的样子。里面人工的设备多一点，进去有一点制限。还有一种是并无严格的范围，以自然黄为主，最要的是一大片林木，中开无数通路可以散步。有几大片草地可以运动口有一道河流，或汇成小湖，可以行小舟。建筑品不很多，游人可自由出入。在巴黎、柏林等地价非常昂贵，但是这一类大公园，都有好几所永远留着。

第四是名胜的布置。瑞士有世界花园的称号，固然是风景很好，也是他们的保护点缀很适宜，交通很便利，所以能吸引游人。美国有好几所国家公园，地面很大，完全由国家保护，不能由私人随意占领，所以能保留他的优点，不受损胜很多，但如黄山等，交通不便，颇难游西湖等，又漫无限制——听无知的人造了许自然美缀了许多污点，真是可惜。

第五是古迹的保存。新近的建筑，破坏了很不美观。若是破坏的古迹，转可以引起许多历史上的联想，于不完全中认出美的分子来。所以保存古迹，以不改动他为原则。但有，也要不显痕迹，且接着原状的派式。并且留得原状的摄影，记述修理情形同时日，备后人鉴别。

第六是公坟。我们中国人的做坟，可算是混乱极了。贫的是随地权厝，或随地做一个土堆子、富的是为了一个死人，占许多土地。石工墓木，也是千篇一律，一点没有美意。照理智方面观察，人既死了，应交医生解剖，若是于后来生理上病理上可备参考的，不妨保存起来。否则血肉可作肥料，骨胳可供雕刻品，也算得是废物利用了。但是人类行为，还有感情方面的吸力，生人对于死人，决不肯把他哀感所托的尸体，简单的处置了。若是照我们南方各省，满山是坟，不但太不经济，也是破坏自然美的一端。现在不如先仿西洋的办法，他们的公坟有两种：一是土葬的，如上海三马路，北京崇文门，都有西洋的公坟：他是画一块地，用墙冠着，布置一点林木。要葬的可以指区购定。墓旁有花草，墓上的石碑有花纹，有铭词，各具意匠，也可窥见一时美术的风尚。还有一种是火葬，他们用很庄严的建筑安置电力焚尸炉。既焚以后，把骨灰聚起来，装在古雅的瓶里，安置在精美石坊的方孔中。所占的地位，比土葬减少，坟园的布置，也很华美。这些办法都比我们的随地乱葬好，我们不妨先采用。

我说美育，一直从未生以前，说到既死以后，可以休了。中间有错误的、脱漏的，我再修补，尤希望读的人替我纠正。

（原刊《教育杂志》1922 年 6 月第 14 卷第 6 号）

"知不可而为"主义与"为而不有"主义

梁启超

今天的讲题是两句很旧的话：一句是"知其不可而为之"；一句是"为而不有"。现在按照八股的作法，把它分作两股讲。

诸君读我的近二十年来的文章，便知道我自己的人生观是拿两样事情做基础：（1）"责任心"；（2）"兴味"。人生观是个人的，各人有各人的人生观。各人的人生观不必都是对的，不必于人人都合宜。但我想：一个人自己修养自己，总须拈出个见解，靠它来安身立命。我半生来拿"责任心"和"兴味"这两样事情做我生活资粮，我觉得于我很是合宜。

我是感情最富的人，我对于我的感情都不肯压抑，听其尽量发展。发展的结果，常常得意外的调和。"责任心"和"兴味"都是偏于感情方面的多，偏于理智方面的很少。

"责任心"强迫把大担子放在肩上，是很苦的，"兴味"是很有趣的。二者在表面上恰恰相反，但我常把它调和起来。所以我的生活虽说一方面是很忙乱的，很复杂的；它方面仍是很恬静的，很愉快的。我觉得世上有趣的事多极了。烦闷、痛苦、懊恼，我全没有。人生是可赞美的，可讴歌的，有趣的。我的见解便是：孔子说的"知其不可而为之"和老子的"为而不有"。

"知不可而为"主义、"为而不有"主义和近世欧美通行的功利主义根本反对。功利主义对于每做一件事之先必要问："为什么？"胡适《中国哲学史大纲》上讲墨子的哲学就是要问为什么。为而不有主义便爽快地答道："不为什么。"功利主义对于每做一件事之后必要问："有什么效果？"知不可而为主义便答道："不管它有没有效果。"

今天讲的并不是诋毁功利主义。其实凡是一种主义皆有它的特点，不能以此非彼。从一方面看来，"知不可而为"主义，容易奖励无意识之冲动。"为而不有"主义，容易把精力消费于不经济的地方。这两种主义或者是中国物质文明进步之障碍，也未可知。但在人类精神生活上却有绝大的价值，我们应该发明它享用它。

"知不可而为"主义，是我们做一件事明白知道它不能得着预料的效果，甚至于一无效果，但认为应该做的便热心做去。换一句话说，就是做事时候把成功与失败的念头都撇开一边，一味埋头埋脑地去做。

这个主义如何能成立呢？依我想，成功与失败本来不过是相对的名词。一般人所说的成功不见得便是成功，一般人所说的失败不见得便是失败。天下事有许多从此一方面看说是成功，从别一方面看也可说是失败；从目前看可说是成功，从将来看也可说是失败。比方，乡下人没见过电话，你让他去打电话，他一定以为对墙讲话，是没效果的；其实他方面已经得到电话，生出效果了。再如乡下人看见电报局的人在那里乒乒乓乓地打电报，一定以为很奇怪，没效果的；其实我们从他的手里已经把华盛顿会议的消息得到了。照这样看来，成败既无定形，这"可"与"不可"不同的根本先自不能存在了。孔子说："我则异于是，无可无不可。"他这句话似乎是很滑头，其实他是看出天下事无绝对的"可"与"不可",即无绝对的成功与失败。别人心目中有"不可"这两个字,孔子却完全没有。"知不可而为"本来是晨门批评孔子的话,映在晨门眼帘上的孔子是"知不可而为",实际上的孔子是"无可无不可而为"罢了。这是我的第一层的解释。

进一步讲,可以说宇宙间的事绝对没有成功,只有失败。成功这个名词,是表示圆满的观念,失败这个名词,是表示缺陷的观念。圆满就是宇宙进化的终点,到了进化终点,进化便休止;进化休止不消说是连生活都休止了。所以平常所说的成功与失败不过是指人类活动休息的一小段落。比方我今天讲演完了,就算是我的成功;你们听完了,就算是你们的成功。

到底宇宙有圆满之期没有,到底进化有终止的一天没有?这仍是人类生活的大悬案。这场官司从来没有解决,因为没有这类的裁判官。据孔子的眼光看来,这是六合以外的事,应该"存而不论"。此种问题和"上帝之有无"是一样不容易解决的。我们不是超人,所以不能解决超人的问题。人不能自举其身,我们又何能拿人生以外的问题来解决人生的问题?人生是宇宙的小段片。孔子不讲超人的人生,只从小段片里讲人生。

人类在这条无穷无尽的进化长途中,正在发脚蹒跚而行。自有历史以来,不过在这条路上走了一点,比到宇宙圆满时候,还不知差几万万年哩!现在我们走的只是像体操教员刚叫了一声"开步走",就想要得到多少万万年后的成功,岂非梦想?所以谈成功的人不是骗别人,简直是骗自己!

就事业上讲,说什么周公致太平,说什么秦始皇统一天下,说什么释迦牟尼普度众生。现在我们看看周公所致的太平到底在哪里?大家说是周公的成功,其实是他的失败。"六王毕,四海一",这是说秦始皇统一天下了，但仔细看看，他所统一的到底在哪里？并不是说他传二世而亡，他的一份家当完了，就算失败，只看从他以后，便有楚汉之争，三国分裂，五胡乱华，唐之藩镇，宋的辽金，就现在说，又有督军之割据，他的统一之功算成了吗？至于释迦牟尼，不但说没普度了众生，就是当时的印度人，也未全被他普度。所以世人所说的一般大成功家，实在都是一般大失败家。再就学问上讲，牛顿发明引力，人人都说是科学上的大成功，但自爱因斯坦之相对论出，而牛顿转为失败。其实，牛顿本没成功，不过我们没有见到就是了。近两年来欧美学界颂扬爱因斯坦成功之快之大，无比矣！我们没学问，不配批评，只配跟着讴歌，跟着崇拜！但照牛顿的例看来，他也算是失败。所以无论就学问上讲就事实上讲，总一句话说：只有失败的没有成功的。

人在无边的"宇"（空间）中，只是微尘，不断的"宙"（时间）中，只是段片。一个人无论能力多大，总有做不完的事，做不完的便留交后人，这好像一人忙极了，有许多事做不完，只好说"托别人做吧"！一人想包做一切事，是不可能的，不过从全体中抽出几万万分之一点做做而已。但这如何能算是成功？若就时间论，一人所做的一段片，正如"抽刀断水水更流"，也不得叫做成功。

孔子说"死而后已"，这个人死了那个人来继续。所以说继继绳绳，始能成大的路程。天下事无不可，天下事无成功。

然而人生这件事却奇怪得很：在无量数年中，无量数人，所做的无量数事，个个都是不可，个个都是失败，照数学上零加零仍等于零的规律讲，合起来应该是个大失败，但许多的"不可"加起来却是一个"可"，许多的"失败"加起来却是一个"大成功"。这样看来，也可说是上帝生人就是叫人做失败事的，你想不失败吗？那除非不做事。但我们的生活便是事，起居饮食也是事，言谈思虑也是事，我们能到不做事的地步吗？要想不做事，除非不做人。佛劝人不做事，便是劝人不做人。如果不能不做人，非做事不可。这样看来，普天下事都是"不可而为"的事，普天下人都是"不可而为"的人。不过孔子是"知不可而为"，一般人是"不知不可而为"罢了。

"不知不可而为"的人，遇事总要计算计算，某事可成功，某事必失败。可成功的便去做，必失败的便躲避。自以为算盘打对了，其实全是自己骗自己，计算的总结与事实绝对不能相应。成败必至事后始能下判断的。若事前横计算竖计算，反减少人做事的勇气。在他挑选趋避的时候，十件事至少有八件事因为怕失败，不去做了。

算盘打得精密的人，看着要失败的事都不敢做，而为势所迫，又不能不勉强去做，故常说："要失败啦！我本来不愿意做，不得已啦！"他有无限的忧疑，无限的惊恐，终日生活在摇荡苦恼里。

算盘打得不精密的人，认为某件事要成功，所以在短时间内欢喜鼓舞地做去，到了半路上忽然发现他的成功希望是空的，或者做到结尾，不能成功的真相已经完全暴露，于是千万种烦恼悲哀都凑上来了。精密的人不敢做，不想做，而又不能不做，结果固然不好。但不精密的人，起初喜欢去做，继后失败了，灰心丧气的不做，比前一类人更糟些。

人生在世界是混混沌沌的，从这种境界里过数十年，那么，生活便只有可悲更无可乐。我们对于"人生"真可以诅咒。为什么人来世上做消耗面包的机器呢？若是怕没人吃面包，何不留以待虫类呢？这样的人生可真没一点价值了。

"知不可而为"的人怎样呢？头一层：他预料的便是失败，他的预算册子上件件都先把"失败"两个字摆在当头，用不着什么计算不计算，拣择不拣择。所以孔子一生一世只是"毋意！毋必！毋固！毋我"！"意"是事前猜度，"必"是先定其成败，"固"是先有成见，"我"是为我。孔子的意思就是说人不该猜度，不该先定事之成败，不该先有成见，不该为着自己。

第二层，我们既做了人，做了人既然不能不生活，所以不管生活是段片也罢，是微尘也罢，只要在这微尘生活段片生活里，认为应该做的，便大踏步地去做，不必打算，不必犹豫。

孔子说："无适也，无莫也，义之与比。"又说："鸟兽不可与同群，吾非斯人之徒欤而谁欤？天下有道，丘不与易也。"这是绝对自由的生活。假设一个人常常打算何事应做，何事不应做，他本来想到街上散步，但一念及汽车撞死人，便不敢散步，他看见飞机很好，也想坐一坐，但一念及飞机摔死人，便不敢坐，这类人是自己禁住自己的自由了。要是外人剥夺自己的自由，自己还可以恢复，要是自己禁住自己的自由，可就不容易恢复了。知不可而为主义，是使人将做事的自由大大的解放，不要做无为之打算，自己捆绑自己。

孔子说："智者不惑，仁者不忧，勇者不惧。"不惑就是明白，不忧就是快活，不惧就是壮健。反过来说，惑也，忧也，惧也，都是很苦的。人若生活于此中，简直是过监狱的生活。

遇事先计划成功与失败，岂不是一世在疑惑之中？遇事先怕失败，一面做，一面愁，岂不是一世在忧愁之中？遇事先问失败了怎么样，岂不是一世在恐惧之中？

"知不可而为"的人，只知有失败，或者可以说他们用的字典里，从没有成功二字。那末，还有什么可惑可忧可惧呢？所以他们常把精神放在安乐的地方。所以一部《论语》，开宗明义便说"不亦乐乎！""不亦悦乎！"用白话讲，便是"好呀"！"好呀"！

孔子说："发愤忘食，乐以忘忧，不知老之将至。"可见他做事是自己喜欢的，并非有何种东西鞭策才做的，所以他不觉胡子已白了，还只管在那里做。他将人生观立在"知不可而为"上，所以事事都变成不亦乐乎，不亦悦乎，这种最高尚最圆满的人生，可以说是从"知不可而为主义"发生出来。我们如果能领会这种见解，即令不可至于乐乎悦乎的境地，至少也可以减去许多"惑""忧""惧"，将我们的精神放在安安稳稳的地位上。这样才算有味的生活，这样才值得生活。

第一股做完了，现在做第二股，仍照八股的做法，说几句过渡的话。"为而不有主义"与"知不可而为主义"，可以说是一个主义的两面。"知不可而为"主义可以说是"破妄返真"，"为而不有"主义可以说是"认真去妄"。"知不可而为"主义可使世界从烦闷至清凉，"为而不有"主义可使世界从极平淡上显出灿烂。

"为而不有"这句话，罗素解释得很好。他说，人有两种冲动，（1）占有冲动，（2）创造冲动。这句话便是提倡人类的创造冲动的。他这些学说，诸君谅已熟闻，不必我多讲了。

"为而不有"的意思是不以所有观念作标准，不因为所有观念始劳动。简单一句话，便是为劳动而劳动。这话与佛教说的"无我我所"相通。

常人每做一事，必要报酬，常把劳动当作利益的交换品，这种交换品只准自己独有，不许他人同有，这就叫做"为而有"。如求得金钱、名誉，因为"有"，才去为。有为一身有者，有为一家有者，有为一国有者。在老子眼中看来，无论为一身有，为一家有，为一国有，都算是为而有，都不是劳动的真目的。人生劳动应该不求报酬，你如果问他："为什么而劳动?"他便答道："不为什么。"再问："不为什么为什么劳动?"他便老老实实说:"为劳动而劳动,为生活而生活。"

老子说:"上人为之而无以为。"韩非子给他解释得很好:"生于其心之所不能已,非求其为报也。"简单说来,便是无所为而为。既无所为,所以只好说为劳动而劳动,为生活而生活,也可说是劳动的艺术化、生活的艺术化。

老子还说:"既以为人己愈有,既以与人己愈多。"这是说我要帮助人,自己却更有,不致削减。我要给人,自己却更多,不致削减。这话也可作"为而不有"的解释。按实说,老子本来没存"有""无""多""少"的观念,不过假定差别相以示常人罢了。

在人类生活中最有势的便是占有性。据一般人的眼光看来,凡是为人的好像己便无。例如楚汉争天下,楚若为汉,楚便无,汉若为楚,汉便无。韩信、张良帮汉高的忙谋皇帝,他们便无。凡是与人的好像己便少。例如,我们到瓷器铺子里买瓶子,一个瓶子,他要四元钱,我们只给他三元半,他如果卖了,岂不是少得五角?岂不是既以与人己便少吗?这似乎是和己愈有己愈多的话相反。然自它一方面看来,譬如我今天讲给诸君听,总算与大家了,但我仍旧是有,并没减少。再如教员天天在堂上给大家讲,不特不能减其所有,反可得教学相长的益处。至若弹琴唱歌给人听,也并没损失,且可使弹得唱得更加熟练。文学家、诗人、画家、雕刻家、慈善家,莫不如此。即就打算盘论,帮助人的虽无实利,也可得精神上的愉快。

老子又说:"含德之厚,比于赤子,赤子终日号而不嗄,和之至也。"他的意思就是说成人应该和小孩子一样,小孩子天天在那里哭,小孩子并不知为什么而哭,无端地大哭一场,好像有许多痛心的事,其实并不为什么。成人亦然。问他为什么吃?答为饿。问他为什么饿？答为生理上必然的需要。再问他为什么生理上需要？他便答不出了。所以"为什么"是不能问的，如果事事问为什么，什么事都不能做了。

老子说："无为而无不为"，我们却只记得他的上半截的"无为"，把下半截的"无不为"忘掉了。这的确是大错。他的主义是不为什么，而什么都做了，并不是说什么都不做。要是说什么都不做，那他又何必讲五千言的《道德经》呢？

"知不可而为"主义与"为而不有"主义都是要把人类无聊的计较一扫而空，喜欢做便做，不必瞻前顾后。所以归并起来，可以说这两种主义就是"无所为而为"主义，也可以说是生活的艺术化，把人类计较利害的观念，变为艺术的、情感的。

这两种主义的概念，演讲完了。我很希望它发扬光大，推之于全世界。但要实行这种主义须在社会组织改革以后。试看在俄国劳农政府之下，"知不可而为"和"为而不有"的人比从前多得多了。

社会之组织未变，社会是所有的社会，要想打破所有的观念，大非易事。因为人生在所有的社会上，受种种的牵掣，倘若有人打破所有的观念，他立刻便缺乏生活的供给。比方做教员的，如果不要报酬，便立刻没有买书的费用。然假使有公共图书馆，教员又何必自己买书呢？中国人常喜欢自己建造花园，然而又没有钱，其势不得不用种种不正当的方法去找钱，这还不是由于中国缺少公共花园的缘故吗？假使中国仿照欧美建设许多极好看极精致的公共花园，他们自然不去另造了。所以必须到社会组织改革之后，对于公众有种种供给时，才能实行这种主义。

虽是这样说法，我们一方面希望求得适宜于这种主义的社会，一方面在所处的混浊的社会中，还得把这种主义拿来寄托我们的精神生活，使它站在安慰清凉的地方。我看这种主义恰似青年修养的一服清凉散。我不是拿空话来安慰诸君，也不是勉强去左右诸君，它的作用着实是如此的。

最后我还要对青年进几句忠告。老子说："宠辱不惊。"这句话最关重要。现在的一般青年或为宠而惊，或为辱而惊。然为辱而惊的大家容易知道，为宠而惊的大家却不易知道。或者为宠而惊的比较为辱而惊的人的人格更为低下也说不定。"五四"以来，社会上对于青年可算是宠极了，然根底浅薄的人，其所受宠的害，恐怕比受辱的害更大吧。有些青年自觉会作几篇文章，便以为满足，其实与欧美比一比，那算得什么学问，徒增了许多虚荣心罢了。他们在报上出风头，不过是为眼前利害所鼓动，为虚荣心所鼓动，别人说成功，他们便自以为成功，岂知天下没成功的事，这些都是被成败利钝的观念所误了。

古人的这两句话，我希望现在的青年在脑子里多转几转，把它当作失败中的鼓舞、烦闷中的清凉、困倦中的兴奋。

（1921 年 12 月 21 日北京哲学社讲演稿，原刊《哲学》1922 年 4 月第 5 期）

趣味教育与教育趣味

梁启超

一

假如有人问我："你信仰的什么主义？"我便答道："我信仰的是趣味主义。"有人问我："你的人生观拿什么做根底？"我便答道："拿趣味做根柢。"我生平对于自己所做的事，总是做得津津有味，而且兴会淋漓；什么悲观咧厌世咧这种字面，我所用的字典里头，可以说完全没有。我所做的事，常常失败——严格地可以说没有一件不失败——然而我总是一面失败一面做。因为我不但在成功里头感觉趣味，就在失败里头也感觉趣味。我每天除了睡觉外，没有一分钟一秒钟不是积极的活动。然而我绝不觉得疲倦，而且很少生病。因为我每天的活动有趣得很，精神上的快乐，补得过物质上的消耗而有余。

趣味的反面，是干瘪，是萧索。晋朝有位殷仲文，晚年常郁郁不乐，指着院子里头的大槐树叹气，说道："此树婆娑，生意尽矣。"一棵新栽的树，欣欣向荣，何等可爱！到老了之后，表面上虽然很婆娑，骨子里生意已尽，算是这一期的生活完结了。殷仲文这两句话，是用很好的文学技能，表出那种颓唐落寞的情绪。我以为这种情绪，是再坏没有的了。无论一个人或一个社会，倘若被这种情绪侵入弥漫，这个人或这个社会算是完了，再不会有长进。何止没长进？什么坏事，都要从此产育出来。总而言之，趣味是活动的源泉。趣味干竭，活动便跟着停止。好像机器房里没有燃料，发不出蒸气来，任凭你多大的机器，总要停摆。停摆过后，机器还要生锈，产生许多毒害的物质哩。人类若到把趣味丧失掉的时候，老实说，便是生活得不耐烦，那人虽然勉强留在世间，也不过行尸走肉。倘若全个社会如此，那社会便是痨病的社会，早已被医生宣告死刑。

二

"趣味教育"这个名词，并不是我所创造，近代欧美教育界早已通行了。但他们还是拿趣味当手段，我想进一步，拿趣味当目的。请简单说一说我的意见。

第一，趣味是生活的原动力，趣味丧掉，生活便成了无意义。这是不错。但趣味的性质，不见得都是好的。譬如好嫖好赌，何尝不是趣味？但从教育的眼光看来，这种趣味的性质，当然是不好。所谓好不好，并不必拿严酷的道德论做标准。既已主张趣味，便要求趣味的贯彻。倘若以有趣始以没趣终，那么趣味主义的精神，算完全崩落了。《世说新语》记一段故事："祖约性好钱，阮孚性好屐，世未判其得失。有诣约，见正料量财物。客至屏当不尽，余两小簏，以著背后，倾身障之，意未能平。诣孚，正见自蜡屐，因叹曰：'未知一生当着几纲屐。'意甚闲畅，于是优劣始分。"这段话，很可以作为选择趣味的标准。凡一种趣味事项，倘或是要瞒人的，或是拿别人的苦痛换自己的快乐，或是快乐和烦恼相间相续的，这等统名为"下等趣味"。严格说起来，他就根本不能做趣味的主体。因为认这类事当趣味的人，常常遇着败兴，而且结果必至于俗语说的"没兴一齐来"而后已，所以我们讲趣味主义的人，绝不承认此等为趣味。人生在幼年青年期，趣味是最浓的，成天价乱碰乱蹦；若不引他到高等趣味的路上，他们便非流入下等趣味不可。没有受过教育的人，固然容易如此。教育教得不如法，学生在学校里头找不出趣味，然而他们的趣味是压不住的，自然会从校课以外乃至校课反对的方向去找他的下等趣味，结果，他们的趣味是不能贯彻的，整个变成没趣的人生完事。我们主张趣味教育的人，是要乘儿童或青年趣味正浓而方向未决定的时候，给他们一种可以终生受用的趣味。这种教育办得圆满，能够令全社会整个永久是有趣的。

第二，既然如此，那么教育的方法，自然也跟着解决了。教育家无论多大能力，总不能把某种学问教通了学生，只能令受教的学生当着某种学问的趣味，或者学生对于某种学问原有趣味，教育家把它加深加厚。所以教育事业，从积极方面说，全在唤起趣味，从消极方面说，要十分注意不可以摧残趣味。摧残趣味有几条路。头一件是注射式的教育。教师把课本里头东西叫学生强记。好像嚼饭给小孩子吃，那饭已经是一点儿滋味没有了，还要叫他照样地嚼几口，仍旧吐出来看。那么，假令我是个小孩子，当然会认吃饭是一件苦不可言的事了。这种教育法，从前教八股完全是如此，现在学校里形式虽变，精神却还是大同小异，这样教下去，只怕永远教不出人才来。第二件是课目太多。为培养常识起见，学堂课目固然不能太少。为缓解疲劳起见，每日的课目固然不能不参错调换。但这种理论，只能为程度的适用，若用得过分，毛病便会发生。趣味的性质，是越引越深。想引得深，总要时间和精力比较的集中才可。若在一个时期内，同时做十来种的功课，走马看花，应接不暇，初时或者惹起多方面的趣味，结果任何方面的趣味都不能养成。那么，教育效率，可以等于零。为什么呢？因为受教育受了好些时，件件都是在大门口一望便了，完全和自己的生活不发生关系，这教育不是白费吗？第三件是拿教育的事项当手段。从前我们学八股，大家有句通行话说它是敲门砖，门敲开了自然把砖也抛却，再不会有人和那块砖头发生起恋爱来。我们若是拿学问当作敲门砖看待，断乎不能有深入而且持久的趣味。我们为什么学数学，因为数学有趣所以学数学；为什么学历史，因为历史有趣所以学历史；为什么学画画、学打球，因为画画有趣、打球有趣所以学画画、学打球。人生的状态，本来是如此，教育的最大效能，也只是如此。各人选择他趣味最浓的事项做职业，自然一切劳作，都是目的，不是手段，越劳作越发有趣。反过来，若是学法政用来作做官的手段，官做不成怎么样呢？学经济用来做发财的手段，财发不成怎么样呢？结果必至于把趣味完全送掉。所以，教育家最要紧教学生知道是为学问而学问，为活动而活动。所有学问，所有活动，都是目的，不是手段。学生能领会得这个见解，他的趣味，自然终生不衰了。

三

以上所说，是我主张趣味教育的要旨。既然如此，那么在教育界立身的人，应该以教育为唯一的趣味，更不消说了。一个人若是在教育上不感觉有趣味，我劝他立刻改行，何必在此受苦？既已打算拿教育做职业，便要认真享乐，不辜负了这里头的妙味。

孟子说："君子有三乐，而王天下不与存焉。"第三种就是："得天下英才而教育之。"他的意思是说教育家比皇帝还要快乐。他这话绝不是替教育家吹空气，实际情形，确是如此。我常想，我们对于自然界的趣味，莫过于种花。自然界的美，像山水风月等，虽然能移我情，但我和它没有特殊密切的关系，它的美妙处，我有时便领略不出。我自己手种的花，它的生命和我的生命简直并合为一，所以我对着它，有说不出来的无上妙味。凡人工所做的事，那失败和成功的程度都不能预料，独有种花，你只要用一分心力，自然有一分效果还你，而且效果是日日不同，一日比一日进步。教育事业正和种花一样。教育者与被教育者的生命是并合为一的。教育者所用的心力，真是俗语说的"一分钱一分货"，丝毫不会枉费。所以我们要选择趣味最真而最长的职业，再没有别样比得上教育。

现在的中国，政治方面、经济方面，没有哪件说起来不令人头痛。但回到我们教育的本行，便有一条光明大路，摆在我们前面。从前国家托命，靠一个皇帝，皇帝不行，就望太子，所以许多政论家——像贾长沙一流都最注重太子的教育。如今国家托命是在人民，现在的人民不行，就望将来的人民。现在学校里的儿童青年，个个都是"太子"，教育家便是"太子太傅"。据我看，我们这一代的太子，真是"富于春秋，典学光明"，这些当太傅的，只要"鞠躬尽瘁"，好生把他培养出来，不愁不眼见中兴大业。所以别方面的趣味，或者难得保持，因为到处挂着"此路不通"的牌子，容易把人的兴头打断；教育家却全然不受这种限制。

教育家还有一种特别便宜的事，因为"教学相长"的关系，教人和自己研究学问是分离不开的，自己对于自己所好的学问，能有机会终生研究，是人生最快乐的事，这种快乐，也是绝对自由，一点不受恶社会的限制。做别的职业的人，虽然未尝不可以研究学问，但学问总成了副业了。从事教育职业的人，一面教育，一面学问，两件事完全打成一片。所以别的职业是一重趣味，教育家是两重趣味。

孔子屡屡说："学而不厌，诲人不倦。"他的门生赞美他说："正唯弟子不能及也。"一个人谁也不学，谁也不诲。人所难者确在不厌不倦。问他为什么能不厌不倦呢？只是领略得个中趣味，当然不能自已。你想：一面学，一面诲人，人也教得进步了，自己所好的学问也进步了，天下还有比他再快活的事吗？人生在世数十年，终不能一刻不活动，别的活动，都不免常常陷在烦恼里头，独有好学和好诲人，真是可以无入而不自得，若真能在这里得了趣味，还会厌吗，还会倦吗？孔子又说："知之者不如好之者，好之者不如乐之者。"诸君都是在教育界立身的人，我希望更从教育的可好可乐之点，切实体验，那么，不惟诸君本身得无限受用，我们全教育界也增加许多活气了。

（1922 年 4 月 10 日直隶教育联合研究会讲演稿，原刊《梁任公学术讲演集》第一辑，商务印书馆 1922 年版）

学问之趣味

梁启超

　　我是个主张趣味主义的人：倘若用化学化分"梁启超"这件东西，把里头所含一种原素名叫"趣味"的抽出来，只怕所剩下仅有个"0"了。我以为，凡人必常常生活于趣味之中，生活才有价值。若哭丧着脸挨过几十年，那么，生命便成沙漠，要来何用？中国人见面最喜欢用的一句话："近来作何消遣？"这句话我听着便讨厌。话里的意思，好像生活得不耐烦了，几十年日子没有法子过，勉强找些事情来消他遣他。一个人若生活于这种状态之下，我劝他不如早日投海！我觉得天下万事万物都有趣味，我只嫌24点钟不能扩充到48点，不够我享用。我一年到头不肯歇息，问我忙什么？忙的是我的趣味。我以为这便是人生最合理的生活。我常常想运动别人也学我这样生活。

　　凡属趣味，我一概都承认它是好的。但怎么样才算"趣味"，不能不下一个注脚。我说："凡一件事做下去不会生出和趣味相反的结果的，这件事便可以为趣味的主体。"赌钱趣味吗，输了怎么样？吃酒趣味吗，病了怎么样？做官趣味吗，没有官做的时候怎么样？……诸如此类，虽然在短时间内像有趣味，结果会闹到俗语说的"没趣一齐来"，所以我们不能承认它是趣味。凡趣味的性质，总要以趣味始，以趣味终。所以能为趣味之主体者，莫如下列的几项：劳作、游戏、艺术、学问。诸君听我这段话，切勿误会以为，我用道德观念来选择趣味。我不问德不德，只问趣不趣。我并不是因为赌钱不道德才排斥赌钱，因为赌钱的本质会闹到没趣，闹到没趣便破坏了我的趣味主义，所以排斥赌钱。我并不是因为学问是道德才提倡学问，因为学问的本质能够以趣味始以趣味终，最合于我的趣味主义条件，所以提倡学问。

学问的趣味，是怎么一回事呢？这句话我不能回答。凡趣味总要自己领略，自己未曾领略得到时，旁人没有法子告诉你。佛典说的："如人饮水，冷暖自知。"你问我这水怎样的冷，我便把所有形容词说尽，也形容不出给你听，除非你亲自嗑一口。我这题目——学问之趣味，并不是要说学问如何如何的有趣味，只要如何如何便会尝得着学问的趣味。

诸君要尝学问的趣味吗？据我所经历过的有下列几条路应走。

第一，"无所为"。趣味主义最重要的条件是"无所为而为"。凡有所为而为的事，都是以别一件事为目的而以这件事为手段。为达目的起见勉强用手段，目的达到时，手段便抛却。例如学生为毕业证书而做学问，著作家为版权而做学问，这种做法，便是以学问为手段，便是有所为。有所为虽然有时也可以为引起趣味的一种方便，但到趣味真发生时，必定要和"所为者"脱离关系。你问我"为什么做学问"？我便答道："不为什么。"再问，我便答道："为学问而学问"，或者答道："为我的趣味。"诸君切勿以为我这些话掉弄虚机，人类合理的生活本来如此。小孩子为什么游戏？为游戏而游戏。人为什么生活？为生活而生活。为游戏而游戏，游戏便有趣；为体操分数而游

戏，游戏便无趣。

第二，不息。"鸦片烟怎样会上瘾?""天天吃。""上瘾"这两个字，和"天天"这两个字是离不开的。凡人类的本能，只要那部分搁久了不用，它便会麻木会生锈。十年不跑路，两条腿一定会废了。每天跑一点钟，跑上几个月，一天不得跑时，腿便发痒。人类为理性的动物，"学问欲"原是固有本能之一种，只怕你出了学校便和学问告辞，把所有经管学问的器官一齐打落冷宫，把学问的胃弄坏了，便山珍海味摆在面前，也不愿意动筷子。诸君啊！诸君倘若现在从事教育事业或将来想从事教育事业，自然没有问题，很多机会来培养你学问胃口。若是做别的职业呢？我劝你每日除本业正当劳作之外，最少总要腾出一点钟，研究你所嗜好的学问。一点钟哪里不消耗了？千万别要错过，闹成"学问胃弱"的症候，白白自己剥夺了一种人类应享之特权啊！

第三，深入的研究。趣味总是慢慢来，越引越多，像那吃甘蔗，越往下才越得好处。假如你虽然每天定有一点钟做学问，但不过拿来消遣消遣，不带有研究精神，趣味便引不起来。或者今天研究这样明天研究那样，趣味还是引不起来。趣味总是藏在深处，你想得着，便要入去。这个门穿一穿，那个窗户张一张，再不会看见"宗庙之美，百官之富"，如何能有趣味？我方才说"研究你所嗜好的学问"，嗜好两个字很要紧。一个人受过相当的教育之后，无论如何，总有一两门学问和自己脾胃相合，而已经懂得大概可以做加工研究之预备的，请你就选定一门作为终生正业（指从事学者生活的人说）或作为本业劳作以外的副业（指从事其他职业的人说），不怕范围窄，越窄越便于聚精神，不怕问题难，越难越便于鼓勇气。你只要肯一层一层往里面追，我保你一定被他引到"欲罢不能"的地步。

第四，找朋友。趣味比方电，越摩擦越出。前两段所说，是靠我本身和学问本身相摩擦，但仍恐怕我本身有时会停摆，发电力便弱了，所以常常要仰赖别人帮助。一个人总要有几位共事的朋友，同时还要有几位共学的朋友。共事的朋友，用来扶持我的职业；共学的朋友和共玩的朋友同一性质，都是用来摩擦我的趣味。这类朋友，能够和我同嗜好一种学问的自然最好，我便和他搭伙研究。即使不然——他有他的嗜好，我有我的嗜好，只要彼此都有研究精神，我和他常常在一块或常常通信，便不知不觉把彼此趣味都摩擦出来了。得着一两位这种朋友，便算人生大幸福之一。我想只要你肯找，断不会找不出来。

我说的这四件事，虽然像是老生常谈，但恐怕大多数人都不曾会这样做。唉！世上人多么可怜啊！有这种不假外求不会蚀本不会出毛病的趣味世界，竟自没有几个人肯来享受！古书说的故事"野人献曝"，我是尝冬天晒太阳的滋味尝得舒服透了，不忍一人独享，特地恭恭敬敬地来告诉诸君。诸君或者会欣然采纳吧？但我还有一句话：太阳虽好，总要诸君亲自去晒，旁人却替你晒不来。

（1922年8月6日南京东南大学讲演稿，原刊《时事新报·学灯》1922年8月12日）

情感的性质和作用

梁启超

天下最神圣的莫过于情感。用理解来引导人，顶多能叫人知道哪件事应该做，哪件事怎样做法，却是与被引导的人到底去做不去做，没有什么关系。有时所知的越发多，所做的倒越发少。用情感来激发人，好像磁力吸铁一般，有多大分量的磁，便引多大分量的铁，丝毫容不得躲闪，所以情感这样东西，可以说是一种催眠术，是人类一切动作的原动力。

情感的性质是本能的，但它的力量，能引人到超本能的境界；情感的性质是现在的，但它的力量，能引人到超现在的境界。我们想入生命之奥，把我的思想行为和我的生命迸合为一，把我的生命和宇宙和众生迸合为一；除通过情感这一个关门，别无他路。所以情感是宇宙间一种大秘密。

情感的作用固然是神圣，但它的本质不能说它都是善的都是美的。它也有很恶的方面，它也有很丑的方面。它是盲目的，到处乱碰乱进，好起来好得可爱，坏起来也坏得可怕。所以，古来大宗教家、大教育家，都最注意情感的陶养，老实说，是把情感教育放在第一位。情感教育的目的，不外将情感善的美的方面尽量发挥，把那恶的丑的方面渐渐压伏淘汰下去。这种功夫做得一分，便是人类一分的进步。

情感教育最大的利器，就是艺术。音乐、美术、文学这三件法宝，把"情感秘密"的钥匙都掌住了。艺术的权威，是把那霎时间便过去的情感，捉住它令它随时可以再现，是把艺术家自己"个性"的情感，打进别人们的"情阈"里头，在若干期间内占领了"他心"的位置。因为它有恁么大的权威，所以艺术家的责任很重，为功为罪，间不容发。艺术家认清楚自己的地位，就该知道：最要紧的功夫，是要修养自己的情感，极力往高洁纯挚的方面，向上提絜，向里体验，自己腔子里那一团优美的情感养足了，再用美妙的技术把它表现出来，这才不辱没了艺术的价值。

（节选自《中国韵文里头所表现的情感》，题目为编者所加，原刊《改造》1922 年第 4 卷第 6、8 期）

情圣杜甫

梁启超

一

今日承诗学研究会嘱托讲演，可惜我文学素养很浅薄，不能有什么新贡献，只好把咱们家里老古董搬出来和诸君摩挲一番，题目是"情圣杜甫"。在讲演本题以前，有两段话应该简单说明。

第一，新事物固然可爱，老古董也不可轻易抹杀。内中艺术的古董，尤为有特殊价值。因为艺术是情感的表现，情感是不受进化法则支配的。不能说现代人的情感一定比古人优美，所以不能说现代人的艺术一定比古人进步。

第二，用文字表出来的艺术——如诗词、歌剧、小说等类，多少总含有几分国民的性质。因为现在人类语言未能统一，无论何国的作家，总须用本国语言文字做工具。这副工具操练得不纯熟，纵然有很丰富高妙的思想，也不能成为艺术的表现。

我根据这两种理由，希望现代研究文学的青年，对于本国二千年来的名家作品，着实费一番工夫去赏会它。那么，杜工部自然是首屈一指的人物了。

二

杜工部被后人上他徽号叫做"诗圣"。诗怎么样才算"圣"？标准很难确定，我们也不必轻轻附和。我以为工部最少可以当得起情圣的徽号。因为他的情感的内容，是极丰富的，极真实的，极深刻的。他表情的方法又极熟练，能鞭辟到最深处，能将它全部完全反映不走样子，能像电气一般一振一荡地打到别人的心弦上。中国文学界写情圣手，没有人比得上他，所以我叫他作情圣。

我们研究杜工部，先要把他所生的时代和他一生经历略叙梗概，看出他整个的人格。两晋六朝几百年间，可以说是中国民族混成时代。中原被异族侵入，掺杂许多新民族的血。江南则因中原旧家次第迁渡，把原住民的文化提高了。当时文艺上南北派的痕迹显然，北派真率悲壮，南派整齐柔婉。在古乐府里头，最可以看出这分野。唐朝民族化合作用，经过完成了，政治上统一，影响及于文艺，自然会把两派特性合冶一炉，形成大民族的新美。初唐是黎明时代，盛唐正是成熟时代。内中玄宗开元间40年太平，正孕育出中国艺术史上黄金时代。到天宝之乱，黄金忽变为黑灰。时事变迁之剧，未有其比。当时蕴蓄深厚的文学界，受了这种激刺，益发波澜壮阔。杜工部正是这个时代的骄儿。他是河南人，生当玄宗开元之初。早年漫游四方，大河以北都有他足迹，同时大文学家李太白、高达夫都是他的挚友。中年值安禄山之乱，从贼中逃出，跑到甘肃的灵武谒见肃宗，补了个"拾遗"的官。不久告假回家，又碰着饥荒，在陕西的同谷县几乎饿死。后来流落到四川，依一位故人严武。严武死后，四川又乱，他避难到湖南，在路上死了。他有两位兄弟、一位妹子，都因乱离难得见面。他和他的夫人也常常分离，他一个小儿子因饥荒饿死，两个大儿子晚年跟着他在四川。他一生简单的经历大略如此。

他是一位极热肠的人，又是一位极有脾气的人。从小便心高气傲，不肯趋承人。他的诗道：

> 以兹悟生理，独耻事干谒。（《奉先咏怀》）

又说：

> 白鸥没浩荡，万里谁能驯。（《赠韦左丞》）

可以见他的气概。严武做四川节度，他当无家可归的时候去投奔他，然而一点不肯趋承将就。相传有好几回冲撞严武，几乎严武容他不下哩。他集中有一首诗，可以当他人格的象征：

> 绝代有佳人，幽居在空谷。自言良家子，零落依草木。
> ……
> 在山泉水清，出山泉水浊。侍婢卖珠回，牵萝补茅屋。
> 摘花不插鬓，采柏动盈掬。天寒翠袖薄，日暮倚修竹。
>
> （《佳人》）

这位佳人，身份是非常名贵的，境遇是非常可怜的，性格是非常温厚的，情绪是非常高亢的。这便是他本人的写照。

三

他是个最富于同情心的人。他有两句诗：

> 穷年忧黎元，叹息肠内热。（《奉先咏怀》）

这不是瞎吹的话，在他的作品中，到处可以证明。这首诗底下便有两段说：

> 彤庭所分帛，本自寒女出。鞭挞其夫家，聚敛贡城阙。
>
> （同上）

又说：

> 况闻内金盘，尽在卫霍室。中堂舞神仙，烟雾散玉质。暖客
> 貂鼠裘，悲管逐清瑟。劝客驼蹄羹，霜橙压香橘。朱门酒肉臭，
> 路有冻死骨。……（同上）

这种诗几乎纯是现代社会党的口吻。他作这诗的时候，正是唐朝黄金时代，全国人正在被镜里雾里的太平景象醉倒了。这种景象映到他的眼中，却有无限悲哀。

他的眼光，常常注视到社会最下层。这一层的可怜人那些状况，别人看不出，他都看出。他们的情绪，别人传不出，他都传出。他著名的作品《三吏》《三别》，便是那时代社会状况最真实的影戏片。《垂老别》的：

> 老妻卧路啼，岁暮衣裳单。
>
> 孰知是死别，且复伤其寒。
>
> 此去必不归，还闻劝加餐。

《新安吏》的：

> 肥男有母送，瘦男独伶俜。白水暮东流，青山犹哭声。
>
> 莫自使眼枯，收汝泪纵横。眼枯即见骨，天地终无情。

《石壕吏》的：

三男邺城戍。一男附书至，二男新战死。存者且偷生，死者长已矣。

这些诗是要作者的精神和那所写之人的精神并合为一，才能作出。他所写的是否为他亲闻亲见的事实，抑或他脑中创造的影像，且不管它。总之他作这首《垂老别》时，他已经化身做那位六七十岁拖去当兵的老头子。作这首《石壕吏》时，他已经化身做那位儿女死绝衣食不给的老太婆。所以他说的话，完全和他们自己说一样。

他还有《戏呈吴郎》一首七律，那上半首是：

堂前扑枣任西邻，无食无儿一妇人。

不为家贫宁有此，只缘恐惧转须亲。

……

这首诗，以诗论，并没什么好处，但叙当时一件琐碎实事——一位很可怜的邻舍妇人偷他的枣子吃，因那人的惶恐，把作者的同情心引起了。这也是他注意下层社会的证据。

有一首《缚鸡行》，表出他对于生物的泛爱，而且很含些哲理：

小奴缚鸡向市卖，鸡被缚急相喧争。

家人厌鸡食虫蚁，未知鸡卖还遭烹。

虫鸡于人何厚薄，吾叱奴人解其缚。

鸡虫得失无时了，注目寒江倚山阁。

有一首《茅屋为秋风所破歌》，结尾几句说道：

安得广厦千万间，大庇天下寒士俱欢颜。风雨不动安如山。

呜呼！何时眼前突兀见此屋，吾庐独破受冻死亦足。

有人批评他是名士说大话。但据我看来，此老确有这种胸襟。因为他对于下层社会的痛苦看得真切，所以常把他们的痛苦当作自己的痛苦。

四

他对于一般人如此多情，对于自己有关系的人更不待说了。我们试看他对朋友，那位因陷贼贬做台州司户的郑虔，他有诗送他道：

便与先生应永诀，九重泉路尽交期。

又有诗怀他道：

天台隔三江，风浪无晨暮。郑公纵得归，老病不识路。……
（《有怀台州郑十八司户》）

那位因附永王璘造反长流夜郎的李白，他有诗梦他道：

死别已吞声，生别常恻恻。江南瘴疠地，逐客无消息。

故人入我梦，明我长相忆。恐非平生魂，路远不可测。

魂来枫林青，魂返关塞黑。君今在罗网，何以有羽翼。

落月满屋梁，犹疑照颜色。水深波浪阔，毋使蛟龙得。

（《梦李白》二首之一）

这些诗不是寻常应酬话，他实在拿郑、李等人当朋友，对于他们的境遇，所感痛苦和自己亲受一样，所以做出来的诗句句都带血带泪。

他集中想念他兄弟和妹子的诗，前后有 20 来首，处处至性流露。最沉痛的如《同谷七歌》中：

有弟有弟在远方，三人各瘦何人强。生别展转不相见，胡尘暗天道路长。前飞鴐鹅后鹙鸧，安得送我置汝旁。呜呼！三歌兮歌三发，汝归何处收兄骨。

有妹有妹在钟离，良人早没诸孤痴。长淮浪高蛟龙怒，十年不见来何时。扁舟欲往箭满眼，杳杳南国多旌旗。呜呼！四歌兮歌四奏，林猿为我啼清昼。

他自己直系的小家庭，光景是很困苦的，爱情却是很浓挚的。他早年有一首思家诗：

今夜鄜州月，闺中只独看。遥怜小儿女，未解忆长安。

香雾云鬟湿，清辉玉臂寒。何时倚虚幌，双照泪痕干。

(《月夜》)

这种缘情旖旎之作，在集中很少见，但这一首已可证明工部是一位温柔细腻的人。他到中年以后，遭值多难，家属离合，经过不少的酸苦。乱前他回家一次，小的儿子饿死了。他的诗道：

……

老妻寄异县，十口隔风雪。谁能久不顾，庶往共饥渴。

入门闻号咷，幼子饿已卒。吾宁舍一哀，里巷亦呜咽。

所愧为人父，无食致夭折。……

(《奉先咏怀》)

乱后和家族隔绝，有一首诗：

去年潼关破，妻子隔绝久。……自寄一封书，今已十月后。反畏消息来，寸心亦何有。……(《述怀》)

其后从贼中逃归，得和家族团聚。他有好几首诗写那时候的光景，《羌村》三首中的第一首：

> 峥嵘赤云西，日脚下平地。柴门鸟雀噪，归客千里至。妻孥怪我在，惊定还拭泪。世乱遭飘荡，生还偶然遂。邻人满墙头，感叹亦唏嘘。夜阑更秉烛，相对如梦寐。

《北征》里头的一段：

> 况我堕胡尘，及归尽华发。经年至茅屋，妻子衣百结。恸哭松声回，悲泉共呜咽。平生所娇儿，颜色白胜雪。见耶背面啼，垢腻脚不袜。床前两小女，补绽才过膝。海图坼波涛，旧绣移曲折。天吴及紫凤，颠倒在裋褐。老夫情怀恶，呕咽卧数日。那无囊中帛，救汝寒凛栗。粉黛亦解苞，衾裯稍罗列。瘦妻面复光，痴女头自栉。学母无不为，晓妆随手抹。移时施朱铅，狼藉画眉阔。生还对童稚，似欲忘饥渴。问事竟挽须，谁能即嗔喝。翻思在贼愁，甘受杂乱聒。

其后挈眷避乱，路上很苦。他有诗追叙那时情况道：

> 忆昔避贼初，北走经险艰。夜深彭衙道，月照白水山。尽室久徒步，逢人多厚颜……痴女饥咬我，啼畏虎狼闻。怀中掩其口，反侧声愈嗔。小儿强解事，故索苦李餐。一旬半雷雨，泥泞相牵攀……（《彭衙行》）

他合家避乱到同谷县山中，又遇着饥荒，靠草根木皮活命，在他困苦的全生涯中，当以这时候为最甚。他的诗说：

> 长镵长镵白木柄，我生托子以为命。

黄独无苗山雪盛，短衣数挽不掩胫。

此时与子空归来，男呻女吟四壁静。

（《同谷七歌》之二）

以上所举各诗写他自己家庭状况，我替它起个名字叫作"半写实派"。他处处把自己主观的情感暴露，原不算写实派的作法。但如《羌村》《北征》等篇，多用第三者客观的资格，描写所观察得来的环境和别人情感，从极琐碎的断片详密刻画，确是近世写实派用的方法，所以可叫作"半写实"。这种作法，在中国文学界上，虽不敢说是杜工部首创，却可以说是杜工部用得最多而最妙。从前古乐府里头，虽然有些，但不如工部之描写之微。这类诗的好处，在真事越写得详，真情越发得透。我们熟读它，可以理会得"真即是美"的道理。

<h2 align="center">五</h2>

杜工部的"忠君爱国"，前人恭维他的很多，不用我再添话。他集中对于时事痛哭流涕的作品，差不多占四分之一，若把它分类研究起来，不惟在文学上有价值，而且在史料上有绝大价值。为时间所限，恕我不征引了。内中价值最大者，在能确实描写出社会状况，及能确实讴吟出时代心理。刚才举出半写实派的几首诗，是集中最通用的作法，此外还有许多是纯写实的。试举它几首：

献凯日继踵，两蕃静无虞。渔阳豪侠地，击鼓吹笙竽。

云帆转辽海，粳稻来东吴。越裳与楚练，照耀舆台躯。

主将位益崇，气骄凌上都。边人不敢议，议者死路衢。

（《后出塞》五首之四）

读这些诗，令人立刻联想到现在军阀的豪奢专横——尤其逼肖奉、直战争前张作霖的状况。最妙处是不着一个字批评，但把客观事实直写，自然会令读者叹气或瞪眼。又如《丽人行》那首七古，全首将近二百字的长篇，完全立在第三者地位观察事实。从"三月三日天气新"到"青鸟飞去衔红巾"，占全首26句中之24句，只是极力铺叙那种豪奢热闹情状，不惟字面上没有讥刺痕迹，连骨子里头也没有。直至结尾两句：

炙手可热势绝伦，慎莫近前丞相嗔。

算是把主意一逗。但依然不着议论，完全让读者自去批评。这种可以说讽刺文学中之最高技术。因为人类对于某种社会现象之批评，自有共同心理，作家只要把那现象写得真切，自然会使读者心理起反应，若把读者心中要说的话，作者先替他倾吐无余，那便索然寡味了。杜工部这类诗，比白香山《新乐府》高一筹，所争就在此。《石壕吏》《垂老别》诸篇，所用技术，都是此类。

工部的写实诗，十有九属于讽刺类。不独工部为然，近代欧洲写实文学，哪一家不是专写社会黑暗方面呢？但杜集中用写实法写社会优美方面的亦不是没有。如《遭田父泥饮》那篇：

步屧随春风，村村自花柳。田翁逼社日，邀我尝春酒。酒酣夸新尹，畜眼未见有。回头指大男，"渠是弓弩手。名在飞骑籍，长番岁时久。前日放营农，辛苦救衰朽。差科死则已，誓不举家走。今年大作社，拾遗能住否？"叫妇开大瓶，盆中为吾取。……高声索果栗，欲起时被肘。指挥过无礼，未觉村野丑。月出遮我留，仍嗔问升斗。

这首诗把乡下老百姓极粹美的真性情，一齐活现。你看他父子夫妇间何等亲热，对于国家的义务心何等郑重，对于社交何等爽快、何等恳切。我们若把这首诗当个画题，可以把篇中各人的心理从面孔上传出，便成了一幅绝好的风俗画。我们须知道，杜集中关于时事的诗，以这类为最上乘。

六

工部写情，能将许多性质不同的情绪，归拢在一篇中，而得调和之美。例如《北征》篇，大体算是忧时之作。然而"青云动高兴，幽事亦可悦"以下一段，纯是玩赏天然之美。"夜深经战场，寒月照白骨"以下一段，凭吊往事。"况我堕胡尘"以下一大段，纯写家庭实况，忽然而悲，忽然而喜。"至尊尚蒙尘"以下一段，正面感慨时事，一面盼望内乱速平，一面又忧虑到凭借回鹘外力的危险。"忆昨狼狈初"以下到篇末，把过去的事实，一齐涌到心上。像这许多杂乱情绪并在一篇，调和得恰可，非有绝大力量不能。

工部写情，往往越拗越紧，越转越深，像《哀王孙》那篇，几乎一句一意，试将现行新符号去点读它，差不多每句都须用"。"符或"；"符。他的情感，像一堆乱石，突兀在胸中，断断续续地吐出，从无条理中见条理，真极文章之能事。

工部写情，有时又淋漓尽致、一口气说出，如八股家评语所谓"大开大合"。这种类不以曲折见长，然亦能极其美。集中模范的作品，如《忆昔行》第二首，从"忆昔开元全盛日"起到"叔孙礼乐萧何律"止，极力追述从前太平景象，从社会道德上赞美，令意义格外深厚。自"岂闻一缣直万钱"到"复恐初从乱离说"，翻过来说现在乱离景象，两两比对，令读者胆战肉跃。

工部还有一种特别技能，几乎可以说别人学不到。他最能用极简的语句，包括无限情绪，写得极深刻。如《喜达行在所》三首中第三首的头两句：

死去凭谁报，归来始自怜。

仅仅十个字，把十个月内虎口余生的甜酸苦辣都写出来，这是何等魄力。又如前文所引《述怀》篇的：

反畏消息来。

五个字，写乱离中担心家中情状，真是惊心动魄。又《垂老别》里头：

势异邺城下，纵死时犹宽。

死是早已安排定了，只好拿期限长些作安慰（原文是写老妻送行时语），这是何等沉痛。又如前文所引的：

郑公纵得归，老病不识路。

明明知道他绝对不得归了，让一步虽得归，已经万事不堪回首。此外如：

带甲满天地，胡为君远行。（此题原缺，为《送远》。编者注）
万方同一概，吾道竟何之。（《秦州杂诗》）
国破山河在，城春草木深。（此题原缺，为《春望》。编者注）
亲朋无一字，老病有孤舟。（《登岳阳楼》）
古往今来皆涕泪，断肠分手各风烟。（《公安送韦二少府》）

之类，都是用极少的字表极复杂极深刻的情绪。他是用洗练功夫用得极到家，所以说："语不惊人死不休。"此其所以为文学家的文学。

悲哀愁闷的情感易写，欢喜的情感难写。古今作家中，能将喜情写得逼真的，除却杜集《闻官军收河南河北》外，怕没有第二首。那诗道：

> 剑外忽闻收蓟北，初闻涕泪满衣裳。
>
> 却看妻子愁何在，漫卷诗书喜欲狂。
>
> 白日放歌须纵酒，青春结伴好还乡。
>
> 即从巴峡穿巫峡，便下襄阳向洛阳。

那种手舞足蹈情形，从心坎上奔迸而出，我说它和古乐府的《公无渡河》是同一样笔法。彼是写忽然剧变的悲情，此是写忽然剧变的喜情，都是用快光镜照相照得的。

七

工部流连风景的诗比较少，但每有所作，一定于所咏的景物观察入微，便把那景物作象征，从里头印出情绪。如：

> 竹凉侵卧内，野月满庭隅。重露成涓滴，稀星乍有无。
>
> 暗飞萤自照，水宿鸟相呼。万事干戈里，空悲清夜徂。

（《倦夜》）

题目是"倦夜"，景物从初夜写到中夜后夜，是独自一个人有心事睡不着疲倦无聊中所看出的光景，所写环境，句句和心理反应。又如：

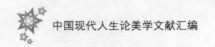

　　风急天高猿啸哀，渚清沙白鸟飞回。

　　无边落木萧萧下，不尽长江滚滚来。

（《登高》）

　　虽然只是写景，却有一位老病独客秋天登高的人在里头，便不读下文"万里悲秋常作客，百年多病独登台"两句，已经如见其人了。又如：

　　细草微风岸，危樯独夜舟。星垂平野阔，月涌大江流。……
（《旅夜书怀》）

　　从寂寞的环境上领略出很空阔、很自由的趣味。末两句说："飘飘何所似，天地一沙鸥。"把情绪一点便醒。

　　所以工部的写景诗，多半是把景做表情的工具。像王、孟、韦、柳的写景，固然也离不了情，但不如杜之情的分量多。

<h1 style="text-align:center">八</h1>

　　诗是歌的笑的好呀，还是哭的叫的好？换一句话说，诗的任务在赞美自然之美呀，抑在呼诉人生之苦？再换一句话说，我们应该为做诗而做诗呀，抑或应该为人生问题中某项目的而做诗？这两种主张，各有极强的理由，我们不能做极端的左右袒，也不愿做极端的左右袒。依我所见，人生目的不是单调的，美也不是单调的。为爱美而爱美，也可以说为的是人生目的。因为爱美本来是人生目的的一部分。诉人生苦痛，写人生黑暗，也不能说不是美。因为美的作用，不外令自己或别人起快感。痛楚的刺激，也是快感之一。例如肤痒的人，用手抓到出血，越抓越畅快。像情感怎么热烈的杜工部，他的作品，自

然是刺激性极强，近于哭叫人生目的那一路，主张人生艺术观的人，固然要读它。但还要知道，他的哭声，是三板一眼地哭出来，节节含着真美，主张唯美艺术观的人，也非读它不可。我很惭愧，我的艺术素养浅薄，这篇讲演，不能充分发挥"情圣"作品的价值，但我希望这位情圣的精神和我们的语言文字同其寿命，尤盼望这种精神有一部分注入现代青年文学家的脑里头。

（1922 年 5 月 21 日诗学研究会讲演稿，原刊《晨报副刊》1922年 5 月 28、29 日）

屈原研究

梁启超

一

中国文学家的老祖宗，必推屈原。从前并不是没有文学，但没有文学的专家。如《三百篇》及其他古籍所传诗歌之类，好的固不少，但大半不得作者主名，而且篇幅也很短。我们读这类作品，顶多不过可以看出时代背景或时代思潮的一部分。欲求表现个性的作品，头一位就要研究屈原。

屈原的历史，在《史记》里头有一篇很长的列传，算是我们研究史料的人可欣慰的事。可惜议论太多，事实仍少。我们最抱歉的，是不能知道屈原生卒年岁和他所享年寿。据传文大略推算，他该是西纪前338至前228年间的人，年寿最短亦应在五十上下。和孟子、庄子、赵武灵王、张仪等人同时。他是楚国贵族。贵族中最盛者昭、屈、景三家，他便是三家中之一。他曾做过"三闾大夫"。据王逸说："三闾之职，掌王族三姓，曰昭、屈、景。屈原序其谱属，率其贤良，以厉国士。"然则他是当时贵族总管了。他曾经得楚怀王的信用，官至"左徒"。据《本传》说："入则与王图议国事以出号令，出则接遇宾客，应对诸侯，王甚任之。"可见他在政治上曾占很重要的位置，其后被上官大夫所谗，怀王疏了他。怀王在位30年（西纪前328至前297）。屈原做左徒，不知是哪年的事，但最迟亦在怀王十六年（前312）以前。因为那年怀王受了秦相张仪所骗，已经是屈原见疏之后了。假定屈原做左徒在怀王十年前后，那时他的年纪最少亦应20岁以上，所以他的生年，不能晚于西纪前338年。屈原在位的时候，楚国正极强盛。屈原的政策，大概是主张联合六国共摒强秦，保持均势。所以虽见疏之后，还做过齐国公使。可惜怀王太没有主意，时而摈秦，时而联秦，任凭纵横家摆弄，卒至"兵挫地削，亡其六郡，身客死于秦，为天下笑"（《本传》文）。怀王死了不到60年，楚国便亡了。屈原在怀王十六年以后，政治生涯，像已经完全断绝。其后14年间，大概仍居住郢都（武昌）一带。因为怀王三十年将入秦之时，屈原还力谏，可见他和怀王的关系，仍是藕断丝连了。怀王死后，顷襄王立（前298）。屈原的反对党，越发得志，便把他放逐到湖南地方去，后来竟闹到投水自杀。

屈原什么时候死的呢？据《卜居》篇说："屈原既放，三年不得复见。"《哀郢》篇说："忽若不信兮，至今九年而不复。"假定认这两篇为顷襄王时作品，则屈原最少当西纪前288年仍然生存。他脱离政治生活专作文学生活，大概有20来年的日月。

屈原所走过的地方有多少呢？他著作中所见的地名如下：

令沅湘兮无波，使江水兮安流。

邅吾道兮洞庭。

望涔阳兮极浦。

遗余佩兮澧浦。（《湘君》）

洞庭波兮木叶下。

沅有芷兮澧有兰。

遗余褋兮澧浦。(《湘夫人》)

哀南夷之莫吾知兮,旦余济乎江湘。

乘鄂渚而反顾兮。

邸余车兮方林。

乘舲船余上沅兮。

朝发枉陼兮夕宿辰阳。

入溆浦余儃佪兮,迷不知吾之所如。深林杳以冥冥兮,乃猿狖之所居。……山峻高以蔽日兮,下幽晦以多雨。霰雪纷其无垠兮,云霏霏而承雨。(《涉江》)

发郢都而去闾兮。

过夏首而西浮兮,顾龙门而不见。

背夏浦而西思兮。

惟郢路之辽远兮,江与夏之不可涉。(《哀郢》)

长濑湍流,泝江潭兮。狂顾南行,聊以娱心兮。

低徊夷犹宿北姑兮。(《抽思》)

浩浩沅湘,纷流汩兮。(《怀沙》)

遵江夏以娱忧。(《思美人》)

指炎神而直驰兮,吾将往乎南疑。(《远游》)

路贯庐江兮左长薄。(《招魂》)

内中说郢都,说江夏,是他原住的地方,洞庭、湘水,自然是放逐后常来往的,都不必多考据。最当注意者,《招魂》说的"路贯庐江兮左长薄",像江西庐山一带,也曾到过。但《招魂》完全是浪漫的文学,不敢便认为事实。《涉江》一篇,含有纪行的意味,内中说

"乘舲船余上沅"，说"朝发枉陼，夕宿辰阳"，可见他曾一直溯着沅水上游，到过辰州等处。他说的"峻高蔽日，霰雪无垠"的山，大概是衡岳最高处了。他的作品中，像"幽独处乎山中""山中人兮芳杜若"，这一类话很多。我想他独自一人在衡山上过活了好些日子。他的文学，谅来就在这个时代大成的。

最奇怪的一件事，屈原家庭状况如何？在《本传》和他的作品中，连影子也看不出。《离骚》有"女嬃之婵媛兮，申申其詈余"两语。王逸注说："女嬃，屈原姊也。"这话是否对，仍不敢说。就算是真，我们也仅能知道他有一位姐姐，其余兄弟妻子之有无，一概不知。就作品上看来，最少他放逐到湖南以后过的都是独身生活。

二

我们把屈原的身世大略明白了，第二步要研究那时候为什么会发生这种伟大的文学？为什么不发生于别国而独发生于楚国？何以屈原能占这首创的地位？第一个问题，可以比较的简单解答。因为当时文化正涨到最高潮，哲学勃兴，文学也该为平行线的发展。内中如《庄子》《孟子》及《战国策》中所载各人言论，都很含着文学趣味。所以优美的文学出现，在时势为可能的。第二第三两个问题，关系较为复杂。依我的观察，我们这华夏民族，每经一次同化作用之后，文学界必放异彩。楚国当春秋初年，纯是一种蛮夷。春秋中叶以后，才渐渐地同化为"诸夏"。屈原生在同化完成后约250年。那时候的楚国人，可以说是中华民族里头刚刚长成的新分子，好像社会中才成年的新青年。从前楚国人，本来是最信巫鬼的民族，很含些神秘意识和虚无理想，像小孩子喜欢幻构的童话。到了与中原旧民族之现实的伦理的文化相接触，自然会发生出新东西来。这种新东西之体现者，便是文学。楚国在当时文化史上之地位既已如此。至于屈原呢，他是一位贵族，对于当时新输入之中原文化，自然是充分领会。他又曾经出使齐国，那时正当"稷下先生"数万人日日高谈宇宙原理的时候，他受的影响，当然不少。他又是有怪脾气的人，常常和社会反抗。后来放逐到南荒，在那种变化诡异的山水里头，过他的幽独生活。特别的自然界和特别的精神作用相击发，自然会产生特别的文学了。

屈原有多少作品呢？《汉书·艺文志·诗赋略》云："屈原赋二十五篇。"据王逸《楚辞章句》所列，则《离骚》一篇，《九歌》十一篇，《天问》一篇，《九章》九篇，《远游》一篇，《卜居》一篇，《渔父》一篇。尚有《大招》一篇。注云："屈原，或言景差。"然细读《大招》，明是摹仿《招魂》之作，其非出屈原手，像不必多辩。但别有一问题颇费研究者。《史记·屈原列传》赞云："余读《离骚》《天问》《招魂》《哀郢》，悲其志。"是太史公明明认《招魂》为屈原作，然而王逸说是宋玉作。逸，后汉人，有何凭据，竟敢改易前说？大概他以为添上这一篇，便成26篇，与《艺文志》数目不符。他又想这一篇标题，像是屈原死后别人招他的魂，所以硬把他送给宋玉。依我看，《招魂》的理想及文体，和宋玉其他作品很有不同处，应该从太史公之说，归还屈原。然则《艺文志》数目不对吗？又不然。《九歌》末一篇《礼魂》，只有五句，实不成篇。《九歌》本侑神之曲，十篇各侑一神。《礼魂》五句，当是每篇末后所公用，后人传钞贪省，便不逐篇写录，总摆在后头作结。王逸闹不清楚，把它也算成一篇，便不得不把《招魂》挤出了。我所想象若不错，则屈原赋之篇目应如下：

《离骚》一篇

《天问》一篇

《九歌》十篇《东皇太一》《云中君》《湘君》《湘夫人》
《大司命》《少司命》《东君》《河伯》《山鬼》《国殇》

《九章》九篇《惜诵》《涉江》《哀郢》《抽思》《思美人》
《惜往日》《橘颂》《悲回风》《怀沙》

《远游》一篇

《招魂》一篇

《卜居》一篇

《渔父》一篇

今将这二十五篇的性质，大略说明。

（一）《离骚》　据本传，这篇为屈原见疏以后使齐以前所作，当
是他最初的作品。起首从家世叙起，好像一篇自传。篇中把他的思想
和品格，大概都传出，可算得全部作品的缩影。

（二）《天问》　王逸说："屈原……见楚先王之庙及公卿祠堂图
画天地山川神灵琦玮谲诡，及古贤圣怪物行事……因书其壁，呵而问
之。"我想这篇或是未放逐以前所作，因为"先王庙"不应在偏远之
地。这篇体裁，纯是对于相传的神话发种种疑问。前半篇关于宇宙开
辟的神话所起疑问，后半篇关于历史神话所起疑问。对于万有的现象
和理法怀疑烦闷，是屈原文学思想的出发点。

（三）《九歌》　王逸说："沅湘之间，其俗信鬼而好祀，其祠必
作乐鼓舞以乐诸神。屈原放逐，窜伏其域。……见其词鄙陋，因为作
《九歌》之曲，上陈事神之敬，下以见己之冤。"这话大概不错。"九
歌"是乐章旧名，不是九篇歌，所以屈原所作有十篇。这十篇含有多
方面的趣味，是集中最"浪漫式"的作品。

（四）《九章》　这九篇并非一时所作，大约《惜诵》《思美人》

两篇，似是放逐以前作。《哀郢》是初放逐时作。《涉江》是南迁极远时作。《怀沙》是临终之作。其余各篇，不可深考。这九篇把作者思想的内容分别表现，是《离骚》的放大。

（五）《远游》　王逸说："屈原履方直之行，不容于世。……章皇山泽，无所告诉。乃深惟元一，修执恬漠。思欲济世，则意中愤然。文采秀发，遂叙妙思。托配仙人，与俱游戏。周历天地，无所不到。然犹怀念楚国，思慕旧故。"我说，《远游》一篇，是屈原宇宙观人生观的全部表现，是当时南方哲学思想之现于文学者。

（六）《招魂》　这篇的考证，前文已经说过。这篇和《远游》的思想，表面上像恰恰相反，其实仍是一贯。这篇讲上下四方，没有一处是安乐土，那么，回头还求现世物质的快乐怎么样呢？好吗？它的思想，正和葛得的《浮士特》（Goethe Faust）剧本上一样，《远游》便是那剧的下本。总之这篇是写怀疑的思想历程最恼闷最苦痛处。

（七）《卜居》及《渔父》　《卜居》是说两种矛盾的人生观，《渔父》是表自己意志的抉择，意味甚为明显。

三

研究屈原，应该拿他的自杀做出发点。屈原为什么自杀呢？我说，他是一位有洁癖的人为情而死。他是极诚专虑地爱恋一个人，定要和她结婚。但他却悬着一种理想的条件，必要在这条件之下，才肯委身相事。然而他的恋人老不理会他！不理会他，他便放手，不完结吗？不不！他决然不肯！他对于他的恋人，又爱又憎，越憎越爱。两种矛盾性日日交战，结果拿自己生命去殉那"单相思"的爱情！他的

恋人是谁？是那时候的社会。

屈原脑中，含有两种矛盾元素。一种是极高寒的理想，一种是极热烈的感情。《九歌》中《山鬼》一篇，是他用象征笔法描写自己人格。其文如下：

> 若有人兮山之阿，被薜荔兮带女萝。
>
> 既含睇兮又宜笑，子慕予兮善窈窕。
>
> 乘赤豹兮从文狸，辛夷车兮结桂旗。
>
> 被石兰兮带杜衡，折芳馨兮遗所思。
>
> 余处幽篁兮终不见天，路险艰兮独后来。
>
> 表独立兮山之上，云容容兮而在下。
>
> 杳冥冥兮羌昼晦，东风飘兮神灵雨。
>
> 留灵修兮憺忘归，岁既晏兮孰华予。
>
> 采三秀兮于山间，石磊磊兮葛蔓蔓。
>
> 怨公子兮怅忘归，君思我兮不得闲。
>
> 山中人兮芳杜若，饮石泉兮荫松柏。君思我兮然疑作。
>
> 雷填填兮雨冥冥，猿啾啾兮狖夜鸣。
>
> 风飒飒兮木萧萧，思公子兮徒离忧。

我常说，若有美术家要画屈原，把这篇所写那山鬼的精神抽显出来，便成绝作。他独立山上，云雾在脚底下，用石兰、杜若种种芳草庄严自己，真所谓"一生儿爱好是天然"，一点尘都染污他不得。然而他的"心中风雨"，没有一时停息，常常向下界"所思"的人寄他万斛情爱。那人爱他与否，他都不管。他总说"君是思我"，不过"不得闲"罢了，不过"然疑作"罢了。所以他12时中的意绪，完全在"雷填填雨冥冥，风飒飒木萧萧"里头过去。

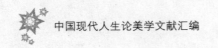

他在哲学上有很高超的见解；但他绝不肯耽乐幻想，把现实的人生丢弃。他说：

> 惟天地之无穷兮，哀人生之长勤。往者余弗及兮，来者吾不闻。（《远游》）

他一面很达观天地的无穷，一面很悲悯人生的长勤，这两种念头，常常在脑里轮转。他自己理想的境界，尽够受用。他说：

> 道可受兮不可传，其小无内兮其大无垠。无滑而魂兮，彼将自然。壹气孔神兮，于中夜存。虚以待之兮，无为之先。庶类以成兮，此德之门。（《远游》）

这种见解，是道家很精微的所在。他所领略的，不让前辈的老聃和并时的庄周。他曾写那境界道：

> 经营四荒兮，周流六漠。上至列缺兮，降望大壑。下峥嵘而无地兮，上寥廓而无天。视倏忽而无见兮，听惝恍而无闻。超无为以至清兮，与泰初而为邻。（《远游》）

然则他常住这境界翛然自得，岂不好吗？然而不能。他说：

> 余固知謇謇之为患兮，忍而不能舍也。（《离骚》）

他对于现实社会，不是看不开，而是舍不得。他的感情极锐敏，别人感不着的苦痛，到他脑筋里，便同电击一般。他说：

> 微霜降而下沦兮，悼芳草之先零。……谁可与玩斯遗芳兮，晨向风而舒情。……（《远游》）

又说：

> 惜吾不及见古人兮，吾谁与玩此芳草。(《思美人》)

一朵好花落去，"干卿甚事"？但在那多情多血的人，心里便不知几多难受。屈原看不过人类社会的痛苦，所以他：

> 长太息以掩涕兮，哀民生之多艰。(《离骚》)

社会为什么如此痛苦呢？他以为由于人类道德堕落。所以说：

> 时缤纷其变易兮，又何可以淹留。兰芷变而不芳兮，荃蕙化而为茅。何昔日之芳草兮，今直为此萧艾也！岂其有他故兮，莫好修之害也。……固时俗之从流兮，又孰能无变化？览椒兰其若此兮，又况揭车与江蓠？(《离骚》)

所以他在青年时代便下决心和恶社会奋斗，常怕悠悠忽忽把时光耽误了。他说：

> 汩余若将不及兮，恐年岁之不吾与。朝搴毗之木兰兮，夕揽洲之宿莽。日月忽其不淹兮，春与秋其代序。惟草木之零落兮，恐美人之迟暮。不抚壮而弃秽兮，何不改乎此度也。(《离骚》)

要和恶社会奋斗，头一件是要自拔于恶社会之外。屈原从小便矫然自异，就从他外面服饰上也可以见出。他说：

> 余幼好此奇服兮，年既老而不衰。带长铗之陆离兮，冠切云之崔巍。被明月兮佩宝璐。世浑浊而莫余知兮，吾方高驰而不顾。(《涉江》)

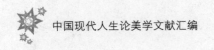

又说：

> 高余冠之岌岌兮，长余佩之陆离。芳与泽其杂糅兮，惟昭质
> 其犹未亏。（《离骚》）

《庄子》说："尹文作为华山之冠以自表。"当时思想家作些奇异的服饰以表异于流俗，想是常有的。屈原从小便是这种气概。他即决心反抗社会，便拿性命和它相搏。他说：

> 民生各有所乐兮，余独好修以为常。虽体解吾犹未变兮，岂
> 余心之可惩。（《离骚》）

又说：

> 既替余以蕙纕兮，又申之以揽茝。亦余心之所善兮，虽九死
> 其犹未悔。（《离骚》）

又说：

> 与前世而皆然兮，吾又何怨乎今之人。吾将董道而不豫兮，
> 固将重昏而终身。（《涉江》）

他从发心之日起，便有绝大觉悟，知道这件事不是容易。他赌咒和恶社会奋斗到底，他果然能实践其言，始终未尝丝毫让步。但恶社会势力太大，他到了"最后一粒子弹"的时候，只好洁身自杀。我记得在罗马美术馆中曾看见一尊额尔达治武士石雕遗像，据说这人是额尔达治国几百万人中最后死的一个人，眼眶承泪，颊唇微笑，右手一剑自刺左胁。屈原沉汨罗，就是这种心事了。

四

> 余既滋兰之九畹兮，又树蕙之百亩。畦留夷以揭车兮，杂杜
> 蘅与芳芷。冀枝叶之峻茂兮，愿俟时乎吾将刈。虽萎绝其亦何伤
> 兮，哀众芳之芜秽。(《离骚》)

这是屈原追叙少年怀抱。他原定计划，是要多培植些同志出来，
协力改革社会。到后来失败了。一个人失败有什么要紧，最可哀的是
从前满心希望的人，看着堕落下去。所谓"众芳芜秽"，就是"昔日
芳草今为萧艾"，这是屈原最痛心的事。

他想改革社会，最初从政治入手。因为他本是贵族，与国家同休
戚，又曾得怀王的信任，自然是可以有为。他所以"奔走先后"与闻
国事，无非欲他的君王能够"及前王之踵武"(《离骚》)，无奈怀王
太不是材料。

> 初既与余成言兮，后悔遁而有他。余既不难夫离别兮，伤灵
> 修之数化。(《离骚》)
> 昔君与我诚言兮，曰黄昏以为期。羌中道而回畔兮，反既有
> 此他志。(《抽思》)

他和怀王的关系，就像相爱的人已经订了婚约，忽然变卦。所以
他说：

> 心不同兮媒劳，恩不甚兮轻绝。……交不忠兮怨长，期不信
> 兮告余以不闲。(《湘君》)

他对于这一番经历，很是痛心，作品中常常感慨。内中最缠绵沉
痛的一段是：

> 吾谊先君而后身兮，羌众人之所仇。专惟君而无他兮，又众兆之所雠。壹心而不豫兮，羌不可保也。疾亲君而无他兮，有招祸之道也。思君其莫我忠兮，忽忘身之贱贫。事君而不贰兮，迷不知宠之门。忠何罪以遇罚兮，亦非余心之所志。行不群以巅越兮，又众兆之所咍……（《惜诵》）

他年少时志盛气锐，以为天下事可以凭我的心力立刻做成，不料才出头便遭大打击。他曾写自己心理的经过。说道：

> 昔余梦登天兮，魂中道而无杭。吾使厉神占之兮，曰有志极而无旁。……吾闻作忠以造怨兮，忽谓之过言。九折臂而成医兮，吾至今而知其信然。（《惜诵》）

他受了这一回教训，烦闷之极。但他的热血，常常保持沸度，再不肯冷下去。于是他发出极沉挚的悲音。说道：

> 闺中既已邃远兮，哲王又不寤。怀朕情而不发兮，余焉能忍与此终古。（《离骚》）

似屈原的才气，倘肯稍为迁就社会一下，发展的余地正多。他未尝不盘算及此，他托为他姐姐劝他的话，说道：

> 女嬃之婵媛兮，申申其詈余。曰："鲧婞直以亡身兮，终然夭乎羽之野。汝何博謇而好修兮，纷独有此姱节。薋菉葹以盈室兮，判独离而不服。众不可户说兮，孰云察余之中情。世并举而好朋兮，夫何茕独而不余听？"……（《离骚》）

又托为渔父劝他的话，说道：

夫圣人者，不凝滞于物，而能与世推移。举世皆浊，何不淈其泥而扬其波？众人皆醉，何不铺其糟而歠其醨？（《渔父》）

他自己亦曾屡屡反劝自己，说道：

惩于羹者而吹齑兮，何不变此志也？欲释阶而登天兮，犹有曩之态也。（《惜诵》）

说是如此，他肯吗？不不！他断然排斥"迁就主义"。他说：

刓方以为圜兮，常度未替。易初本迪兮，君子所鄙。……玄文处幽兮，矇瞍谓之不章。离娄微睇兮，瞽以为无明。……邑犬群吠兮，吠所怪也。非俊疑杰兮，固常态也。（《怀沙》）

他认定真理正义，和流俗人不相容。受他们压迫，乃是当然的。自己最要紧是立定脚跟，寸步不移。他说：

嗟尔幼志，有以异兮。独立不迁，岂不可喜兮。深固难徙，廓其无求兮。苏世独立，横而不流兮。（《橘颂》）

他根据这"独立不迁"主义，来定自己的立场。所以说：

固时俗之工巧兮，偭规矩而改错。背绳墨以追曲兮，竞周容以为度。忳郁邑余侘傺兮，吾独穷困乎此时也。宁溘死以流亡兮，余不忍为此态也。鸷鸟之不群兮，自前世而固然。何方圆之能周兮，夫孰异道而相安。屈心而抑志兮，忍尤而攘垢。伏清白以死直兮，固前圣之所厚。（《离骚》）

易卜生最喜欢讲的一句话：All or nothing（要整个不然宁可什么也没有）。屈原正是这种见解。"异道相安"，他认为和方圆相周一样，是绝对不可能的事。中国人爱讲调和，屈原不然，他只有极端。"我决定要打胜他们，打不胜我就死"，这是屈原人格的立脚点。他说也是如此说，做也是如此做。

<h2 style="text-align:center">五</h2>

不肯迁就，那么，丢开罢，怎么样呢？这一点，正是屈原心中常常交战的题目。丢开有两种：一是丢开楚国；二是丢开现社会。丢开楚国的商榷，所谓：

> 思九州之博大兮，岂惟是其有女。……
> 何所独无芳草兮，尔何怀乎故宇。(《离骚》)

这种话就是后来贾谊吊屈原说的"历九州而相君兮，何必怀此都也"。屈原对这种商榷怎么呢？他以为举世浑浊，到处都是一样。他说：

> 溘吾游此春宫兮，折琼枝以继佩。及荣华之未落兮，相下女之可诒。
> 吾令丰隆乘云兮，求宓妃之所在。解佩纕以结言兮，吾令蹇修以为理。纷总总其离合兮，忽纬其难迁。……望瑶台之偃蹇兮，见有娀之佚女。吾令鸩为媒兮，鸩告余以不好。雄鸠之鸣逝兮，余犹恶其佻巧。……
> 及少康之未家兮，留有虞之二姚。理弱而媒拙兮，恐导言之固。时浑浊而嫉贤兮，好蔽美而称恶。……(《离骚》)

这些话怎么解呢？对于这一位意中人，已经演了失恋的痛史了，再换别人，只怕也是一样。宓妃吗？纬缅难迁。有娀吗？不好，佻巧。二姚吗？导言不固。总结一句，就是旧戏本说的笑话："我想平儿，平儿老不想我。"怎么样她才会想我呢？除非我变个样子。然而我到底不肯。所以任凭你走遍天涯地角，终久找不着一个可意的人来结婚。于是他发出绝望的悲调，说：

> 忽反顾以流涕兮，哀高丘之无女。（《离骚》）

他理想的女人，简直没有。那么，他非在独身生活里头甘心终老不可了。

举世浑浊的感想，《招魂》上半篇表示得最明白。所谓：

> 魂兮归来，东方不可以托些。……魂兮归来，南方不可以止些。……魂兮归来，西方之害流沙千里些。……魂兮归来，北方不可以止些。……魂兮归来，君无上天些。……魂兮归来，君无下此幽都些。……

似此"上下四方多贼奸"，有哪一处可以说是比"故宇"强些呢？所以丢开楚国，全是不彻底的理论，不能成立。

丢开现社会，确是彻底的办法。屈原同时的庄周，就是这样。屈原也常常打这个主意。他说：

> 悲时俗之迫陃兮，愿轻举以远游。（《远游》）

他被现社会迫厄不过，常常要和它脱离关系宣告独立。而且实际上他的神识，亦往往靠这一条路得些安慰。他作品中表现这种理想者最多。如：

> 驾青虬兮骖白螭，吾与重华游兮瑶之圃。登昆仑兮食玉英。与天地兮同寿，与日月兮同光。（《涉江》）

与女游兮九河，冲风起兮水扬波。乘水车兮荷盖，驾两龙兮骖螭。登昆仑兮四望，心飞扬兮浩荡。(《河伯》)

春秋忽其不淹兮，奚久留此故居。轩辕不可攀援兮，吾将从王乔而游戏。餐六气而饮沆瀣兮，漱正阳而含朝霞。保神明之清澄兮，精气入而粗秽除。顺凯风以从游兮，至南巢而一息。见王子而宿之兮，审壹气之和德。(《远游》)

穆眇眇之无垠兮，莽芒芒之无仪。声有隐而相感兮，物有纯而不可为。藐蔓蔓之不可量兮，缥绵绵之不可纤。……上高岩之峭岸兮，处雌蜺之标颠。据青冥而撼虹兮，遂儵忽而扪天。……(《悲回风》)

邅吾道夫昆仑兮，路修远以周流。扬云霓之晻蔼兮，鸣玉鸾之啾啾。朝发轫于天津兮，夕余至乎西极。凤皇翼其承旂兮，高翱翔之翼翼。忽吾行此流沙兮，遵赤水而容与。麾蛟龙使梁津兮，诏西皇使涉余。……屯余车其千乘兮，齐玉轪而并驰。驾八龙之婉婉兮，载云旗之委蛇。抑志而弭节兮，神高驰之邈邈。奏九歌而舞韶兮，聊假日以媮乐。(《离骚》)

诸如此类，所写都是超现实的境界，都是从宗教的或哲学的想象力构造出来。倘使屈原肯往这方面专作他的精神生活，他的日子原可以过得很舒服。然而不能。他在《远游》篇，正在说"绝氛埃而淑尤兮，终不反其故都"，底下忽然接着道：

恐天时之代序兮，耀灵晔而西征。

微霜降而下沦兮，悼芳草之先零。

他在《离骚》篇，正在说"假日媮乐"，底下忽然接着道：

陟升皇之赫戏兮，忽临睨夫旧乡。

仆夫悲余马怀兮，蜷局顾而不行。

乃至如《招魂》篇把物质上娱乐敷陈了一大堆，煞尾却说道：

皋兰被径兮斯路渐，湛湛江水兮上有枫。

目极千里兮伤春心，魂兮归来哀江南。

屈原是情感的化身，他对于社会的同情心，常常到沸度。看见众生苦痛，便和身受一般。这种感觉，任凭用多大力量的麻药也麻他不下。正所谓"此情无计可消除，才下眉头，却上心头"。说丢开吗？如何能够呢？他自己说：

登高吾不说兮，入下吾不能。（《思美人》）

这两句真是把自己心的状态，全盘揭出。超现实的生活不愿做，一般人的凡下现实生活又做不来，他的路于是乎穷了。

六

对于社会的同情心既如此其富，同情心刺激最烈者，当然是祖国，所以放逐不归，是他最难过的一件事。他写初去国时的情绪道：

发郢都而去闾兮，怊荒忽之焉极。楫齐扬以容与兮，哀见君而不再得。望长楸而太息兮，涕淫淫其若霰。过夏首而西浮兮，顾龙门而不见。……将运舟而下浮兮，上洞庭而下江。去终古之所居兮，今逍遥而来东。羌灵魂之欲归兮，何须臾而忘返。背夏浦而西思兮，哀故都之日远。（《哀郢》）

望孟夏之短夜兮，何晦明之若岁。惟郢路之辽远兮，魂一夕

而九逝。曾不知路之曲直兮，南指月与列星。愿径逝而不得兮，魂识路之营营。(《抽思》)

内中最沉痛的是：

> 曼余目以流观兮，冀一反之何时。鸟飞返故居兮，狐死必首丘。信非余罪而放逐兮，何日夜而忘之。(《哀郢》)

这等作品，真所谓"一声何满子，双泪落君前"。任凭是铁石人，读了怕都不能不感动哩！

他在湖南过的生活，《涉江》篇中描写一部分如下：

> 乘舲船余上沅兮，齐吴榜以击汰。船容与而不进兮，淹回水而凝滞。朝发枉渚兮，夕宿辰阳。苟余心其端直兮，虽僻远之何伤。入溆浦余儃佪兮，迷不知吾所如。深林杳以冥冥兮，乃猿狖之所居。山峻高以蔽日兮，下幽晦以多雨。霰雪纷其无垠兮，云霏霏而承宇。哀吾生之无乐兮，幽独处乎山中。吾不能变心而从俗兮，固将愁苦而终穷。

大概他在这种阴惨岑寂的自然界中过那非社会的生活，经了许多年。像他这富于社会性的人，如何能受？他在那里：

> 退静默而莫余知兮，进号呼又莫吾闻。(《惜诵》)

他和恶社会这场血战，真已到矢尽援绝的地步。肯降服吗？到底不肯。他把他的洁癖坚持到底。说道：

> 妾能以身之察察，受物之汶汶者乎？宁赴湘流，葬于江鱼腹中。又安能以皓皓之白，而蒙世俗之尘埃乎？(《渔父》)

他是有精神生活的人，看着这臭皮囊，原不算什么一回事。他最后觉悟到他可以死而且不能不死，他便从容死去。临死时的绝作说道：

> 人生有命兮，各有所错兮。定心广志，余何畏惧兮。曾伤爱哀，永叹喟兮。世浑不吾知，人心不可谓兮。知死不可让兮，愿勿爱兮。明告君子，吾将以为类兮。（《怀沙》）

西方的道德论，说凡自杀皆怯懦。依我们看，犯罪的自杀是怯懦，义务的自杀是光荣。匹夫匹妇自经沟渎的行为，我们诚然不必推奖他。至于"志士不忘在沟壑，勇士不忘丧其元"，这有什么见不得人之处？屈原说的"定心广志何畏惧""知死不可让愿勿爱"，这是怯懦的人所能做到的吗？

《九歌》中有赞美战死的武士一篇，说道：

> ……出不入兮往不反，平原忽兮路超远。带长剑兮挟秦弓，首虽离兮心不惩。诚既勇兮又以武，终刚强兮不可陵。身既死兮神以灵，子魂魄兮为鬼雄。（《国殇》）

这虽属宥神之词，实亦写他自己的魄力和身份。我们这位文学老祖宗留下二十多篇名著，给我们民族偌大一份遗产，他的责任算完全尽了。末后加上这汨罗一跳，把他的作品添出几倍权威，成就万劫不磨的生命，永远和我们相摩相荡。呵呵！"诚既勇兮又以武，终刚强兮不可陵。"呵呵！屈原不死！屈原唯自杀故，越发不死！

七

以上所讲，专从屈原作品里头体现出他的人格，我对于屈原的主要研究，算是结束了。最后对于他的文学技术，应该附论几句。

　　屈原以前的文学，我们看得着的只有《诗经》三百篇。《三百篇》好的作品，都是写实感。实感自然是文学主要的生命，但文学还有第二个生命，曰想象力。从想象力中活跳出实感来，才算极文学之能事。就这一点论，屈原在文学史上的地位，不特前无古人，截到今日止，仍是后无来者。因为屈原以后的作品，在散文或小说里头，想象力比屈原优胜的或者还有，在韵文里头，我敢说还没有人比得上他。

　　他作品中最表现想象力者，莫如《天问》《招魂》《远游》三篇。《远游》的文句，前头多已征引，今不再说。《天问》纯是神话文学，把宇宙万有，都赋予它一种神秘性，活像希腊人思想。《招魂》前半篇，说了无数半神半人的奇情异俗，令人目摇魄荡；后半篇说人世间的快乐，也是一件一件从他脑子里幻构出来。至如《离骚》，什么灵氛，什么巫咸，什么丰隆、望舒、蹇修、飞廉、雷师，这些鬼神，都拉来对面谈话，或指派差事。什么宓妃，什么有娀佚女，什么有虞二姚，都和他商量爱情。凤凰、鸩、鸠、鹥鸠，都听他使唤，或者和他答话。虬、龙、虹霓、鸾，或是替他拉车，或是替他打伞，或是替他搭桥。兰、茝、桂、椒、芰荷、芙蓉……无数芳草，都做了他的服饰。昆仑、县圃、咸池、扶桑、苍梧、崦嵫、阊阖、阆风、穷石、洧盘、天津、赤水、不周……种种地名或建筑物，都是他脑海里头的国土。又如《九歌》十篇，每篇写一神，便把这神的身份和意识都写出来。想象力丰富瑰伟到这样，何止中国，在世界文学作品中，除了但丁《神曲》外，恐怕还没有几家够得上比较哩！

　　班固说："不歌而诵谓之赋。"从前的诗，谅来都是可以歌的，不歌的诗，自"屈原赋"始。几千字一篇的韵文，在体格上已经是空前创作。那波澜壮阔，层叠排奡，完全表出他气魄之伟大。有许多话讲了又讲，正见得缠绵悱恻，一往情深。有这种技术，才配说"感情的权化"。

写客观的意境，便活给它一个生命，这是屈原绝大本领。这类作品，《九歌》中最多。如：

> 君不行兮夷犹，蹇谁留兮中洲。美要眇兮宜修，沛吾乘兮桂舟。令沅湘兮无波，使江水兮安流。（《湘君》）

> 帝子降兮北渚，目眇眇兮愁予。袅袅兮秋风，洞庭波兮木叶下。……沅有芷兮澧有兰，思公子兮未敢言。……（《湘夫人》）

> 秋兰兮麋芜，罗生兮堂下。绿叶兮素枝，芳菲菲兮袭予。……秋兰兮青青，绿叶兮紫茎。满堂兮美人，忽独与余兮目成。入不言兮出不辞，乘回风兮载云旗。悲莫悲兮生别离，乐莫乐兮新相知。荷衣兮蕙带，倏而来兮忽而逝。夕宿兮帝郊，君谁须兮云之际。……（《少司命》）

> 子交手兮东行，送美人兮南浦。波滔滔兮来迎，鱼鳞鳞兮媵予。（《河伯》）

这类作品，读起来，能令自然之美，和我们心灵相触逗。如此，才算是有生命的文学。太史公批评屈原道：

> 其文约，其辞微，其志洁，其行廉。其称文小而其指极大，举类迩而见义远。其志洁，故其称物芳。其行廉，故死而不容自疏。濯淖污泥之中，蝉蜕于浊秽。不获世之滋垢，皭然泥而不滓者也。推此志也，虽与日月争光可也。（《史记》本传）

虽未能尽见屈原，也算略窥一斑了。我就把这段话作为全篇的结束。

（1922 年 11 月 3 日南京东南大学文哲学会讲演稿，原刊《晨报副刊》1922 年 11 月 18—24 日）

陶渊明之文艺及其品格

梁启超

一

批评文艺有两个着眼点，一是时代心理，二是作者个性。古代作家能够在作品中把他的个性活现出来的，屈原以后，我便数陶渊明。

汉朝的文学家——司马相如、扬雄、班固、张衡之类，大抵以作"赋"著名。最传诵的几篇赋，都带点子字书或类书的性质，很难在里头发见出什么性灵。五言诗和乐府，虽然在汉时已经发生，但那些好的作品，大半不能得作者主名。李陵苏武唱和诗之靠不住，固不消说，《玉台新咏》里头所载枚乘、傅毅各篇，《文选》便不记撰人名氏，可见现存的汉诗十有九和《诗经》的《国风》一样，连撰人带时代都不甚分明。我们若贸贸然据后代选本所指派的人名，认定某首诗是某人所作，我觉得很危险，就令有几首可以证实，然而片鳞单爪，也不能推出作者面目。所以两汉四百年间文学界的个性作品，我虽不敢说是没有，但我也不敢说有哪几家我们确实可以推论。

诗的家数应该从"建安七子"以后论起，七子中曹子建、王仲宣作品，比较的算最多，往后便数阮嗣宗、陆士衡、潘安仁、陶渊明、谢康乐、颜延年、鲍明远、谢玄晖……，这些人都有很丰富的资料供我们研究，但我以为想研究出一位文学家的个性，却要他作品中含有下列两种条件。第一，要"不共"。怎样叫做"不共"呢？要他的作品完全脱离摹仿的套调，不是能和别人共有。就这一点论，像"建安七子"，就难看出各人个性，曹子植子建兄弟、王仲宣、阮元瑜彼此都差不多（也许是我学力浅看不出他们的分别）。我们读了只能看出"七子的诗风"，很难看出哪一位的诗格。第二，要"真"。怎样才算真呢？要绝无一点矫揉雕饰，把作者的实感，赤裸裸地全盘表现。就这一点论，像潘、陆、鲍、谢，都太注重词藻了，总有点像涂脂抹粉的佳人，把真面目藏去几分。所以我觉得唐以前的诗人，真能把他的个性整个端出来和我们相接触的，只有阮步兵和陶彭泽两个人，而陶尤为甘脆鲜明。所以，我最崇拜他而且大着胆批评他。但我于批评之前尚须声明一句，这位先生身份太高了，原来用不着我们恭维，从前批评的人也很多，我所说的未必有多少能出古人以外，至于对不对更不敢自信了。

二

陶渊明生于东晋咸安二年壬申，卒于宋元嘉四年丁卯（西纪372—427）。他的曾祖是历史上有名的陶侃，官至八州都督封长沙郡公，在东晋各位名臣里头，算是气魄最大、品格最高的一个人，渊明《命子诗》颂扬他的功德，说道："功遂辞归，临宠不忒，孰谓斯心，而近可得。"陶侃有很烜赫的功名，这诗却专崇拜他"功遂辞归"这一点，可以见渊明少年志趣了（《命子诗》是少作）。他祖父和父亲都做过太守，《命子诗》说他父亲"寄迹风云，冥兹愠喜"，想来也是一位胸襟很开阔的人。他的外祖父孟嘉是陶侃女婿——他的外祖母也即他的祖姑。渊明曾替孟嘉作传，说他"行不苟合，言无夸矜，未尝有喜愠之容，好酣饮，逾多不乱，至于任怀得意，融然远寄，傍若无人"。我们读这篇传，觉得孟嘉活是一个渊明小影。渊明父母两系都有这种遗传，可见他那高尚人格，是从先天得来了。——以上说的是陶渊明的家世。

东晋一代政治，常常有悍将构乱，跟着也有名将定乱，所以向来政象虽不甚佳，也还保持水平线以上的地位。到渊明时代却不同了，谢安、谢玄一辈名臣相继凋谢。渊明20岁到30岁这十年间，都是会稽王司马道子和他的儿子元显柄国，很像清末庆亲王奕劻和他儿子载振一般，招权纳贿，弄得政界混浊不堪，各地拥兵将帅，互争雄长。到渊明31岁时，桓玄把道子杀了，明年便篡位，跟着刘裕起兵讨灭桓玄，像有点中兴气象，中间平南燕平姚秦，把百余年间五胡蹂躏的山河，总算恢复一大半转来。可惜刘裕做皇帝的心事太迫切，等不到完全成功，便引军南归，中原旋复陷没。渊明50岁那年，刘裕篡晋为宋。过六年，渊明便死了。

渊明少年，母老家贫，想靠做官得点俸禄。当桓玄未篡位以前，曾做过刘牢之的参军，约莫三年，和刘裕是同僚。到刘裕讨灭桓玄之后，又曾做过刘敬宣的参军，又做过彭泽令，首尾仅一年多，从此便浩然归去，终身不仕。有名的《归去来辞》，便是那年所作，其时渊明不过34岁。萧统作渊明传谓："自以曾祖晋世宰辅，耻复屈身后代，自宋高祖王业渐隆，不复肯仕。"其实，渊明只是看不过当日仕途的混浊，不屑与那些热官为伍，倒不在乎刘裕的王业隆与不隆。若说专对刘裕吗？渊明辞官那年，正是刘裕拨乱反正的第二年，何以见得他不能学陶侃之功遂辞归，便料定他20年后会篡位呢？本集《感士不遇赋》的序文说道："自真风告逝，大伪斯兴，闾阎懈廉退之节，市朝驱易进之心。"当时士大夫浮华奔竞，廉耻扫地，是渊明最痛心的事。他纵然没有力量移风易俗，起码也不肯同流合污，把自己人格丧掉。这是渊明弃官最主要的动机，从他的诗文中到处都看得出来。若说所争在什么姓司马的姓刘的，未免把他看小了。——以上说的是陶渊明的时代。

北襟江，东南吸鄱阳湖，有"以云为衣""万古青濛濛"的五老峰，有"海风吹不断，山月照还空"的香炉瀑布，到处溪声，像卖弄它的"广长舌"，无日无夜，几千年在那里说法，丹的黄的紫的绿的……杂花，四时不断，像各各抖擞精神替山容打扮，清脆美丽的小鸟儿，这里一群，那里一队，成天价合奏音乐，却看不见它们的歌舞剧场在何处，呵呵，这便是——一千多年来诗人讴歌的天国——庐山了。山麓的西南角——离归宗寺约摸二十多里，一路上都是"沟塍刻镂，原隰龙鳞，五谷垂颖，桑麻铺棻"。三里五里一个小村庄，那庄稼人老的少的丑的俏的，早出晚归做他的工作，像十分感觉人生的甜美。中间有一道温泉，泉边的草，像是有人天天梳剪它，葱蒨整齐得可爱，那便是栗里——便是南村了。再过十来里，便是柴桑口，是那"雄姿英发"的周郎谈笑破曹的策源地，也即绝代佳人陶渊明先生长、钓游、永藏的地方了。我们国里头四川和江西两省，向来是产生大文学家的所在，陶渊明便是代表江西文学第一个人。——以上说的是陶渊明的乡土。

三国两晋以来之思想界，因为两汉经生破碎支离的反动，加以时世丧乱的影响，发生所谓谈玄学风，要从《易经》、老庄里头找出一种人生观。这种人生观有点奇怪，一面极端的悲观，一面从悲观里头找快乐，我替它起一个名叫做"厌世的乐天主义"。这种人生观批析到根柢到底有无好处，另是一个问题。但当时应用这种人生观的人，很给社会些不好影响。因为万事看破了，实际上仍找不出个安心立命所在，十有九便趋于颓废堕落一途。两晋社会风尚之坏，未始不由此。同时另外有一种思潮从外国输入的，便是佛教。佛教虽说汉末已经传到中国，但认真研究教理组成系统，实自鸠摩罗什以后。罗什到中国，正当渊明辞官归田那一年（晋义熙元年苻秦光始五年）。同时有一位大师慧远在庐山的东林结社说法三十多年。东林与渊明住的栗里，相隔不过二十多里。渊明和慧远方外至交，常常来往。渊明本是儒家出身，律己甚严，从不肯有一毫苟且、卑鄙、放荡的举动，一面却又受了当时玄学和慧远一班佛教徒的影响，形成他自己独得的人生见解，在他文学作品中充分表现出来。——以上说的是陶渊明那时的时代思潮。

三

陶渊明之冲远高洁，尽人皆知，他的文学最大价值也在此。这一点容在下文详论。但我们想觑出渊明整个人格，我以为有三点应先行特别注意。

第一须知他是一位极热烈极有豪气的人。他说：

> 忆我少壮时，无乐自欣豫。猛志逸四海，骞翮思远翥。（《杂诗》）

又说：

> 少时壮且厉，抚剑独行游。（《拟古》）

这些诗都是写自己少年心事，可见他本来意气飞扬不可一世。中年以后，渐渐看得这恶社会没有他施展的余地了，他发出很感慨的悲音道：

> 日月掷人去，有志不获骋。感此怀悲凄，终晓不能静。（《杂诗》）

直到晚年，这点气概也并不衰减，在极闲适的诗境中，常常露出些奇情壮思来，如《读〈山海经〉》十三首里说道：

> 精卫衔微木，将以填沧海。刑天舞干戚，猛志固常在。（《读〈山海经〉》）

又说：

> 夸父诞宏志，乃与日竞走。……余迹寄邓林，功竟在身后。（同上）

《读〈山海经〉》是集中最浪漫的作品，所以不知不觉把他的"潜在意识"冲动出来了。又如《拟古》九首里头的一首：

> 辞家夙严驾，当往至无终。问君今何行，非商复非戎。闻有田子泰，节义为士雄。其人久已死，乡里习其风。生有高世名，既没传无穷。不学狂驰子，直在百年中。

又如《咏荆轲》那首：

> 燕丹善养士，志在报强嬴。招集百夫良，岁暮得荆卿。君子死知己，提剑出燕京。素骥鸣广陌，慷慨送我行。雄发指危冠，猛气冲长缨。饮饯易水上，四座列群英。渐离击悲筑，宋意唱高声。萧萧哀风逝，淡淡寒波生。商音更流涕，羽奏壮士惊。心知

去不归，且有后世名。登车何时顾，飞盖入秦庭。凌厉越万里，逶迤过千城。图穷事自至，豪主正怔营。惜哉剑术疏，奇功遂不成。其人虽已没，千载有余情。

他所崇拜的是田畴、荆轲一流人，可以见他的性格是哪一种路数了。朱晦庵说："陶却是有力，但诗健而意闲，隐者多是带性负气之人。"此语真能道着痒处，要之渊明是极热血的人，若把他看成冷面厌世一派，那便大错了。

第二须知他是一位缠绵悱恻最多情的人。读集中《祭程氏妹文》《祭从弟敬远文》《与子俨等疏》，可以看出他家庭骨肉间的情爱热烈到什么地步。因为文长，这里不全引了。

他对于朋友的情爱，又真率，又浓挚。如《移居篇》写的：

> 春秋多佳日，登高赋新诗。过门更相呼，有酒斟酌之。农务各自归，闲暇辄相思。相思则披衣，言笑无厌时。……

一种亲厚甜美的情意，读起来真活现纸上。他那"闲暇辄相思"的情绪，有《停云》一首写得最好。

> 停云，思亲友也。罇湛新醪，园列初荣，愿言弗从，叹息弥襟。
>
> 霭霭停云，濛濛时雨。八表同昏，平路伊阻。静寄东轩，春醪独抚。良朋悠邈，搔首延伫。
>
> 停云霭霭，时雨濛濛。八表同昏，平陆成江。有酒有酒，闲饮东窗。愿言怀人，舟车靡从。
>
> 东园之树，枝条再荣。竞用新好，以招余情。人亦有言，日月于征。安得接席，说彼平生。

> 翩翩飞鸟，息我庭柯。敛翮闲止，好声相和。岂无他人，念子实多。愿言不获，抱恨如何。

这些诗真算得温柔敦厚情深文明了。

集中送别之作不甚多，内中如《答庞参军》的结句："情通万里外，形迹滞江山。君其爱体素，来会在何年。"只是很平淡的四句，读去觉得比千尺的桃花潭水还情深哩。

集中写男女情爱的诗，一首也没有，因为他实在没有这种事实。但他却不是不能写，《闲情赋》里头，"愿在衣而为领……"底下一连叠十句"愿在……而为……"熨帖深刻，恐古今言情的艳句，也很少比得上。因为他心苗上本来有极温润的情绪，所以要说便说得出。

宋以后批评陶诗的人，最恭维他"耻事二姓"，几乎首首都是眷念故君之作。这种论调，我们是最不赞成的。但以那么高洁那么多情的陶渊明，看不上那"欺人孤儿寡妇取天下"的新主，对于已覆灭的旧朝不胜眷恋，自然是情理内的事。依我看，《拟古》九首，确是易代后伤时感事之作。内中两首：

> 荣荣窗下兰，密密堂前柳。初与君别时，不谓行当久。出门万里客，中道逢嘉友。未言心相醉，不在接杯酒。兰枯柳亦衰，遂令此言负。多谢诸少年，相知不忠厚。意气倾人命，离隔复何有。

> 仲春遘时雨，始雷发东隅。众蛰各潜骇，草木从横舒。翩翩新来燕，双双入我庐。先巢故尚在，相将还旧居。自从分别来，门庭日荒芜。我心固匪石，君情定何如。

这些诗都是从深痛幽怨发出来，个个字带着泪痕，和《祭妹文》

一样的情操。顾亭林批评他道："淡然若忘于世，而感愤之怀，有时不能自止而微见其情者，真也。"这话真能道出渊明真际了。

第三须知他是一位极严正——道德责任心极重的人，他对于身心修养，常常用功，不肯放松自己。集中有《荣木》一篇，自序云："荣木，念将老也。日月推迁，已复九夏。总角闻道，白首无成。"那诗分四章，末两章云：

> 嗟予小子，禀兹固陋。徂年既流，业不增旧。志彼不舍，安此日富。我之怀矣，怛焉内疚。

> 先师遗训，余岂云坠。四十无闻，斯不足畏。脂我名车，策我名骥。千里虽遥，孰敢不至。

这首诗从词句上看来，当然是四十岁以后所作，又《饮酒篇》"少年罕人事，游好在六经。行行向不惑，淹留竟无成"，《杂诗》"前涂当几许，未知止泊处。古人惜寸阴，念此使人惧"，也是同一口吻。渊明得寿仅五十六岁，这些诗都是晚年作品，你看他进德的念头，何等恳切，何等勇猛。许多有暮气的少年，真该愧死了。

他虽生长在玄学佛学氛围中，他一生得力处和用力处，却都在儒学。《饮酒篇》末章云：

> 羲农去我久，举世少复真。汲汲鲁中叟，弥缝使其淳。凤鸟虽不至，礼乐暂得新。洙泗辍微响，漂流逮狂秦。诗书复何罪，一朝成灰尘。区区诸老翁，为事诚殷勤。如何绝世下，六籍无一亲。终日驰车走，不见所问津。……

当时那些谈玄人物，满嘴里清净无为，满腔里声色货利。渊明对于这班人，最是痛心疾首，叫他们作"狂驰子"，说他们"终日驰车走，不见所问津"。简单说，就是可怜他们整天价说的话丝毫受用不着，他有一首诗，对于当时那种病态的思想表示怀疑态度。说道：

> 苍苍谷中树，冬夏常如兹。年年见霜雪，谁谓不知时。厌闻世上语，结友到临淄。稷下多谈士，指彼决吾疑。装束既有日，已与家人辞。行行停出门，还坐更自思。不畏道里长，但畏人我欺。万一不合意，永为世笑嗤。伊怀难具道，为君作此诗。（《拟古》）

这首诗和屈原的《卜居》用意差不多，只是表明自己有自己的见解，不愿意随人转移。他又说：

> 行止千万端，谁知非与是。是非苟相形，雷同共誉毁。三季多此事，达者似不尔。咄咄俗中愚，且当从黄绮。（《饮酒》）

这是对于当时那些"借旷达出风头"的人施行总弹劾，他们是非雷同，说得天花乱坠，在渊明眼中，只算是"俗中愚"罢了。渊明自己怎么样呢？他只是平平实实将儒家话身体力行。他说：

> 先师有遗训，忧道不忧贫。瞻望邈难逮，转欲志长勤。（《癸卯岁始春怀古田舍》）

又说：

> 历览千载书，时时见遗烈，高操非所攀，谬得固穷节。（《癸卯岁十二月中作与从弟敬远》）

他一生品格立脚点，大略近于孟子所说"有所不为""不屑不洁"的狷者，到后来操养纯熟，便从这里头发现出人生真趣味来，若

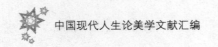

把他当作何晏、王衍那一派放达名士看待，又大错了。

以上三项，都是陶渊明全人格中潜伏的特性。先要看出这个，才知道他外表特性的来历。

四

渊明一世的生活，真算得最单调的了。老实说，他不过庐山底下一位赤贫的农民，耕田便是他唯一的事业。他这种生活，虽是从少年已定下志趣，但中间也还经过一两回波折，因为他实在穷得可怜，所以也曾转念头想做官混饭吃，但这种勾当，和他那"不屑不洁"的脾气，到底不能相容。他精神上很经过一番交战，结果觉得做官混饭吃的苦痛，比挨饿的苦痛还厉害，他才决然弃彼取此，有名的《归去来兮辞序》，便是这段事实和这番心理的自白。其全文如下：

> 余家贫，耕植不足以自给。幼稚盈室，瓶无储粟，生生所资，未见其术，亲故多劝余为长吏，脱然有怀，求之靡途。会有四方之事，诸侯以惠爱为德。家叔以余贫苦，遂见用于小邑，于时风波未静，心惮远役。彭泽去家百里，公田之利，足以为润，故便求之。少日，眷然有归与之情。何则？质性自然，非矫厉所得。饥冻虽切，违己交病，尝从人事，皆口腹自役。于是怅然慷慨，深愧平生之志，犹望一稔，当敛裳宵逝。寻程氏妹丧于武昌，情在骏奔，自免去职。仲秋至冬，在官八十余日。因事顺心，命篇曰归去来兮。乙巳岁十一月也。

这篇小文，虽极简单极平淡，却是渊明全人格最忠实的表现。苏东坡批评他道："欲仕则仕，不以求之为嫌。欲隐则隐，不以去之为高。"这话对极了。古今名士，多半眼巴巴盯着富贵利禄，却扭扭捏捏说不愿意干，《论语》说的"舍曰欲之而必为之辞"，这种丑态最为可厌。再者，丢了官不做，也不算什么稀奇的事，被那些名士自己标榜起来，说如何如何的清高，实在适形其鄙。二千年来文学的价值，被这类人的鬼话糟蹋尽了。渊明这篇文，把他求官弃官的事实始末和动机赤裸裸照写出来，一毫掩饰也没有。这样的人，才是"真人"，这样的文艺，才是"真文艺"。后人硬要说他什么"忠爱"，什么"见几"，什么"有托而逃"，却把妙文变成"司空城旦书"了。

乙巳年之弃官归田，确是渊明全生涯中之一个大转折，从前他的生活，还在飘摇不定中，到这会才算定了。但这个"定"字，实属不易，他是经过一番精神生活的大奋斗才换得来。他说："怅然慷慨，深愧平生之志。"《归去来辞》本文中又说："既自以心为形役，奚惆怅而独悲。"可见他当做官的时候，实感觉无限痛苦。他当头一回出佐军幕时作的诗，说道："望云惭高鸟，临水愧游鱼。"到晚年追述旧事的诗，也说道："畴昔苦长饥，投耒去学仕。将养不得节，冻馁固缠己。是时向立年，志意多所耻。遂尽介然分，拂衣归田里。"就常人眼光看来，做官也不是什么对不住人的事，有什么可惭可愧可耻可悲呀。呵呵，大文学家真文学家和我们不同的就在这一点。他的神经极锐敏，别人不感觉的苦痛他会感觉。他的情绪极热烈，别人受苦痛搁得住，他却搁不住。渊明在官场里混那几年，像一位"一生儿爱好是天然"的千金小姐，强逼着去倚门卖笑，那种惭耻悲痛，真是深刻入骨。一直到摆脱过后，才算得着精神上解放了。所以他说："觉今是而昨非。"

何以见得他的生活是从奋斗得来呢？因为他物质上的境遇，真是难堪到十二分，他却能始终抵抗，没有一毫退屈。他集中屡屡实写饥寒状况，如《杂诗》云：

代耕本所望，所业在田桑。躬亲未曾替，寒馁常糟糠。岂期过满腹，但愿饱粳粮。御冬足大布，粗絺以应阳。政尔不能得，哀哉亦可伤。……

《有会而作》篇的序文云：

旧谷既没，新谷未登。颇为老农，而值年灾。日月尚悠，为患未已。登岁之功，既不可希。朝夕所资，烟火裁通。旬日已来，始念饥乏。岁云夕矣，慨然永怀。今我不述，后生何闻哉。

诗云：

弱年逢家乏，老至更长饥。……馁也已矣夫，在昔余多师。

《怨诗楚调》篇云：

……炎火屡焚如，螟蜮恣中田。风雨纵横至，收敛不盈廛。夏日长抱饥，寒夜无被眠。造夕思鸡鸣，及晨愿乌迁。（按此二语，言夜则愿速及旦，旦则愿速及夜，皆极写日子之难过。）……

寻常诗人，叹老嗟卑，无病呻吟，许多自己发牢骚的话，大半言过其实，我们是不敢轻信的。但对于陶渊明不能不信，因为他是一位最真的人。我们从他全部作品中可以保证他真是穷到彻骨，常常没有饭吃。那《乞食》篇说的：

饥来驱我去，不知竟何之。行行至斯里，叩门拙言辞。主人知余意，投赠副虚期。谈谐终日夕，觞至辄倾卮。情欣新知欢，兴言遂赋诗。感子漂母惠，愧我非韩才。衔戢知何谢，冥报以相贻。

乞食乞得一顿饭，感激到他"冥报相贻"的话，你想这种情况，可怜到什么程度。但他的饭肯胡乱吃吗？哼哼，他绝不肯。本传记他一段故事道："江州刺史檀道济往候之，偃卧瘠馁有日矣。道济谓曰：'贤者处世，天下无道则隐，有道则至。今子生文明之世，奈何自苦如此？'对曰：'潜也何敢望贤，志不及也。'道济馈以粱肉，麾而去之。"他并不是好出圭角的人，待人也很和易，但他对于不愿意见的人、不愿做的事，宁可饿死，也不肯丝毫迁就。孔子说的"志士不忘在沟壑"，他一生做人的立脚，全在这一点。《饮酒》篇中一章云：

清晨闻叩门，倒裳往自开。问子为谁欤，田父有好怀。壶浆远见候，疑我与时乖。"褴缕茅庐下，未足为高栖。一世皆尚同，愿君汨其泥。"深感父老言，禀气寡所谐。纡辔诚可学，违己讵非迷。且共欢此饮，吾驾不可回。

这些话和屈原的《卜居》《渔父》一样心事，不过屈原的骨鲠显在外面，他却藏在里头罢了。

五

檀道济说他"奈何自苦如此"！他到底苦不苦呢？他不仅不苦，而且可以说是世界上最快乐的一个人。他最能领略自然之美，最能感觉人生的妙味。在他的作品中，随处可以看得出来。如《读〈山海经〉》十三首的第一首：

孟夏草木长，绕屋树扶疏。众鸟欣有托，吾亦爱吾庐。既耕亦已种，时还读我书。门巷隔深辙，颇回故人车。欢然酌春酒，摘我园中蔬。微雨从东来，好风与之俱。泛览周王传，流观山海图。俯仰终宇宙，不乐复何如？

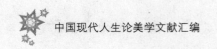

如《和郭主簿》二首的第一首：

> 霭霭堂前林，中夏贮清阴。凯风因时来，回飙开我襟。息交游闲业，卧起弄书琴。园蔬有余滋，旧谷犹储今。营已良有极，过足非所钦。春秫作美酒，酒熟吾自斟。弱子戏我侧，学语未成音。此事真复乐，聊用忘华簪。遥遥望白云，怀古一何深。

如《饮酒》二十首的第五首：

> 结庐在人境，而无车马喧。问君何能尔？心远地自偏。采菊东篱下，悠然见南山。山气日夕佳，飞鸟相与还。此中有真意，欲辩已忘言。

如《移居》二首：

> 昔欲居南村，非为卜其宅。闻多素心人，乐与数晨夕。怀此颇有年，今日从兹役。敝庐何必广，取足蔽床席。邻曲时时来，抗言谈在昔。奇文共欣赏，疑义相与析。

> 春秋多佳日，登高赋新诗。过门更相呼，有酒斟酌之。农务各自归，闲暇辄相思。相思则披衣，言笑无厌时。此理将不胜，无为忽去兹。衣食须当纪，力耕不吾欺。

如《饮酒》的第十三首：

> 故人赏我趣，挈壶相与至。班荆坐松下，数斟已复醉。父老杂乱言，觞酌失行次。不觉知有我，安知物为贵。咄咄迷所留，酒中有深味。

集中像这类的诗很多，虽写穷愁，也含有翛然自得的气象。他临终时给他儿子们的遗嘱——《与子俨等疏》，内中有一段写自己的心境，说道：

> 少学琴书，偶爱闲静。开卷有得，便欣然忘食。见树木交荫，时鸟变声，亦复欢然有喜。常言五六月中北窗下卧，遇凉风暂至，自谓是羲皇上人。

读这些作品，便可以见出此老胸中，没有一时不是活泼泼的，自然界是他爱恋的伴侣，常常对着他微笑，他无论肉体上有多大苦痛，这位伴侣都能给他安慰。因为他抓定了这位伴侣，所以在他周围的人事，也都变成微笑了。他说："即事多所欣。"据我们想来，他终日所接触的，果然全是可欣的资料。因为这样，所以什么饥唎寒唎，在他全部生活上，便成了很小的问题。《拟古》九首的第五首云：

> 东方有一士，被服常不完。三旬九遇食，十年着一冠。辛苦无此比，常有好容颜。我欲观其人，晨去越河关。青松夹路生，白云宿檐端。知我故来意，取琴为我弹。上弦惊别鹤，下弦操孤鸾。愿留就君住，从今到岁寒。

"辛苦无此比，常有好容颜"这两句话，可算得他老先生自画"行乐图"。我们可以想象出一位冷若冰霜、艳如桃李的绝代佳人，你说他像当时那一派"放浪形骸之外"的名士吗？那却是大大不然。他的快乐不是从安逸得来，完全从勤劳得来。

《庚戌岁九月中于西田获早稻篇》云：

> 人生归有道，衣食固其端。孰是都不营，而以求自安。开春理常业，岁功聊可观。晨出肆微勤，日夕负耒还。山中饶霜露，风气亦先寒。田家岂不苦，不获辞此难。四体诚乃疲，庶无异患

干。盥濯息檐下，斗酒散襟颜。遥遥沮溺心，千载乃相关。但愿长如此，躬耕非所叹。

近人提倡"劳作神圣"，像陶渊明才配说懂得劳作神圣的真意义哩。"四体诚乃疲，庶无异患干"两句话，真可为最合理的生活之准鹄。曾文正说："勤劳而后休息，一乐也。"渊明一生快乐，都是从勤劳后的休息得来的。

渊明是"农村美"的化身。所以他写农村生活，真是入妙。如：

……方宅十余亩，草屋八九间，榆柳荫后园，桃李罗堂前。暧暧远人村，依依墟里烟，狗吠深巷中，鸡鸣桑树颠。……（《归田园居》）

野外罕人事，穷巷寡轮鞅。白日掩荆扉，虚室绝尘想。时复墟曲中，披草共来往。相见无杂言，但道桑麻长。……（同上）

……漉我新熟酒，只鸡招近局，日入室中暗，荆薪代明烛。欢来苦夕短，已复至天旭。（同上）

……秉耒欢时务，解颜劝农人。平畴交远风，良苗亦怀新。……（《怀古田舍》）

……饥者欢初饱，束带候鸣鸡。扬楫越平湖，汛随清壑回。郁郁荒山里，猿声闲且哀。悲风爱静夜，林鸟喜晨开。……（《下潠田舍获稻》）

后来诗家描写田舍生活的也不少，但多半像乡下人说城市事，总说不到真际。生活总要实践的才算，养尊处优的士大夫，说什么田家风味，配吗？渊明只把他的实历实感写出来，便成为最亲切有味之文。

陶渊明有他理想的社会组织，在《桃花源记》和诗里头表现出来。《记》云：

> 晋太元中，武陵人捕鱼为业。缘溪行，忘路之远近。忽逢桃花林，夹岸数百步，中无杂树，芳草鲜美，落英缤纷，渔人甚异之。复前行，欲穷其林。林尽水源，便得一山。山有小口，仿佛若有光，便舍船从口入。初极狭，才通人，复行数十步，豁然开朗，土地平旷，屋舍俨然，有良田、美池、桑竹之属。阡陌交通，鸡犬相闻。其中往来种作男女衣着，悉如外人。黄发垂髫，并怡然自乐。见渔人，乃大惊，问所从来，具答之。便要还家，设酒杀鸡作食，村中闻有此人，咸来问讯。自云先世避秦时乱，率妻子邑人来此绝境，不复出焉，遂与外人间隔。问今是何世，乃不知有汉，无论魏晋。此人一一为具言，所闻皆叹惋。余人各复延至其家，皆出酒食，停数日，辞去。此中人语云："不足为外人道也。"既出，得其船，便扶向路，处处志之，及郡下，诣太守说如此。太守即遣人随其往，寻向所志，遂迷不复得路。南阳刘子骥，高尚士也。闻之，欣然亲往，未果。寻病终，后遂无问津者。

诗云：

> 嬴氏乱天纪，贤者避其世。黄绮之商山，伊人亦云逝。往迹浸复湮，来径遂芜废。相命肆农耕，日入从所憩。桑竹垂余荫，菽稷随时艺。春蚕收长丝，秋熟靡王税。荒路暖交通，鸡犬互鸣吠。俎豆犹古法，衣裳无新制。童孺纵行歌，班白欢游诣。草荣识节和，木衰知风厉。虽无纪历志，四时自成岁。怡然有余乐，于何劳智慧。奇踪隐五百，一朝敞神界。淳薄既异源，旋复还幽蔽。借问游方士，焉测尘嚣外。愿言蹑轻风，高举寻吾契。

这篇记可以说是唐以前第一篇小说，在文学史上算是极有价值的创作。这一点让我论小说沿革时再详细说它。至于这篇文的内容，我想起它一个名叫做东方的 Utopia（乌托邦），所描写的是一个极自由、极平等之爱的社会。荀子所谓"美善相乐"，唯此足以当之。桃源，后世竟变成县名。小说力量之大，也无出其右了。后人或拿来附会神仙，或讨论它的地方年代，真是痴人前说不得梦。

六

陶渊明何以能有如此高尚的品格和文艺，一定有他整个的人生观在背后。他的人生观是什么呢？可以拿两个字包括它，"自然"。他替他外祖孟嘉作传说道："……又问（桓温问孟嘉）听妓，丝不如竹，竹不如肉。答曰：渐近自然。……"（《晋故征西大将军长史孟府君传》）

《归田园居》诗云：

> 久在樊笼里，复得返自然。

《归去来辞序》云：

> 质性自然，非矫厉所得，饥冻虽切，违己交病。

他并不是因为隐逸高尚有什么好处才如此做，只是顺着自己本性的自然。"自然"是他理想的天国，凡有丝毫矫揉造作，都认作自然之敌，绝对排除。他做人很下艰苦功夫，目的不外保全他的"自然"。他的文艺只是"自然"的体现，所以"容华不御"恰好和"自然之美"同化。后人用"斫雕为朴"的手段去学他，真可谓"刻画无盐、唐突西子"了。

爱自然的结果，当然爱自由。渊明一生，都是为精神生活的自由而奋斗。斗的什么？斗物质生活。《归去来辞》说："尝从人事，皆口腹自役。"又说："以心为形役。"他觉得做别人奴隶，回避还容易，自己甘心做自己的奴隶，便永远不能解放了。他看清楚耳目、口腹等，绝对不是自己，犯不着拿自己去迁就它们。他有一首诗直写这种怀抱云：

> 在昔曾远游，直至东海隅。道路迥且长，风波阻中途。此行谁使然，似为饥所驱。倾身营一饱，少许便有余。恐此非名计，息驾归闲居。

因为"倾身营一饱，少许便有余"，所以"求己良有极，过足非所钦"。他并不是对于物质生活有意克减，他实在觉得那类生活，便丰赡也用不着。宋子说："人之情欲寡而皆以为己之情欲多，过也。"渊明正参透这个道理，所以极刻苦的物质生活，他却认为"复归于自然"。他对于那些专务物质生活的人有两句诗批评他们道：

> 客养千金躯，临化消其宝。(《饮酒》)

这两句名句，可以抵七千卷的《大藏经》了。

集中有形影神三首，第一首《形赠影》，第二首《影答形》，第三首《神释》。这三首诗正写他自己的人生观，那《神释》篇的末句云：

> 纵浪大化中，不喜亦不惧。应尽便须尽，无复独多虑。

《杂诗》里头亦说：

> 壑舟无须臾，引我不得住。前途当几许，未知止泊处。

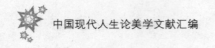

《归去来辞》末句亦说：

聊乘化以归尽，乐夫天命复奚疑。

就佛家眼光看来，这种论调，全属断见，自然不算健全的人生观。但陶渊明却已够自己受用了，他靠这种人生观，一生能够"酣饮赋诗，以乐其志"，"忘怀得失，以此自终"（《五柳先生传》）。一直到临死时候，还是翛然自得，不慌不忙地留下几篇自祭自挽的妙文。那《自挽诗》云：

有生必有死，早终非命促。昨暮同为人，今旦在鬼录。魂气散何之，枯形寄空木。娇儿索父啼，良友抚我哭。得失不复知，是非安能觉。千秋万岁后，谁知荣与辱。但恨在世时，饮酒不得足。

在昔无酒饮，今但湛空觞。春醪生浮蚁，何时更能尝。肴案盈我前，亲旧哭我傍。欲语口无音，欲视眼无光。昔在高堂寝，今宿荒草乡。一朝出门去，归来良未央。

荒草何茫茫，白杨亦萧萧。严霜九月中，送我出远郊。四面无人居，高坟正嶕峣。马为仰天鸣，风为自萧条。幽室一已闭，千年不复朝。千年不复朝，贤达无奈何。向来相送人，各自还其家。亲戚或余悲，他人亦已歌。死去何所道，托体同山阿。

《自祭文》云：

岁惟丁卯，律中无射。天寒夜长，风气萧索。鸿雁于征，草木黄落。陶子将辞逆旅之馆，永归于本宅。故人凄其相悲，同祖行于今夕。羞以嘉蔬，荐以清酌。候颜已冥，聆音愈漠。呜呼哀哉，茫茫大块；悠悠苍旻，是生万物，余得为人。自余为人，逢运之贫。箪瓢屡罄，绤绤冬陈。含欢谷汲，行歌负薪。翳翳柴门，事我宵晨。春秋代谢，有务中园。载耘载籽，乃育乃繁。欣以素牍，和以七弦。冬曝其日，夏濯其泉。勤靡余劳，心有常闲；乐天委分，以至百年。唯此百年，夫人爱之。惧彼无成，愒日惜时。存为世珍，殁亦见思。嗟我独迈，曾是异兹。宠非己荣，涅岂吾缁。捽兀穷庐，酣饮赋诗。识运知命，畴能罔眷。余今斯化，可以无恨。寿涉百龄，身慕肥遁。从老得终，奚所复恋。寒暑逾迈，亡既异存。外姻晨来，良友宵奔。葬之中野，以安其魂。窅窅我行，萧萧墓门。奢耻宋臣，俭笑王孙。廓兮已灭，慨焉以遐。不封不树，日月遂过。匪贵前誉，孰重后歌。人生实难，死如之何？呜呼，哀哉！

这三首诗一篇文，绝不是像寻常名士平居游戏故作达语，的确是临死时候所作。因为所记年月，有传记可以互证。古来忠臣烈士慷慨就死时几句简单的绝命诗词，虽然常有，若文学家临死留下很有理趣的作品，除渊明外像没有第二位哩。我想把文中"勤靡余劳，心有常闲；乐天委分，以至百年"十六个字，作为陶渊明先生人格的总赞。

（节选自《陶渊明》，1923 年作，收入《饮冰室合集·专集》第二十二册第九十六页，上海中华书局 1936 年版）

孔子之人格

梁启超

我屡说孔学专在养成人格。凡讲人格教育的人，最要紧是以身作则，然后感化力才大。所以我们要研究孔子的人格。

孔子的人格，在平淡无奇中现出他的伟大，其不可及处在此，其可学处亦在此。前节曾讲过，孔子出身甚微。《史记》说："孔子贫且贱。"他自己亦说吾少也贱。（孟子说孔子为委吏，乘田皆为贫而仕）以一个异国流寓之人，而且少孤，幼年的穷苦可想，所以孔子的境遇，很像现今的苦学生，绝无倚靠，绝无师承，全恃自己锻炼自己，渐渐锻炼成这么伟大的人格。我们读释迦、基督、墨子诸圣哲的传记，固然敬仰他的为人，但总觉得有许多地方，是我们万万学不到的。唯有孔子，他一生所言所行，都是人类生活范围内极亲切有味的庸言庸行，只要努力学他，人人都学得到。孔子之所以伟大就在此。

近世心理学家说，人性分智（理智）、情（情感）、意（意志）三方面。伦理学家说，人类的良心，不外由这三方面发动。但各人各有所偏，三者调和极难。我说，孔子是把这三件调和得非常圆满，而且他的调和方法，确是可模可范。孔子说："知仁勇三者，天下之达德。"又说："知者不惑，仁者不忧，勇者不惧。"知，就是理智的作用；仁，就是情感的作用；勇，就是意志的作用。我们试从这三方面分头观察孔子。

（甲）孔子之知的生活　孔子是个理智极发达的人。无待喋喋，观前文所胪列的学说，便知梗概。但他的理智，全是从下学上达得来。试读《论语》"吾十有五"一章，逐渐进步的阶段，历历可见。他说："我非生而知之者，好古敏以求之者也。"又说："十室之邑，必有忠信如丘者焉，不如丘之好学也。"可见，孔子并不是有高不可攀的聪明智慧。他的资质，原只是和我们一样；他的学问，却全由勤苦积累得来。他又说："君子食无求饱，居无求安，敏于事而慎于言，就有道而正焉。可谓好学也已矣。"解释"好学"的意义，是不贪安逸、少讲闲话多做实事，常常向先辈请教，这都是最结实的为学方法。他遇有可以增长学问的机会，从不肯放过。郯子来朝便向他问官制。在齐国遇见师襄，便向他学琴。入到太庙，便每事问。那一种遇事留心的精神，可以想见。他说："学如不及，犹恐失之。"又说："学之不讲，是吾忧也。"可见他真是以学问为性命，终身不肯抛弃。他见老子时，大约五十岁了，各书记他们许多问答的话，虽不可尽信，但他虚受的热忱，真是少有了。他晚年读易韦编三绝，还恨不得多活几年好加功研究。他的《春秋》，就是临终那一两年才著成。这些事绩，随便举一两件，都可以鼓励后人向学的勇气。像我们在学堂毕业，就说我学问完成，比起孔子来，真要愧死了。他自己说"其为人也，发愤忘食，乐以忘忧，不知老之将至"云尔。可见他从十五岁到七十三岁，无时无刻不在学问之中。他在理智方面，能发达到这般圆满，全是为此。

（乙）孔子之情的生活　凡理智发达的人，头脑总是冷静的，往往对于世事，做一种冷酷无情的待遇，而且这一类人，生活都会单调性，凡事缺乏趣味。孔子却不然。他是个最富于同情心的人，而且情感很易触动。子食于有丧者之侧，未尝饱也；子见齐衰者，虽狎必变，凶服必式之。可见他对于人之死亡，无论识与不识，皆起恻隐，有时还像神经过敏。朋友死，无所归。子曰："于我殡。"孔子之卫，遇旧馆人之丧，入而哭之，一哀而出涕。颜渊死，子哭之恸。这些地方，都可证明孔子是一位多血多泪的人。孔子既如此一往情深，所以哀民生之多艰，日日尽心，欲图救济。当时厌世主义盛行，《论语》所载避地避世的人很不少。那长沮说："滔滔者，天下皆是也。而谁与易之？"孔子却说："鸟兽不可与同群，吾非斯人之徒与而谁与？天下有道，丘不与易也。"可见孔子栖栖惶惶，不但是为义务观念所驱，实从人类相互间情感发生出热力来。那晨门虽和孔子不同道，他说"是知其不可而为之者与"，实能传出孔子心事。像《论语》所记那一班隐者，理智方面都很透亮，只是情感的发达，不及孔子（像屈原一流情感又过度发达了）。

　　孔子对于美的情感极旺盛，他论韶武两种乐，就拿尽美和尽善对举。一部《易》传，说美的地方甚多（如乾之以美利利天下，如坤之美在其中）。他是常常玩领自然之美，从这里头，得着人生的趣味。所以他说："天何言哉？四时行焉，百物生焉。天何言哉！"说"知者乐水，仁者乐山"。前节讲的孔子赞《易》全是效法自然，就是这个意思。曾点言志，说"浴乎沂，风乎舞雩，咏而归"。孔子喟然叹曰："吾与点也。"为什么叹美曾点，为他的美感，能唤起人趣味生活。孔子这种趣味生活，看他笃嗜音乐，最能证明。在齐闻韶，闹到三月不知肉味，他老先生不是成了戏迷吗？子于是日哭，则不歌。可见他除了有特别哀恸时，每日总是曲子不离口了。子与人歌而善，必使反之而后和之，可见他最爱与人同乐。孔子因为认趣味为人生要件，所以说："不亦说乎？不亦乐乎？"说"乐以忘忧"，说"知之者不如好之者，好之者不如乐之者"。一个"乐"字，就是他老先生自得的学问。我们从前以为他是一位干燥无味、方严可惮的道学先生，谁知不然。他最喜欢带着学生游泰山游舞雩，有时还和学生开玩笑呢！（夫子莞尔而笑……前言戏之耳！）《论语》说："子温而厉，威而不猛，恭而安"，正是表现他的情操恰到好处。

（丙）孔子之意的生活　凡情感发达的人，意志最易为情感所牵，不能强立。孔子却不然，他是个意志最坚定强毅的人。齐鲁夹谷之会，齐人想用兵力劫制鲁侯，说孔丘知礼而无勇，以为必可以得志。谁知孔子拿出他那不畏强御的本事，把许多伏兵都吓退了。又如他反对贵族政治，实行堕三都的政策，非天下之大勇，安能如此？他的言论中，说志、说刚、说勇、说强的最多。如"三军可夺帅也，匹夫不可夺志也"，这是教人抵抗力要强，主意一定，总不为外界所摇夺。如"君子和而不流，强哉矫。中立而不倚，强哉矫。国有道，不变塞焉，强哉矫。国无道，至死不变，强哉矫"，都是表示这种精神。又说："志士仁人，无求生以害仁，有杀身以成仁。"又说："志士不忘在沟壑，勇士不忘丧其元。"教人以献身的观念，为一种主义或一种义务，常需存以身殉之之心。所以他说："仁者必有勇"，又说："见义不为无勇也"，可见讲仁讲义，都须有勇才成就了。孔子在短期的政治生活中，已经十分表示他的勇气，他晚年讲学著书，越发表现这种精神。他自己说："学而不厌，诲人不倦。"这两句语看似寻常，其实不厌不倦，是极难的事。意志力稍为薄弱一点的人，一时鼓起兴味做一件事，过些时便厌倦了。孔子既已认定学问教育是他的责任，一直到临死那一天，丝毫不肯松劲。不厌不倦这两句话，真当之无愧了。他赞《易》，在第一个乾卦，说"天行健，君子以自强不息"。"自强"是表意志力，"不息"是表这力的继续性。

以上从知情意即知仁勇三方面分析、综合，观察孔子。试把中外古人别的伟人哲人来比较，觉得别人或者一方面发达的程度过于孔子，至于三方面同时发达到如此调和圆满，直是未有其比。尤为难得的，是他发达的径路，很平易近人，无论什么人，都可以学步。所以孔子的人格，无论在何时何地，都可以做人类的模范。我们和他同国，做他后学，若不能受他这点精神的感化，真是自己辜负自己了。

（节选自《孔子》，作于1920年，收入《饮冰室合集·专集》第三册第三十六，上海中华书局1936年版）

老子的精神

梁启超

五千言的《老子》，最少有四千言是讲"道"的作用，但内中有一句话可以包括一切。就是："常无为而无不为。"

这句话书中凡三见，此外互相发明的话还很多，不必具引。这句话直接的注解，就是卷首那两句："常无，欲以观其妙。常有，欲以观其徼。"常无，就是常无为；常有，就是无不为。

为什么要常无为呢？老子说：

> 三十辐共一毂，当其无，有车之用。埏埴以为器，当其无，有器之用。凿户牖以为室，当其无，有室之用。故有之以为利，无之以为用。

上文说过，《老子》书中的"无"字，许多当作"空"字解，这处正是如此。寻常人都说空是无用的东西，老子引几个譬喻说，车轮若没有中空的圆洞，车便不能转动。器皿若无空处，便不能装东西。房子若没有空的门户窗牖，便不能出入不能流通空气。可见空的用处大着哩。所以说："无之以为用。"老子主张无为，那根本的原理就在此。

老子喜欢讲无为，是人人知道的，可惜往往把无不为这句话忘却，便弄成一种跛脚的学说，失掉老子的精神了。怎么才能一面无为，一面又无不为呢？老子说：

> 是以圣人处无为之事，行不言之教。万物作焉而不辞，生而不有，为而不恃，功成而弗居。夫唯弗居，是以不去。

又说：

> 明白四达，能无知乎？生之畜之，生而不有，为而不恃，长而不宰，是谓玄德。

又说：

> 万物恃之以生而不辞，功成而不居，衣养万物而不为主。

作而不辞，生而不有，为而不恃，长而不宰（衣养万物而不为主），功成而不居。这几句话，除上文所引三条外，书中文句大同小异的还有两三处。老子把这几句话三番四复来讲，可见是他的学说最重要之点了。这几句话的精意在哪里呢？诸君知道，现在北京城里请来一位英国大哲罗素先生天天在那里讲学吗？

罗素最佩服老子这几句话，拿他自己研究所得的哲理来证明。他说：

> 人类的本能，有两种冲动，一是占有的冲动，一是创造的冲动。占有的冲动是要把某种事物据为己有。这些事物的性质，是有限的，是不能相容的。例如经济上的利益，甲多得一部分，乙丙丁就减少得一部分。政治上权力，甲多占一部分，乙丙丁就丧失了一部分。这种冲动发达起来，人类便日日在争夺相杀中，所

以这是不好的冲动，应该裁抑的。创造的冲动正和它相反，是要某种事物创造出来，公之于人。这些事物的性质，是无限的，是能相容的。例如哲学、科学、文学、美术、音乐，任凭各人有各人的创造，愈多愈好，绝不相妨。创造的人，并不是为自己打算什么好处，只是将自己所得者传给众人，就觉得是无上快乐。许多人得了他的好处，还是莫名其妙，连他自己也莫名其妙。这种冲动发达起来，人类便日日进化，所以这是好的冲动，应该提倡的。

罗素拿这种哲理做根据，说老子的"生而不有，为而不恃，长而不宰"，是专提倡创造的冲动，所以老子的哲学，是最高尚而且最有益的哲学。

我想罗素的解释很对。老子还说：

> 天之道，损有余而补不足。人之道则不然，损不足以奉有余。孰能有余以奉天下？唯有道者。是以圣人为而不恃，功成而不处。

损有余而补不足，说的是创造的冲动，是把自己所有的来帮助人。损不足以奉有余，说的是占有的冲动，是抢了别人所有的归自己。老子说："什么人才能把自己所有的来贡献给天下人？非有道之士不能了。"老子要想奖励这种"为人类贡献"的精神，所以在全书之末用四句话作结，说道：

> 既以为人己愈有，既以与人己愈多。天之道利而不害，圣人之道为而不争。

这几句话，极精到又极简明。我们若是专务发展创造的本能，那么，他的结果，自然和占有的截然不同。譬如，我拥戴别人做总统、做督军，他做了却没有我的份，这是"既以为人己便无"了。我把自己的田地房产送给人，送多少自己就少去多少，这是"既以为人己便少"了。凡属于"占有冲动"的物事，那性质都是如此。至于创造的冲动却不然，老子、孔子、墨子给我们许多名理学问，他自己却没有损到分毫。诸君若画出一幅好画给公众看，谱出一套好音乐给公众听，许多人得了你的好处，你的学问还因此进步，而且自己也快活得很，这不是"既以为人己愈有，既以与人己愈多"吗？老子讲的"无不为"就是指这一类。虽是为实同于无为，所以又说："为无为则无不治。"

篇末一句的"为而不争"，和前文讲了许多"为而不有"，意思正一贯。凡人要把一种物事据为己有，所以有争，"不有"自然是"不争"了。老子又说："上仁为之而无以为。"韩非子解释他，说是"生于心之所不能已也，非求其报也"。（《解老篇》）无求报之心，正是"无所为而为之"，还有什么争呢？老子看见世间人实在争得可怜，所以说：

> 天之道不争而善胜。
>
> 夫唯不争故无尤。
>
> 上善若水。水善利万物而不争。
>
> 江海所以能为百谷王者，以其善下之。……以其不争，故天下莫与之争。
>
> 不自见，故明。不自是，故彰。不自伐，故有功。不自矜，故长。夫唯不争，故天下莫能与之争。

然则有什么方法叫人不争呢？最要紧是明白"不有"的道理，

老子说：

> 天长地久。天地所以能长且久者，以其不自生，故能长生。
> 是以圣人后其身而身先，外其身而身存。非以其无私耶？

老子提倡这无私主义，就是教人将"所有"的观念打破，懂得"后其身外其身"的道理，还有什么好争呢？老子所以教人破名除相，复归于无名之朴，就是为此。

诸君听了老子这些话，总应该联想起近世一派学说来，自从达尔文发明生物进化的原理，全世界思想界起一个大革命，他在学问上的功劳，不消说是应该承认的。但后来把那"生存竞争优胜劣败"的道理，应用在人类社会学上，成了思想的中坚，结果闹出许多流弊。这回欧洲大战，几乎把人类文明都破灭了，虽然原因很多，达尔文学说，不能不说有很大的影响。就是中国近年，全国人争权夺利像发了狂，这些人虽然不懂什么学问，口头还常引严又陵译的《天演论》来当护符呢，可见学说影响于人心的力量最大，怪不得孟子说"生于其心，害于其政，发于其政，害于其事"了。欧洲人近来所以好研究老子，怕也是这种学说的反动罢。

老子讲的"无为而无不为""为之而无以为"这些学说，是拿他的自然主义做基础产生出来。老子以为，自然的法则，本来是如此，所以常常拿自然界的现象来比方。如说："天之道利而不害""天之道不争而善胜""天之道损有余而补不足"。又说："上善若水"。都讲的是自然状态和"道"的作用很相合，教人学它。在人类里头，老子以为小孩子和自然状态比较的相近，我们也应该学他。所以说："专气致柔，能婴儿乎"？又说："常德不离，复归于婴儿"。又说："我独泊兮其未兆，如婴儿之未孩"。又说："圣人皆孩之"。然则小孩子

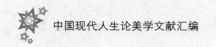

的状态怎么样呢？老子说：

> 含德之厚，比于赤子。……骨弱筋柔而握固。……精之至
> 也。……终日号而不嗄，和之至也。

小孩子的好处，就是天真烂漫，无所为而为。你看他整天张着嘴
在那里哭，像是有多少伤心事，到底有没有呢？没有。这就是"无
为"。并没有伤心，却是哭得如此热闹，这就是"无为而无不为"。老
实讲，就是一个"无所为"。这"无所为主义"最好。孔子的席不暇
暖，墨子的突不得黔，到底所为何来？孔子、墨子若会打算盘，只怕
我们今日便没有这种宝贵的学说来供研究了。所以老子又说："众人
皆有以，而我独顽似鄙。"说的是"别人都有所为而为之，我却是像
顽石一般，什么利害得丧的观念都没有"。老子的得力处就在此。所
以他说："以辅万物之自然而不敢为。"又说："功成事遂，百姓皆谓
我自然。"

老子以为自然状态应该如此，他既主张"道法自然"，所以要效
法它。于是拿这种理想推论到政术。说道：

> 古之善为道者，非以明民，将以愚之。民之难治，以其智
> 多。故以智治国，国之贼；不以智治国，国之福。

又说：

> 小国寡民，使有什伯之器而不用，使民重死而不远徙。虽有
> 舟舆，无所乘之。虽有甲兵，无所陈之。使人复绳结而用之，甘
> 其食，美其服，安其居，乐其俗。邻国相望，鸡犬之声相闻，民
> 至老死，不相往来。

我们试评一评这两段话的价值，"非以明民，将以愚之"这两句，很为后人所诟病，因为秦始皇、李斯的"愚黔首"，都从这句话生出来，岂不是老子教人坏心术吗？其实，老子何至如此？他是个"为而不有"的人，为什么要愚弄别人呢？须知他并不是光要愚人，连自己也愚在里头。他不说的"我独顽似鄙""我独如婴儿之未孩"吗？他以为，从分别心生出来的智识总是害多利少，不如捐除了它。所以说："以智治国，国之贼；不以智治国，国之福"。这分明说，不独被治的人应该愚，连治的人也应该愚了。然则他这话对不对呢？我说，对不对暂且不论，先要问做得到做不到？小孩子可以变成大人，大人却不会再变成小孩子。想人类由愚变智有办法，想人类由智变愚没有办法。人类既已有了智识，只能从智识方面，尽量地浚发，尽量地剖析，叫他智识不谬误，引到正轨上来，这才算顺人性之自然，"法自然"的主义才可以贯彻。老子却要把智识封锁起来，这不是违反自然吗？孟子说："大人不失其赤子之心。"须知所谓"泊然如婴儿"这种境界，只有像老子这样伟大人物才能做到，如何能责望于一般人呢？像"小国寡民"那一段，算得老子理想上之"乌托邦"。这种乌托邦好不好，是别问题。但问有什么方法能令它出现，则必以人民皆愚为第一条件。这是办得到的事吗？所以司马迁引了这一段，跟着就驳他，说道："神农以前吾不知矣，若至《诗》《书》所述，虞、夏以来，耳目欲极声色之好，口欲穷刍豢之味，身安逸乐，而心矜夸势能之荣，使俗之渐民久矣。虽户说以眇论，终不能化。"（《史记·货殖列传》）这是说老子的理想决然办不到，驳得最为中肯。老子的政术论所以失败，根本就在这一点。失败还不算，倒反叫后人盗窃他的文句，做专制的护符，这却是老子意料不到的了。

老子书中许多政术论，犯的都是这病，所以后人得不着它用处，但都是"术"的错误，不是"理"的错误。像"不有""不争"这种道理，总是有益社会的，总是应该推行的，但推行的方法，应该拿智识做基础。智识愈扩充，愈精密，真理自然会实践。老子要人灭了智识，冥合真理，结果恐怕适得其反哩。

老子教人用功最要紧的两句话，说是：

> 为学日益，为道日损。

他的意思说道："若是为求智识起见，应该一日一日地添些东西上去。若是为修养身心起见，应该把所有外缘逐渐减少它。"这种理论的根据在哪里呢？他说：

> 五色令人目盲；五音令人耳聋；五味令人口爽；驰骋畋猎，令人心发狂；难得之货，令人行妨。

这段话对不对呢？我说完全是对的。试举一个例：我们的祖宗晚上点个油灯，两根灯草，也过了几千年了。近来渐渐用起煤油灯，渐渐用起电灯，从十几支烛光的电灯加到几十支几百支，渐渐大街上当招牌上的电灯，装起五颜六色来，渐渐又忽燃忽灭的在那里闪。这些都是我们视觉渐钝的原因，又是我们视觉既钝的结果。初时因为有了亮灯，把目力漫无节制地乱用，渐渐地消耗多了。用惯亮灯之后，非照样的亮，不能看见。再过些日子，照样的亮也不够了，还要加亮，加一加一加一加到无了期。总之，因为视觉钝了之后，非加倍刺激，不能发动他的本能。越刺激越钝，越钝越刺激，原因结果，相为循环。若照样闹下去，经过几代遗传，非"令人目盲"不可。此外五声五味，都同此理。近来欧美人患神经衰弱病的，年加一年，烟酒等类麻醉兴奋之品，日用日广，都是靠它的刺激作用。文学、美术、音乐，都是越带刺激性的越流行，无非神经疲劳的反响。越刺激，疲劳越甚，像吃辣椒吃鸦片的人，越吃量越大。所以有人说，这是病的社会状态，这是文明破灭的征兆。虽然说得太过，也不能不算含有一面真理。老子是要预防这种病的状态，所以提倡"日损"主义。又说：

> 治人事天莫若啬。

韩非子解这"啬"字最好，他说：

> 视强则目不明，听甚则耳不聪，思虑过度则智识乱。……啬之者，爱其精神，啬其智识也。……众人之用神也躁，躁则多费，多费谓之侈。圣人之用神也静，静则少费，少费谓之啬。……神静而后和多，和多而后计得，计得而后能御万物。（《解老篇》）

这话很能说明老子的精意，老子说："去甚，去奢，去泰。"说："见素抱朴，少私寡欲。"说："致虚极，守静笃。"都是教人要把精神用之于经济的，节一分官体上的嗜欲，得一分心境上的清明。所以又说：

> 祸莫大于不知足，咎莫大于欲得，故知足之足常足矣。

凡官体上的嗜欲，那动机都起于占有的冲动，就是老子所谓"欲得"。既已常常欲得，自然常常不会满足，岂不是自寻烦恼？把精神弄得很昏乱，还能够替世界上做事吗？所以老子"少私寡欲"的教训，不当专从消极方面看它，还要从积极方面看它。他又说："知人者智，自知者明，胜人者有力，自胜者强。"自知自胜两义，可算得老子修养论的入门了。

常人多说老子是厌世哲学，我读了一部《老子》，就没有看见一句厌世的语。他若是厌世，也不必著这五千言了。老子是一位最热心肠的人，说他厌世的，只看见"无为"两个字，把底下"无不为"三个字读漏了。

《老子》书中最通行的话，像那"不敢为天下先""知其雄，守其雌，为天下溪。知其白，守其黑，为天下谷""将欲歙之，必固张之。将欲弱之，必固强之"，都很像是教人取巧，就老子本身论，像他那种"为而不有，长而不宰"的人，还有什么巧可取？不过，这种话不能说它没有流弊，将人类的机心揭得太破，未免教猱升木了。

老子的大功德，是在替中国创出一种有系统的哲学。他的哲学，虽然草创，但规模很宏大，提出许多问题供后人研究。他的人生观，是极高尚而极适用。庄子批评他，说道："以本为精，以末为粗，以有积为不足，澹然独与神明居。……常宽容于物，不削于人，可谓至极，关尹老聃乎？古之博大真人哉！"这几句话可当得老子的像赞了！

（1920 年作，节选自《老子哲学》，标题为编者所加，原刊《哲学》1921 年 5 月、8 月第 1、2 期）

《红楼梦》评论

王国维

一 人生及美术之概观

老子曰：人之大患，在我有身。庄子曰：大块载我以形，劳我以生。忧患与劳苦之与生，相对待也久矣。夫生者，人人之所欲；忧患与劳苦者，人人之所恶也。然则，讵不人人欲其所恶，而恶其所欲欤？将其所恶者，固不能不欲；而其所欲者，终非可欲之物欤？人有生矣，则思所以奉其生：饥而欲食，渴而欲饮，寒而欲衣，露处而欲宫室；此皆所以维持一人之生活者也。然一人之生，少则数十年，多则百年而止耳。而吾人欲生之心，必以是为不足。于是于数十百年之生活外，更进而图永远之生活：时则有牝牡之欲，家室之累；进而育子女矣，则有保抱、扶持、饮食、教诲之责，婚嫁之务。百年之间，早作而夕思，穷老而不知所终，问有出于此保存自己及种姓之活之外者乎？无有也。百年之后，观吾人之成绩，其有逾于此保存自己及种姓之生活之外者乎？无有也。又人人知侵害自己及种姓之生活者之非一端也，于是相集而成一群，相约束而立一国，择其贤且智者以为之君，为之立法律以治之，建学校以教之，为之警察以防内奸，为之陆海军以御外患，使人人各遂其生活之欲而不相侵害：凡此皆欲生之心之所为也。夫人之于生活也，欲之如此其切也，用力如此其勤也，设计如此其周且至也，固亦有其真可欲者存欤？吾人之忧患劳苦，固亦有所以偿之者欤？则吾人不得不就生活之本质，熟思而审考之也。

生活之本质何？"欲"而已矣。欲之为性无厌，而其原生于不足。不足之状态，苦痛是也。即偿一欲，则此欲以终。然欲之被偿者一，而不偿者什百。一欲既终，他欲随之。故究竟之慰藉，终不可得也。即使吾人之欲悉偿，而更无所欲之对象，倦厌之情即起而乘之。于是吾人自己之生活，若负之而不胜其重。故人生者，如钟表之摆，实往复于苦痛与倦厌之间者也，夫倦厌固可视为苦痛之一种。有能除去此二者，吾人谓之曰快乐。然当其求快乐也，吾人于固有之苦痛外，又不得不加以努力，而努力亦苦痛之一也。且快乐之后，其感苦痛也弥深。故苦痛而无回复之快乐者有之矣，未有快乐而不先之或继之以苦痛者也。又此苦痛与世界之文化俱增，而不由之而减。何则？文化越进，其知识弥广，其所欲弥多，又其感苦痛亦弥甚故也。然则人生之所欲，既无以越于生活，而生活之性质，又不外乎苦痛，故欲与生活、与苦痛，三者一而已矣。

吾人生活之性质，既如斯矣，故吾人之知识，遂无往而不与生活之欲相关系，即与吾人之利害相关系。就其实而言之，则知识者，固生于此欲，而示此欲以我与外界之关系，使之趋利而避害者也。常人之知识，止知我与物之关系，易言以明之，止知物之与我相关系者，而于此物中，又不过知其与我相关系之部分而已。及人知渐进，于是始知欲知此物与我之关系，不可不研究此物与彼物之关系。知越大者，其研究越远焉。自是而生各种之科学：如欲知空间之一部之与我相关系者，不可不知空间全体之关系，于是几何学兴焉。（按西洋几何学 Geometry 之本义，系量地之意，可知古代视为应用之科学，而不视为纯粹之科学也。）欲知力之一部之与我相关系者，不可不知力之全体之关系，于是力学兴焉。吾人既知一物之全体之关系，又知此物与彼物之全体之关系，而立一法则焉，以应用之。于是物之现于吾前者，其与我之关系，及其与他物之关系，粲然陈于目前而无所遁。夫然后吾人得以利用此物，有其利而无其害，以使吾人生活之欲，增进于无穷。此科学之功效也。故科学上之成功，虽若层楼杰观，高严巨丽，然其基址则筑乎生活之欲之上，与政治上之系统立于生活之欲之上无以异。然则吾人理论与实际之二方面，皆此生活之欲之结果也。

由是观之，吾人之知识与实践之二方面，无往而不与生活之欲相关系，即与苦痛相关系。有兹一物焉，使吾人超然于利害之外，而忘物与我之关系。此时也，吾人之心无希望，无恐怖，非复欲之我，而但知之我也。此犹积阴弥月，而旭日杲杲也；犹覆舟大海之中，浮沉上下，而漂着于故乡海岸也；犹阵云惨淡，而插翅之天使，赍平和之福音而来者也；犹鱼之脱于罾网，鸟之自樊笼出，而游于山林江海也。然物之能使吾人超然于利害之外者，必其物之于吾人无利害之关系而后可，易言以明之，必其物非实物而后可。然则非美术何足以当之乎？夫自然界之物，无不与吾人有利害之关系；纵非直接，亦必间接相关系者也。苟吾人而能忘物与我之关系而观物，则夫自然界之山明水媚，鸟飞花落，固无往而非华胥之国、极乐之土也。岂独自然界而已？人类之言语动作，悲欢啼笑，孰非美之对象乎？然此物既与吾人有利害之关系，而吾人欲强离其关系而观之，自非天才，岂易及此？于是天才者出，以其所观于自然人生中者复现之于美术中，而使中智以下之人，亦因其物之与己无关系，而超然于利害之外。是故观物无方，因人而变：濠上之鱼，庄、惠之所乐也，而渔父袭之以网罟；舞雩之木，孔、曾之所憩也，而樵者继之以斤斧。若物非有形，心无所住，则虽殉财之夫，贵私之子，宁有对曹霸、韩干之马，而计驰骋之乐，见毕宏、韦偃之松，而思栋梁之用；求好述于雅典之偶，思税驾于金字之塔者哉？故美术之为物，欲者不观，观者不欲；而艺术之美所以优于自然之美者，全存于使人易忘物我之关系也。

而美之为物有二种：一曰优美，一曰壮美。苟一物焉，与吾人无利害之关系，而吾人之观之也，不观其关系，而但观其物；或吾人之心中，无丝毫生活之欲存，而其观物也，不视为与我有关系之物，而但视为外物，则今之所观者，非昔之所观者也。此时吾心宁静之状态，名之曰优美之情，而谓此物曰优美。若此物大不利于吾人，而吾人生活之意志为之破裂，因之意志遁去，而知力得为独立之作用，以深观其物，吾人谓此物曰壮美，而谓其感情曰壮美之情。普通之美，皆属前种。至于地狱变相之图，决斗垂死之像，庐江小吏之诗，《雁门尚书》之曲，其人固氓庶之所共怜，其遇虽庆夫为之流涕。讵有子颓乐祸之心，宁无尼父反袂之戚，而吾人观之，不厌千复。格代（今译歌德，下同）之诗曰：

What in life doth only grieve us.

That in art we gladly see.

（凡人生中足以使人悲者，于美术中则吾人乐而观之）

此之谓也。此即所谓壮美之情。而其快乐存于使人忘物我之关系，则固与优美无以异也。

至美术中之与二者相反者，名之曰眩惑。夫优美与壮美，皆使吾人离生活之欲，而入于纯粹之知识者。若美术中而有眩惑之原质乎，则又使吾人自纯粹之知识出，而复归于生活之欲。如粗粝蜜饵，《招魂》《七发》之所陈；玉体横陈，周昉、仇英之所绘。《西厢记》之《酬柬》，《牡丹亭》之《惊梦》，伶元之传飞燕，杨慎之赝《秘辛》，徒讽一而劝百，欲止沸而益薪。所以子云有"靡靡"之诮，法秀有"绮语"之诃。虽则梦幻泡影，可作如是观，而拔舌地狱，专为斯人设者矣。故眩惑之于美，如甘之于辛，火之于水，不相并立者也。吾人欲以眩惑之快乐，医人世之苦痛，是犹欲航断港而至海，入幽谷而求明，岂徒无益，而又增之。则岂不以其不能使人忘生活之欲及此欲与物之关系，而反鼓舞之也哉！眩惑之与优美及壮美相反对，其故实存于此。

今既述人生与美术之概略如左，吾人且持此标准，以观我国之美术。而美术中以诗歌、戏曲、小说为其顶点，以其目的在描写人生故。吾人于是得一绝大著作曰《红楼梦》。

二 《红楼梦》之精神

裒伽尔之诗曰：

Ye wise men, highly deeply learned,

Who think it out and know,

How, when and where do all things pair?

Why do they kiss and love?

Ye men of lofty wisdom, say

what happened to me then,

Search out and tell me where, how, when,

And why it happened thus.

嗟汝哲人，靡所不知，靡所不学，既深且跻。粲粲生物，罔不匹俦，各啮厥唇，而相厥攸。匪汝哲人，孰知其故？自何时始，来自何处？嗟汝哲人，渊渊其知。相彼百昌，奚而熙熙？愿言哲人，诏余其故。自何时始，来自何处？（译文）

哀伽尔之问题，人人所有之问题，而人人未解决之大问题也。人有恒言曰："饮食男女，人之大欲存焉。"然人七日不食则死，一日不再食则饥。若男女之欲，则于一人之生活上，宁有害无利者也，而吾人之欲之也如此，何哉？吾人自少壮以后，其过半之光阴，过半之事业，所计划所勤勤者为何事？汉之成、哀，曷为而丧其生？殷辛、周幽，曷为而亡其国？励精如唐玄宗，英武如后唐庄宗，曷为而不善其终？且人生苟为数十年之生活计，则其维持此生活，亦易易耳，曷为而其忧劳之度，倍蓰而未有已？记曰："人不婚宦，情欲失半。"人苟能解此问题，则于人生之知识，思过半矣。而蚩蚩者乃日用而不知，岂不可哀也与！其自哲学上解此问题者，则二千年间，仅有叔本华之《男女之爱之形而上学》耳。诗歌、小学之描写此事者，通古今中西，殆不能悉数，然能解决之者鲜矣。《红楼梦》一书，非徒提出此问题，又解决之者也。彼于开卷即下男女之爱之神话的解释。其叙此书之主人公贾宝玉之来历曰：

却说女娲氏炼石补天之时，于大荒山无稽崖，炼成高十二丈，见方二十四丈大的顽石三万六千五百零一块。那娲皇只用了三万六千五百块，单单剩下一块未用，弃在青埂峰下。谁知此石自经锻炼之后，灵性已通，自去自来，可大可小。因见众石俱得补天，独自己无才，不得入选，遂自怨自艾，日夜悲哀。（第一回）

此可知生活之欲之先人生而存在，而人生不过此欲之发现也。此可知吾人之堕落，由吾人之所欲，而意志自由之罪恶也。夫顽钝者既不幸而为此石矣，又幸而不见用，则何不游于广漠之野，无何有之乡，以自适其适，而必欲入此忧患劳苦之世界，不可谓非此石之大误也。由此一念之误，而遂造出十九年之历史与百二十回之事实，与茫茫大士、渺渺真人何与？又于第百十七回中，述宝玉与和尚之谈论曰：

> "弟子请问师父：可是从太虚幻境而来？"那和尚道："什么幻境！不过是来处来，去处去罢了。我是送还你的玉来的。我且问你，那玉是从那里来的？"宝玉一时对答不来。那和尚笑道："你的来路还不知，便来问我！"宝玉本来颖悟，又经点化，早把红尘看破，只是自己的底里未知；一闻那僧问起玉来，好象当头一棒，便说："你也不用银子了，我把那玉还你罢。"那僧笑道："早该还我了！"

所谓"自己的底里未知"者，未知其生活乃自己之一念之误，而此念之所自造也。及一闻和尚之言，始知此不幸之生活，由自己之所欲；而其拒绝之也，亦不得由自己，是以有还玉之言。所谓玉者，不过生活之欲之代表而已矣。故携入红尘者，非彼二人之所为，顽石自己而已；引登彼岸者，亦非二人之力，顽石自己而已。此岂独宝玉一人然哉？人类之堕落与解脱，亦视其意志而已。而此生活之意志，其于永远之生活，比个人之生活为尤切；易言以明之，则男女之欲，尤强于饮食之欲。何则？前者无尽的，后者有限的也；前者形而上的，后者形而下的也。又如上章所说，生活之于苦痛，二者一而非二，而苦痛之度，与主张生活之欲之度为比例。是故前者之苦痛，尤倍蓰于后者之苦痛。而《红楼梦》一书，实示此生活、此苦痛之由于自造，又示其解脱之道不可不由自己求之者出。

而解脱之道，存于出世，而不存于自杀。出世者，拒绝一切生活之欲者也。彼知生活之无所逃于苦痛，而求入于无生之域。当其终也，恒干虽存，固已形如槁木，而心如死灰矣。若生活之欲如故，但不满于现在之生活，而求主张之于异日，则死于此者，固不得不复生于彼，而苦海之流，又将与生活之欲而无穷。故金钏之堕井也，司棋之触墙也，尤三姐、潘又安之自刎也，非解脱也，求偿其欲而不得者也。彼等之所不欲者，其特别之生活，而对生活之为物，则固欲之而不疑也。故此书中真正之解脱，仅贾宝玉、惜春、紫鹃三人耳。而柳湘莲之入道，有似潘又安；芳官之出家，略同于金钏。故苟有生活之欲存乎，则虽出世而无与于解脱；苟无此欲，则自杀亦未始非解脱之一者也。如鸳鸯之死，彼固有不得已之境遇在；不然，则惜春、紫鹃之事，固亦其所优为者也。

而解脱之中，又自有二种之别：一存于观他人之苦痛，一存于觉自己之苦痛。然前者之解脱，唯非常之人为能，其高百倍于后者，而其难亦百倍。但由其成功观之，则二者一也。通常之人，其解脱由于苦痛之阅历，而不由于苦痛之知识。唯非常之人，由非常之知力，而洞观宇宙人生之本质，始知生活与苦痛之不能相离，由是求绝其生活之欲，而得解脱之道。然于解脱之途中，彼之生活之欲，犹时时起而与之相抗，而生种种之幻影。所谓恶魔者，不过此等幻影之人物化而已矣。故通常之解脱，存于自己之苦痛。彼之生活之欲，因不得其满足而愈烈，又因愈烈而愈不得其满足，如此循环而陷于失望之境遇，遂悟宇宙人生之真相，遽而求其息肩之所。彼全变其气质，而超出乎苦乐之外，举昔之所执着者，一旦而舍之。彼以生活为炉、苦痛为炭，而铸其解脱之鼎。彼以疲于生活之欲故，故其生活之欲，不能复起而为之幻影。此通常之人解脱之状态也。前者之解脱，如惜春、紫鹃；后者之解脱，如宝玉。前者之解脱，超自然的也，神秘的也；后者之解脱，自然的也，人类的也。前者之解脱，宗教的也；后者美术的也。前者平和的也；后者悲感的也，壮美的也，故文学的也，诗歌的也，小说的也。此《红楼梦》之主人公所以非惜春、紫鹃，而为贾宝玉者也。

呜呼！宇宙一生活之欲而已。而此生活之欲之罪过，即以生活之苦痛罚之：此即宇宙之永远的正义也。自犯罪，自加罚，自忏悔，自解脱。美术之务，在描写人生之苦痛与其解脱之道，而使吾侪冯生之徒，于此桎梏之世界中，离此生活之欲之争斗，而得其暂时之平和，此一切美术之目的也。夫欧洲近世之文学中，所以推格代之《法斯德》（今译《浮士德》）为第一者，以其描写博士法斯德之苦痛，及其解脱之途径，最为精切故也。若《红楼梦》之写宝玉，又岂有以异于彼乎？彼于缠陷最深之中，而已伏解脱之种子：故听《寄生草》之曲，而悟立足之境；读《胠箧》之篇，而作焚花散麝之想，所以未能者，则以黛玉尚在耳，至黛玉死而其志渐决。然尚屡失于宝钗，几败于五儿，屡蹶屡振，而终获最后之胜利。读者观自九十八回以至百二十回之事实，其解脱之行程，精进之历史，明了精切何如哉！且法斯德之苦痛，天才之苦痛；宝玉之苦痛，人人所有之苦痛也。其存于人之根底者为独深，而其希救济也为尤切。作者一一掇拾而发挥之。我辈之读此书者，宜如何表满足感谢之意哉！而吾人于作者之姓名，尚未有确实之知识，岂徒吾侪寡学之羞，亦足以见二百余年来，吾人之祖先对此宇宙之大著述如何冷淡遇之也。谁使此大著述之作者不敢自署其名？此可知此书之精神大背于吾国人之性质，及吾人之沉溺于生活之欲而乏美术之知识有如此也。然则，予之为此论，亦自知有罪也矣。

三 《红楼梦》之美学上之价值

如上章之说，吾国人之精神，世间的也，乐天的也，故代表其精神之戏曲、小说，无往而不著此乐天之色彩：始于悲者终于欢，始于离者终于合，始于困者终于亨；非是而欲餍阅者之心，难矣。若《牡丹亭》之返魂，《长生殿》之重圆，其最著之一例也。《西厢记》之以惊梦终也，未成之作也；此书若成，吾乌知其不为《续西厢》之浅陋也？有《水浒传》矣，曷为而又有《荡寇志》？有《桃花扇》矣，曷为而又有《南桃花扇》？有《红楼梦》矣，彼《红楼复梦》《补红楼梦》《续红楼》者，曷为而作也？又曷为而有反对《红楼梦》之《儿女英雄传》？故吾国之文学中，其具厌世解脱之精神者，仅有《桃花扇》与《红楼梦》耳。而《桃花扇》之解脱，非真解脱也：沧桑之变，目击之而身历之，不能自悟，而悟于张道士之一言；且以历数千里，冒不测之险、投缧绁之中，所索之女子，才得一面，而以道士之言，一朝而舍之，自非三尺童子，其谁信之哉？故《桃花扇》之解脱，他律的也；而《红楼梦》之解脱，自律的也。且《桃花扇》之作者，但借侯、李之事，以写故国之戚，而非以描写人生为事。故《桃花扇》，政治的也，国民的也，历史的也；《红楼梦》，哲学的也，宇宙的也，文学的也。此《红楼梦》之所以大背于吾国人之精神，而其价值亦即存乎此。彼《南桃花扇》《红楼复梦》等，正代表吾国人乐天之精神者也。

《红楼梦》一书与一切喜剧相反，彻头彻尾之悲剧也。其大宗旨如上章之所述，读者既知之矣。除主人公不计外，凡此书中之人，有与生活之欲相关系者，无不与苦痛相终始，以视宝琴、岫烟、李纹、李绮等，若藐姑射神人，复乎不可及矣。夫此数人者，曷尝无生活之欲，曷尝无苦痛？而书中既不及写其生活之欲，则其苦痛自不得而写之；足以见二者如骖之靳，而永远的正义无往不逞其权力也。又吾国之文学，以挟乐天的精神故，故往往说诗歌的正义，善人必令其终，而恶人必离其罚：此亦吾国戏曲、小说之特质也。《红楼梦》则不然：赵姨、凤姐之死，非鬼神之罚，彼良心自己之苦痛也。若李纨之受封，彼于《红楼梦》十四曲中，固已明说之曰：

> ［晚韶华］镜里恩情，更那堪梦里功名！那美韶华去之何迅。再休题绣帐鸳衾；只这戴珠冠，披凤袄，也抵不了无常性命。虽说是人生莫受老来贫，也须要阴骘积儿孙。气昂昂头戴簪缨，光灿灿胸悬金印，威赫赫爵禄高登，昏惨惨黄泉路近。问古来将相可还存？也只是虚名儿与后人钦敬。（第五回）

此足以知其非诗歌的正义，而既有世界人生以上，无非永远的正义之所统辖也。故曰《红楼梦》一书，彻头彻尾的悲剧也。

由叔本华之说，悲剧之中，又有三种之别：第一种之悲剧，由极恶之人，极其所有之能力以交构之者。第二种，由于盲目的运命者。第三种之悲剧，由于剧中之人物之位置及关系而不得不然者；非必有蛇蝎之性质与意外之变故也，但由普遍之人物，普通之境遇，逼之不得不如是；彼等明知其害，交施之而交受之，各加以力而各不任其咎。此种悲剧，其感人贤于前二者远甚。何则？彼示人生最大之不幸，非例外之事，而人生之所固有故也。若前二种之悲剧，吾人对蛇蝎之人物与盲目之命运，未尝不悚然战栗；然以其罕见之故，犹幸吾生之可以免，而不必求息肩之地也。但在第三种，则见此非常之势力，足以破坏人生之福祉者，无时而不可坠于吾前；且此等惨酷之行，不但时时可受诸己，而或可以加诸人；躬丁其酷，而无不平之可鸣；此可谓天下之至惨也。若《红楼梦》，则正第三种之悲剧也。兹就宝玉、黛玉之事言之：贾母爱宝钗之婉嫕，而惩黛玉之孤僻，又信金玉之邪说，而思压宝玉之病；王夫人固亲于薛氏；凤姐以持家之故，忌黛玉之才，而虞其不便于己也；袭人惩尤二姐、香菱之事，闻黛玉"不是东风压西风，就是西风压东风"（第八十一回）之语，惧祸之及，而自同于凤姐，亦自然之势也。宝玉之于黛玉，信誓旦旦，而不能言之于最爱之之祖母，则普通之道德使然；况黛玉一女子哉！由此种种原因，而金玉以之合，木石以之离，又岂有蛇蝎之人物，非常之变故，行于其间哉？不过通常之道德，通常之人情，通常之境遇为之而已。由此观之，《红楼梦》者，可谓悲剧中之悲剧也。

由此之故，此书中壮美之部分，较多于优美之部分，而眩惑之原质殆绝焉。作者于开卷即申明之曰：

> 更有一种风月笔墨，其淫秽污臭，最易坏人子弟。至于才人佳人等书，则又开口文君，满篇子建，千部一腔，千人一面，且终不能不涉淫滥。在作者不过欲写出自己两首情诗艳赋来，故假捏出男女二人名姓，又必旁添一小人拨乱其间，如戏中小丑一般。（此又上节所言之一证）

兹举其最壮美者之一例，即宝玉与黛玉最后之相见一节曰：

> 那黛玉听着傻大姐说宝玉娶宝钗的话，此时心里竟是油儿酱儿糖儿醋儿倒在一处的一般，甜苦酸咸，竟说不上什么味儿来了……自己转身，要回潇湘馆去，那身子竟有千百斤重的，两只脚却像踏着棉花一般，早已软了。只得一步一步慢慢的走将下来。走了半天，还没到沁芳桥畔，脚下愈加软了。走的慢，且又迷迷痴痴，信着脚从那边绕过来，更添了两箭地路。这时刚到沁芳桥畔，却又不

知不觉的顺着堤往向里走起来。紫鹃取了绢子来，却不见黛玉。正在那里看时，只见黛玉颜色雪白，身子恍恍荡荡的，眼睛也直直的，在那里东转西转……只得赶过来轻轻的问道："姑娘怎么又回去？是要往哪里去？"黛玉也只模糊听见，随口答道："我问问宝玉去。"紫鹃只得搀他进去。那黛玉却又奇怪了，这时不似先前那样软了，也不用紫鹃打帘子，自己掀起帘子进来……见宝玉在那里坐着，也不起来让坐，只瞧着嘻嘻的呆笑。黛玉自己坐下，却也瞧着宝玉笑。两个也不问好，也不说话，也无推让，只管对着脸呆笑起来。忽然听着黛玉说道："宝玉！你为什么病了？"宝玉笑道："我为林姑娘病了。"袭人、紫鹃两个，吓得面目改色，连忙用言语来岔。两个却又不答言，仍旧呆笑起来……紫鹃搀起黛玉，那黛玉也就站起来，瞧着宝玉，只管笑，只管点头儿。紫鹃又催道；"姑娘回家去歇歇罢！"黛玉道："可不是，我这就是回去的时候儿了！"说着，便回身笑着出来了。仍旧不用丫头们搀扶，自己却走得比往常飞快。（第九十六回）

如此之文，此书中随处有之，其动吾人之感情何如！凡稍有审美的嗜好者，无人不经验之也。

《红楼梦》之为悲剧也如此。昔雅里大德勒于《诗论》中，谓悲剧者，所以感发人之情绪而高上之，殊如恐惧与悲悯之二者，为悲剧中固有之物，由此感发，而人之精神于焉洗涤。故其目的，伦理学上之目的也。叔本华置诗歌于美术之顶点，又置悲剧于诗歌之顶点；而于悲剧之中，又特重第三种，以其示人生之真相，又示解脱之不可已故。故美学上最终之目的，与伦理学上最终之目的合。由是《红楼梦》之美学上之价值，亦与其伦理学上之价值相联络也。

四 《红楼梦》之伦理学上之价值

自上章观之，《红楼梦》者，悲剧中之悲剧也。其美学上之价值，即存乎此。然使无伦理学上之价值以继之，则其于美术上之价值，尚未可知也。今使为宝玉者，于黛玉既死之后，或感愤而自杀，或放废以终其身，则虽谓此书一无价值可也。何则？欲达解脱之域者，固不可不尝人世之忧患；然所贵乎忧患者，以其为解脱之手段故，非重忧患自身之价值也。今使人日日居忧患，言忧患，而无希求解脱之勇气，则天国与地狱，彼两失之；其所领之境界，除阴云蔽天，沮洳弥望外，固无所获焉。黄仲则《绮怀》诗曰：

> 如此星辰非昨夜，为谁风露立中宵。

又其卒章曰：

> 结束铅华归少作，屏除丝竹入中年；
> 茫茫来日愁如海，寄语羲和快着鞭。

其一例也。《红楼梦》则不然，其精神之存于解脱，如前二章所说，兹固不俟喋喋也。

然则解脱者，果足为伦理学上最高之理想否乎？自通常之道德观之，夫人知其不可也。夫宝玉者，固世俗所谓绝父子、弃人伦、不忠不孝之罪人也。然自太虚中有今日之世界，自世界中有今日之人类，乃不得不有普通之道德，以为人类之法则。顺之者安，逆之者危；顺之者存，逆之者亡。于今日之人类中，吾固不能不认普通之道德之价值也。然所以有世界人生者，果有合理的根据欤？抑出于盲目的动作，而别无意义存乎其间欤？使世界人生之存在，而有合理的根据，则人生中所有普通之道德，谓之绝对的道德可也。然吾人从各方面观之，则世界人生之所以存在，实由吾人类之祖先一时之误谬。诗人之所悲歌，哲学者之所冥想，与夫古代诸国民之传说，若出一揆。若第二章所引《红楼梦》第一回之神话的解释，亦于无意识中暗示此理，较之《创世记》所述人类犯罪之历史，尤为有味者也。夫人之有生，既为鼻祖之误谬矣，则夫吾人之同胞，凡为此鼻祖之子孙者，苟有一人焉，未入解脱之域，则鼻祖之罪终无时而赎，而一时之误谬，反复至数千万年而未有已也。则夫绝弃人伦如宝玉其人者，自普通之道德言之，固无所辞其不忠不孝之罪；若开天眼而观之，则彼固可谓干父之蛊者也。知祖父之误谬，而不忍反复之以重其罪，顾得谓之不孝哉？然则宝玉"一子出家，七祖升天"之说，诚有见乎所谓孝者在此不在彼，非徒自辩护而已。

然则举世界之人类，而尽人于解脱之域，则所谓宇宙者，不诚无物也欤？然有无之说，盖难言之矣。夫以人生之无常，而知识之不可恃，安知吾人之所谓"有"非所谓真有者乎？则自其反面言之，又安知吾人之所谓"无"非所谓真无者乎？即真无矣，而使吾人自空乏与满足、希望与恐怖之中出，而获永远息肩之所，不犹豫于世之所谓有者乎？然则吾人之畏无也，与小儿之畏暗黑何以异？自已解脱者观之，安知解脱之后，山川之美，日月之华，不有过于今日之世界者乎？读《飞鸟各投林》之曲，所谓"一片白茫茫大地真干净"者，有欤无欤，吾人且勿问，但立乎今日之人生而观之，彼诚有味乎其言之也。

难者又曰：人苟无生，则宇宙间最可宝贵之美术，不亦废欤？曰：美术之价值，对现在之世界人生而起者，非有绝对的价值也。其材料取诸人生，其理想亦视人生之缺陷逼仄，而趋于其反对之方面。如此之美术，唯于如此之世界、如此之人生中，始有价值耳。今设有人焉，自无始以来，无生死，无苦乐，无人世之罣碍，而唯有永远之知识，则吾人所宝为无上之美术，自彼视之，不过蛙鸣蝉噪而已。何则？美术上之理想，固彼之所自有，而其材料，又彼之所未尝经验故也。又设有人焉，备尝人世之苦痛，而已入于解脱之域，则美术之于彼也，亦无价值。何则？美术之价值，存于使人离生活之欲，而入于纯粹之知识。彼既无生活之欲矣，而复进之以美术，是犹馈壮夫以药石，多见其不知量而已矣。然而超今日之世界人生以外者，于美术之存亡，固自可不必问也。

夫然，故世界之大宗教，如印度之婆罗门教及佛教，希伯来之基督教，皆以解脱为唯一之宗旨。哲学家说，如古代希腊之柏拉图，近世德意志之叔本华，其最高之理想，亦存于解脱。殊如叔本华之说，由其深邃之知识论、伟大之形而上学出，一扫宗教之神话的面具，而易以名学之论法；其真挚之感情与巧妙之文字，又足以济之：故其说精密确实，非如古代之宗教及哲学说，徒属想象而已。然事不厌其求详，姑以生平所疑者商榷焉：夫由叔氏之哲学说，则一切人类及万物之根本，一也。故充叔氏拒绝意志之说，非一切人类及万物，各拒绝其生活之意志，则一人之意志，亦不可得而拒绝。何则？生活之意志之存于我者，不过其一最小部分，而其大部分之存于一切人类及万物者，皆与我之意志同。而此物我之差别，仅由于吾人知力之形式，故离此知力之形式，而反其根本而观之，则一切人类及万物之意志，皆我之意志也。然则拒绝吾一人之意志，而姝姝自悦曰解脱，是何异蹄踌之水，而注之沟壑，而曰天下皆得平土而居之哉！佛之言曰："若不尽度众生，誓不成佛。"其言犹若有能之而不欲之意。然自吾人观之，此岂徒能之而不欲哉！将毋欲之而不能也。故如叔本华之言一人之解脱，而未言世界之解脱，实与其意志同一之说不能两立者也。叔氏无意识中亦触此疑问，故于其《意志及观念之世界》之第四编之末，力护其说，曰：

> 人之意志，于男女之欲，其发现也为最著。故完全之贞操，乃拒绝意志即解脱之第一步也。夫自然中之法则，固自最确实者。使人人而行此格言，则人类之灭绝，自可立而待。至人类以降之动物，其解脱与坠落，亦当视人类以为准。《吠陀》之经典曰："一切众生之待圣人，如饥儿之望慈父母也。"基督教中亦有此思想。珊列休斯于其《人持一切物归于上帝》之小诗中曰："嗟汝万物灵，有生皆爱汝。总总环汝旁，如儿索母乳。携之适天国，惟汝力是怙。"德意志之神秘学者马斯太哀克赫德亦云："《约翰福音》云，予之离世界也，将引万物而与我俱。基督岂欺我哉！夫善人，固将持万物而归之于上帝，即其所从出之本者也。今夫一切生物，皆为人而造，又各自相为用；牛羊之于水草，鱼之于水，鸟之于空气，野兽之于林莽皆是也。一切生物皆上帝所造，以供善人之用，而善人携之以归上帝。"彼意盖谓人之所以有用动物之权利者，实以能救济之故也。

> 于佛教之经典中，亦说明此真理。方佛之尚为菩提萨埵也，自王宫逸出而入深林时，彼策其马而歌曰："汝久疲于生死兮，今将息此任载。负予躬以遐举兮，继今日而无再。苟彼岸其予达兮，予将徘徊以汝待。"（《佛国记》）此之谓也。（英译《意志及观念之世界》第一册第四百九十二页）

然叔氏之说，徒引据经典，非有理论的根据也。试问释迦示寂以后，基督尸十字架以来，人类及万物之欲生奚若，其痛苦又奚若？吾知其不异于昔也。然则所谓持万物而归之上帝者，其尚有所待欤？抑徒沾沾自喜之说，而不能见诸实事者欤？果如后说，则释迦、基督自身之解脱与否，亦尚在不可知之数也。往者作一律曰：

> 生平颇忆掣庐敖，东过蓬莱浴海涛。
>
> 何处云中闻犬吠，至今湖畔尚乌号。
>
> 人间地狱真无间，死后泥洹枉自豪。
>
> 终古众生无度日，世尊祇合老尘嚣。

何则？小宇宙之解脱，视大宇宙之解脱以为准故也。赫尔德曼人类涅槃之说，所以起而补叔氏之缺点者以此。要之，解脱之足以为伦理学上最高之理想与否，实存于解脱之可能与否。若夫普通之论难，则固如楚楚蜉蝣，不足以撼十围之大树也。

今使解脱之事，终不可能，然一切伦理学上之理想，果皆可能也欤？今夫与此无生主义相反者，生生主义也。夫世界有限，而生人无穷；以无穷之人，生有限之世界，必有不得遂其生者矣。世界之内，有一人不得遂其生者，固生生主义之理想之所不许也。故由生生主义之理想，则欲使世界生活之量，达于极大限，则人人生活之度，不得不达于极小限。盖度与量二者，实为一精密之反比例，所谓最大多数之最大福祉者，亦仅归于伦理学者之梦想而已。夫以极大之生活量，而居于极小之生活度，则生活之意志之拒绝也奚若？此生生主义与无生主义相同之点也。苟无此理想，则世界之内，弱之肉，强之食，一任诸天然之法则耳，奚以伦理为哉？然世人日言生生主义，而此理想之达于何时，则尚在不可知之数。要之，理想者可近而不可即，亦终古不过一理想而已矣。人知无生主义之理想之不可能，而自忘其主义之理想之何若，此则大不可解脱者也。

夫如是，则《红楼梦》之以解脱为理想者，果可菲薄也欤？夫以人生忧患之如彼，而劳苦之如此，苟有血气者，未有不渴慕救济者也；不求之于实行，犹将求之于美术。独《红楼梦》者，同时与吾人以二者之救济。人而自绝于救济则已耳；不然，则对此宇宙之大著述，宜如何企踵而欢迎之也！

五　余论

自我朝考证之学盛行，而读小说者，亦以考证之眼读之。于是评《红楼梦》者，纷然索此书之主人公之为谁，此又甚不可解者也。夫美术之所写者，非个人之性质，而人类全体之性质也。唯美术之特质，贵具体而不贵抽象。于是举人类全体之性质，置诸个人之名字之下。譬诸"副墨之子"，"洛诵之孙"，亦随吾人之所好名之而已。善于观物者，能就个人之事实，而发见人类全体之性质。今对人类之全体，而必规规焉求个人以实之，人之知力相越，岂不远哉！故《红楼梦》之主人公，谓之贾宝玉可，谓之"子虚""乌有"先生可，即谓之纳兰容若可，谓之曹雪芹亦无不可也。

综观评此书者之说，约有二种：一谓述他人之事，一谓作者自写其生平也。第一说中，大抵以贾宝玉为即纳兰性德。其说要非无所本。案性德《饮水诗集·别意》六首之三曰：

独拥余香冷不胜，残更数尽思腾腾。

今宵便有随风梦，知在红楼第几层？

又《饮水词》中《于中好》一阕云：

别绪如丝睡不成，那堪孤枕梦边城。

因听紫塞三更雨，却忆红楼半夜灯。

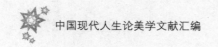

又《减字木兰花》一阕咏新月云：

> 莫教星替，守取团圆终必遂。此夜红楼，天上人间一样愁。

"红楼"之字凡三见，而云"梦红楼"者一。又其亡妇忌日作《金缕曲》一阕，其首三句云：

> 此恨何时已，滴空阶寒更雨歇，葬花天气。

"葬花"二字，始出于此。然则《饮水集》与《红楼梦》之间，稍有文字之关系，世人以宝玉为即纳兰侍卫者，殆由于此。然诗人与小说家之用语，其偶合者固不少。苟执此例以求《红楼梦》之主人公，吾恐其可以附合者，断不止容若一人而已。若夫作者之姓名（遍考各书，未见曹雪芹何名）与作书之年月，其为读此书者所当知，似更比主人公之姓名为尤要。顾无一人为之考证者，此则大不可解者也。

至谓《红楼梦》一书，为作者自道其生平者，其说本于此书第一回"竟不如我亲见亲闻的几个女子"一语。信如此说，则唐旦之《天国戏剧》，可谓无独有偶者矣。然所谓亲见亲闻者，亦可自旁观者之口言之，未必躬为剧中之人物。如谓书中种种境界、种种人物，非局中人不能道，则是《水浒传》之作者必为大盗，《三国演义》之作者必为兵家，此又大不然之说也。且此问题，实为美术之渊源之问题相关系。如谓美术上之事，非局中人不能道，则其渊源必全存于经验而后可。夫美术之源，出于先天，抑由于经验，此西洋美学上至大之问题也。叔本华之论此问题也，最为透辟。兹援其说，以结此论。其言曰（此论本为绘画及雕刻发，然可通之于诗歌、小说）：

> 人类之美之产于自然中者，必由下文解释之：即意志于其客观化之最高级（人类）中，由自己之力与种种之情况，而打胜下

级（自然力）之抵抗，以占领其物力。且意志之发现于高等之阶级也，其形式必复杂：即以一树言之，乃无数之细胞，合而成一系统者也。其阶级愈高，其结合愈复。人类之身体，乃最复杂之系统也：各部分各有一特别之生活；其对全体也，则为隶属；其互相对也，则为同僚；互相调和，以为其全体之说明；不能增也，不能减也。能如此者，则谓之美。此自然中不得多见者也。顾美之于自然中如此，于美术中则何如？或有以美术家为模仿自然者。然彼苟无美之预想存于经验之前，则安从取自然中完全之物而模仿之，又以之与不完全者相区别哉？且自然亦安得时时生一人焉，于其各部分皆完全无缺哉？或又谓美术家必先于人之肢体中，观美丽之各部分，而由之以构成美丽之全体。此又大愚不灵之说也。即令如此，彼又何自知美丽之在此部分而非彼部分哉？故美之知识，断非自经验的得之，即非后天的而常为先天的；即不然，亦必其一部分常为先天的也。吾人于观人类之美后，始认其美；但在真正之美术家，其认识之也，极其明速之度，而其表出之也，胜乎自然之为。此由吾人之自身即意志，而于此所判断及发见者，乃意志于最高级之完全之客观化也。唯如是，吾人斯得有美之预想。而在真正之天才，于美之预想外，更伴以非常之巧力。彼于特别之物中，认全体之理念，遂解自然之嗫嚅之言语而代言之；即以自然所百计而不能产出之美，现之于绘画及雕刻中，而若语自然曰："此即汝之所欲言而不得者也。"苟有判断之能力者，必将应之曰："是。"唯如是，故希腊之天才，能发见人类之美之形式，而永为万世雕刻家之模范。唯如是，故吾人对自然于特别之境遇中所偶然成功者，而得认其美。此美之预想，乃自先天中所知者，即理想的也；比其现于美术也，则为实际的。何则？此与后天中所与之自然物相合故也。如此，美术家先天中有美之预想，而批评家于后天中认识之，此由美术家及批评家，乃自然之自身之一部，而意志于此客观化者也。哀姆攀独克尔曰："同者唯同者知之。"故唯自然能知自然，唯自然能言自然，则美术家有自然之美之预想，固自不足怪也。

芝诺芬述苏格拉底之言曰："希腊人之发见人类之美之理想也，由于经验。即集合种种美丽之部分，而于此发见一膝，于彼发见一臂。"此大谬之说也。不幸而此说又蔓延于诗歌中。即以狭斯丕尔言之，谓其戏曲中所描写之种种之人物，乃其一生之经验中所观察者，而极其全力以撰写之者也。然诗人由人性之预想而作戏曲小说，与美术家之由美之预想而作绘画及雕刻无以异。唯两者于其创作之途中，必须有经验以为之补助。夫然，故其先天中所已知者，得唤起而入于明晰之意识，而后表出之事，乃可得而能也。（叔氏《意志及观念之世界》第一册第二百八十五页至八十九页）

由此观之，则谓《红楼梦》中所有种种之人物、种种之境遇，必本于作者之经验，则雕刻与绘画家之写人之美也，必此取一膝、彼取一臂而后可。其是与非，不待知者能决矣。读者苟玩前数章之说，而知《红楼梦》之精神，与其美学、伦理学上之价值，则此种议论，自可不生。苟知美术之大有造于人生，而《红楼梦》自足为我国美术上之唯一大著述，则其作者之姓名与其著书之年月，固当为唯一考证之题目。而我国人之所聚讼者，乃不在此而在彼；此足以见吾国人之对此书之兴味之所在，自在彼而不在此也。故为破其惑如此。

（原刊《教育世界》1904 年第 8、9、10、12、13 期）

文学小言

王国维

一

昔司马迁推本汉武时学术之盛，以为利禄之途使然。余谓一切学问皆能以利禄劝，独哲学与文学不然。何则？科学之事业，皆直接间接以厚生利用为旨，古未有与政治及社会上之兴味相剌谬者也。至一新世界观与一新人生观出，则往往与政治及社会上之兴味不能相容。若哲学家而以政治及社会之兴味为兴味，而不顾真理之如何，则又决非真正之哲学。以欧洲中世哲学之以辩护宗教为务者，所以蒙极大之耻辱，而叔本华所以痛斥德意志大学之哲学者也。文学亦然。馈馈的文学，决非真正之文学也。

二

文学者，游戏的事业也。人之势力，用于生存竞争而有余，于是发而为游戏。婉娈之儿，有父母以衣食之，以卵翼之，无所谓争存之事也。其势力无所发泄，于是做种种之游戏。逮争存之事亟，而游戏之道息矣。唯精神上之势力独优，而又不必以生事为急者，然后终身得保其游戏之性质。而成人以后，又不能以小儿之游戏为满足，于是对其自己之感情及所观察之事物而摹写之，咏叹之，以发泄所储蓄之势力。故民族文化之发达，非达一定之程度，则不能有文学；而个人之汲汲于争存者，绝无文学家之资格也。

三

人亦有言，名者利之宾也。故文绣的文学之不足为真文学也，与馎锭的文学同。古代文学之所以有不朽之价值者，岂不以无名之见者存乎？至文学之名起，于是有因之以为名者，而真正文学乃复托于不重于世之文体以自见。逮此体流行之后，则又为虚玄矣。故模仿之文学，是文绣的文学与馎锭的文学之记号也。

四

文学中有二原质焉：曰景，曰情。前者以描写自然及人生之事实为主，后者则吾人对此种事实之精神的态度也。故前者客观的，后者主观的也；前者知识的，后者感情的也。自一方面言之，则必吾人之胸中洞然无物，而后其观物也深，而其体物也切；即客观的知识，实与主观的感情为反比例。自他方面言之，则激烈之感情，亦得为直观之对象、文学之材料；而观物与其描写之也，亦有无限之快乐伴之。要之，文学者，不外知识与感情交代之结果而已。苟无锐敏之知识与深邃之感情者，不足与于文学之事。此其所以但为天才游戏之事业，而不能以他道劝者也。

五

古今之成大事业大学问者，不可不历三种之阶级："昨夜西风凋碧树，独上高楼，望尽天涯路"（晏同叔《蝶恋花》），此第一阶级也。"衣带渐宽终不悔，为伊消得人憔悴"（欧阳永叔《蝶恋花》），此第二阶级也。"众里寻他千百度，回头蓦见（当作'蓦然回首'），那人正在，灯火阑珊处"（辛幼安《青玉案》），此第三阶级也。未有不越第一第二阶级，而能遽跻第三阶级者。文学亦然。此有文学上之天才者，所以又需莫大之修养也。

六

三代以下之诗人，无过于屈子、渊明、子美、子瞻者。此四子者苟无文学之天才，其人格亦自足千古。故无高尚伟大之人格，而有高尚伟大之文学者，殆未之有也。

七

天才者，或数十年而一出，或数百年而一出，而又须济之以学问，助之以德性，始能产真正之大文学。此屈子、渊明、子美、子瞻等所以旷世而不一遇也。

八

"燕燕于飞，差池其羽。燕燕于飞，颉之颃之。睍睆黄鸟，载好其音。昔我往矣，杨柳依依。"诗人体物之妙，侔于造化，然皆出于离人、孽子、征夫之口，故知感情真者，其观物亦真。

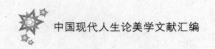

九

"驾彼四牡,四牡项领。我瞻四方,蹙蹙靡所骋。"以《离骚》《远游》数千言言之而不足者,独以十七字尽之,岂不诡哉!然以讥屈子之文胜,则亦非知言者也。

十

屈子感自己之感,言自己之言者也。宋玉、景差感屈子之所感,而言其所言;然亲见屈子之境遇,与屈子之人格,故其所言亦殆与言自己之言无异。贾谊、刘向其遇略与屈子同,而才则逊矣。王叔师以下,但袭其貌而无真情以济之。此后人之所以不复为楚人之词者也。

十一

屈子之后,文学上之雄者,渊明其尤也。韦、柳之视渊明,其如刘、贾之视屈子乎!彼感他人之所感,而言他人之所言,宜其不如李、杜也。

十二

宋以后之能感自己之感,言自己之言者,其唯东坡乎!山谷可谓能言其言矣,未可谓能感所感也。遗山以下亦然。若国朝之新城,岂徒言一人之言已哉?所谓"莺偷百鸟声"者也。

十三

诗至唐中叶以后，殆为羔雁之具矣。故五季、北宋之诗（除一二大家外），无可观者，而词则独为其全盛时代。其诗词兼擅如永叔、少游者，皆诗不如词远甚。以其写之于诗者，不若写之于词者之真也。至南宋以后，词亦为羔雁之具，而词亦替矣（除稼轩一人外）。观此足以知文学盛衰之故矣。

十四

上之所论，皆就抒情的文学言之（《离骚》、诗词皆是）。至叙事的文学（谓叙事传、史诗、戏曲等，非谓散文也），则我国尚在幼稚之时代。元人杂剧，辞则美矣，然不知描写人格为何事。至国朝之《桃花扇》，则有人格矣，然他戏曲则殊不称是。要之，不过稍有系统之词，而并失词之性质者也。以东方古文学之国，无一足以与西欧匹者，此则后此文学家之责矣。

十五

抒情之诗，不待专门之诗人而后能之也。若夫叙事，则其所需之时日长，而其所取之材料富，非天才而又有暇日者不能。此诗家之数之所不可更仆数，而叙事文学家殆不能及百分之一也。

十六

《三国演义》无纯文学之资格，然其叙关壮缪之释曹操，则非大文学家不办。《水浒传》之写鲁智深，《桃花扇》之写柳敬亭、苏昆生，彼其所为，固毫无意义，然以其不顾一己之利害，故犹使吾人生无限之兴味，发无限之尊敬，况于观壮缪之矫矫者乎？若此者，岂真如汗德所云，实践理性为宇宙人生之根本欤？抑与现在利己之世界相比较，而益使吾人兴无涯之感也？则选择戏曲、小说之题目者，亦可以知所去取矣。

十七

吾人谓戏曲小说家为专门之诗人，非谓其以文学为职业也。以文学为职业，馂馐的文学也。职业的文学家，以文学得生活；专门之文学家，为文学而生活。今馂馐的文学之途，盖已开矣。吾宁闻征夫思妇之声，而不屑使此等文学嚣然污吾耳也。

（原刊《教育世界》1906 年总第 139 号）

人间词话

王国维

一

词以境界为最上。有境界则自成高格，自有名句。五代北宋之词所以独绝者在此。

二

有造境，有写境，此理想与写实二派之所由分。然二者颇难分别。因大诗人所造之境，必合乎自然，所写之境，亦必邻于理想故也。

三

有有我之境，有无我之境。"泪眼问花花不语，乱红飞过秋千去。""可堪孤馆闭春寒，杜鹃声里斜阳暮。"有我之境也。"采菊东篱下，悠然见南山。""寒波澹澹起，白鸟悠悠下。"无我之境也。有我之境，以我观物，故物皆着我之色彩。无我之境，以物观物，故不知何者为我，何者为物。古人为词，写有我之境者为多，然未始不能写无我之境，此在豪杰之士能自树立耳。

四

无我之境，人唯于静中得之。有我之境，于由动之静时得之。故一优美，一宏壮也。

五

自然中之物，互相关系，互相限制。然其写之于文学及美术中也，必遗其关系，限制之处。故虽写实家，亦理想家也。又虽如何虚构之境，其材料必求之于自然，而其构造，亦必从自然之法则。故虽理想家，亦写实家也。

六

境非独谓景物也。喜怒哀乐，亦人心中之一境界。故能写真景物、真感情者，谓之有境界。否则谓之无境界。

七

"红杏枝头春意闹"，着一"闹"字，而境界全出。"云破月来花弄影"，着一"弄"字，而境界全出矣。

八

境界有大小，不以是而分优劣。"细雨鱼儿出，微风燕子斜"，何

遽不若"落日照大旗，马鸣风萧萧"。"宝帘闲挂小银钩"，何遽不若"雾失楼台，月迷津渡"也。

九

严沧浪《诗话》谓："盛唐诸公，唯在兴趣。羚羊挂角，无迹可求。故其妙处，透澈（'澈'作'彻'）玲珑，不可凑拍（'拍'作'泊'）。如空中之音、相中之色、水中之影（'影'作'月'）、镜中之象，言有尽而意无穷。"余谓：北宋以前之词，亦复如是。然沧浪所谓兴趣，阮亭所谓神韵，犹不过道其面目；不若鄙人拈出"境界"二字，为探其本也。

一〇

太白纯以气象胜。"西风残照，汉家陵阙。"寥寥八字，遂关千古登临之口。后世唯范文正之《渔家傲》，夏英公之《喜迁莺》，差足继武，然气象已不逮矣。

十一

张皋文谓："飞卿之词，深美闳约。"余谓：此四字唯冯正中足以当之。刘融齐谓："飞卿精艳（当作'妙'）绝人。"差近之耳。

十二

"画屏金鹧鸪"，飞卿语也，其词品似之。"弦上黄莺语"，端己语也，其词品亦似之。正中词品，若欲于其词句中求之，则"和泪试严妆"，殆近之欤？

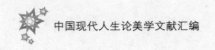

十三

南唐中主词："菡萏香销翠叶残，西风愁起绿波间。"大有众芳芜秽，美人迟暮之感。乃古今独赏其"细雨梦回鸡塞远，小楼吹彻玉笙寒。"故知解人正不易得。

十四

温飞卿之词，句秀也。韦端己之词，骨秀也。李重光之词，神秀也。

十五

词至李后主而眼界始大，感慨遂深，遂变伶工之词而为士大夫之词。周介存置诸温韦之下，可谓颠倒黑白矣。"自是人生长恨水长东""流水落花春去也，天上人间"。《金荃》《浣花》，能有此气象耶？

十六

词人者，不失其赤子之心者也。故生于深宫之中，长于妇人之手，是后主为人君所短处，亦即为词人所长处。

十七

客观之诗人，不可不多阅世。阅世愈深，则材料愈丰富，愈变化，《水浒传》《红楼梦》之作者是也。主观之诗人，不必多阅世。阅世越浅，则性情越真，李后主是也。

十八

尼采谓："一切文学，余爱以血书者。"后主之词，真所谓以血书者也。宋道君皇帝《燕山亭》词亦略似之。然道君不过自道身世之戚，后主则俨有释迦、基督担荷人类罪恶之意，其大小固不同矣。

十九

冯正中词虽不失五代风格，而堂庑特大，开北宋一代风气。与中、后二主词皆在《花间》范围之外，宜《花间集》中不登其只字也。

二十

正中词除《鹊踏枝》《菩萨蛮》十数阕最暄赫外，如《醉花间》之"高树鹊衔巢，斜月明寒草"。余谓：韦苏州之"流萤渡高阁"，孟襄阳之"疏雨滴梧桐"，不能过也。

二十一

欧九《浣溪沙》词："绿杨楼外出秋千。"晁补之谓：只一"出"字，便后人所不能道。余谓：此本于正中《上行杯》词"柳外秋千出画墙"，但欧语尤工耳。

二十二

梅圣（原误作"舜"）俞《苏幕遮》词："落尽梨花春事（当作'又'）了。满地斜（当作'残'）阳，翠色和烟老。"刘融斋谓：少游一生似专学此种。余谓：冯正中《玉楼春》词："芳菲次第长相续，

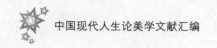

自是情多无处足。尊前百计得春归，莫为伤春眉黛促。"永叔一生似专学此种。

二十三

人知和靖《点绛唇》、圣（原误作"舜"）俞《苏幕遮》、永叔《少年游》（原脱"游"）三阕为咏春草绝调。不知先有正中"细雨湿流光"五字，皆能摄春草之魂者也。

二十四

《诗·蒹葭》一篇，最得风人深致。晏同叔之"昨夜西风凋碧树。独上高楼，望尽天涯路。"意颇近之。但一洒落，一悲壮耳。

二十五

"我瞻四方，蹙蹙靡所骋。"诗人之忧生也。"昨夜西风凋碧树。独上高楼，望尽天涯路"似之。"终日驰车走，不见所问津。"诗人之忧世也。"百草千花寒食路，香车系在谁家树"似之。

二十六

古今之成大事业、大学问者，必经过三种之境界："昨夜西风凋碧树。独上高楼，望尽天涯路。"此第一境也。"衣带渐宽终不悔，为伊消得人憔悴。"此第二境也。"众里寻他千百度，回头蓦见（当作'蓦然回首'），那人正（当作'却'）在，灯火阑珊处。"此第三境也。此等语皆非大词人不能道。然遽以此意解释诸词，恐为晏欧诸公所不许也。

二十七

永叔"人间（当作'生'）自是有情痴，此恨不关风与月。""直须看尽洛城花，始与（当作'共'）东（当作'春'）风容易别。"于豪放之中有沉着之致，所以尤高。

二十八

冯梦华《宋六十一家词选·序例》谓："淮海、小山，古之伤心人也。其淡语皆有味，浅语皆有致。"余谓此唯淮海足以当之。小山矜贵有余，但方可驾子野、方回，未足抗衡淮海也。

二十九

少游词境最为凄婉。至"可堪孤馆闭春寒，杜鹃声里斜阳暮。"则变而凄厉矣。东坡赏其后二语，犹为皮相。

三十

"风雨如晦，鸡犬不已。""山峻高以蔽日兮，下幽晦以多雨。霰雪纷其无垠兮，云霏霏而承宇。""树树皆秋色，山山尽（当作'唯'）落晖"。"可堪孤馆闭春寒，杜鹃声里斜阳暮。"气象皆相似。

三十一

昭明太子称：陶渊明诗"跌宕昭彰，独超众类。抑扬爽朗，莫之于京。"王无功称：薛收赋"韵趣高奇，词义晦远。嵯峨萧瑟，真不可言。"词中惜少此二种气象，前者唯东坡，后者唯白石，略得一二耳。

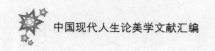

三十二

词之雅郑，在神不在貌。永叔、少游虽作艳语，终有品格。方之美成，便有淑女与倡伎之别。

三十三

美成深远之致不及欧、秦。唯言情体物，穷极工巧，故不失为第一流之作者。但恨创调之才多，创意之才少耳。

三十四

词忌用替代字。美成《解语花》之"桂华流瓦"，境界极妙。惜以"桂华"二字代"月"耳。梦窗以下，则用代字更多。其所以然者，非意不足，则语不妙也。盖意足则不暇代，语妙则不必代。此少游之"小楼连苑"，"绣毂雕鞍"，所以为东坡所讥也。

三十五

沈伯时《乐府指迷》云："说桃不可直说破（原无'破'字，据《花草粹编》附刊本《乐府指迷》加。）桃，须用'红雨''刘郎'等字。咏（原作'说'）柳不可直说破柳，须用'章台''灞岸'等字。"若唯恐人不用代字者。果以是为工，则古今类书俱在，又安用词为耶？宜其为《提要》所讥也。

三十六

美成《青玉案》（当作《苏幕遮》）词："叶上初阳干宿雨。水面

清圆，一一风荷举。"此真能得荷之神理者。觉白石《念奴娇》《惜红衣》二词，犹有隔雾看花之恨。

三十七

东坡《水龙吟》咏杨花，和均而似元唱。章质夫词，原唱而似和均。才之不可强也如是！

三十八

咏物之词，自以东坡《水龙吟》最工，邦卿《双双燕》次之。白石《暗香》《疏影》，格调虽高，然无一语道着，视古人"江边一树垂垂发"等句何如耶？

三十九

白石写景之作，如"二十四桥仍在，波心荡、冷月无声。""数峰清苦，商略黄昏雨。""高树晚蝉，说西风消息。"虽格韵高绝，然如雾里看花，终隔一层。梅溪、梦窗诸家写景之病，皆在一"隔"字。北宋风流，渡江遂绝。抑真有运会存乎其间耶？

四十

问"隔"与"不隔"之别，曰：陶谢之诗不隔，延年则稍隔矣。东坡之诗不隔，山谷则稍隔矣。"池塘生春草""空梁落燕泥"等二句，妙处唯在不隔。词亦如是。即以一人一词论。如欧阳公《少年游》咏春草上半阕云："阑干十二独凭春，晴碧远连云。千里万里，二月三月，（此两句原倒置）行色苦愁人。"语语都在目前，便是不隔。至云："谢家池上，江淹浦畔。"则隔矣。白石《翠楼吟》："此地宜有词仙，拥素云黄鹤，与君游戏。玉梯凝望久，叹芳草萋萋千里。"便是不隔。至"酒祓清愁，花消英气"，则隔矣。然南宋词虽不隔处，比之前人，自有浅深厚薄之别。

四十一

"生年不满百，常怀千岁忧。昼短苦夜长，何不秉烛游?""服食求神仙，多为药所误。不如饮美酒，被服纨与素。"写情如此，方为不隔。"采菊东篱下，悠然见南山。山气日夕佳，飞鸟相与还。""天似穹庐，笼盖四野。天苍苍，野茫茫，风吹草低见牛羊。"写景如此，方为不隔。

四十二

古今词人格调之高，无如白石。惜不于意境上用力，故觉无言外之味，弦外之响。终不能与于第一流之作者也。

四十三

南宋词人，白石有格而无情，剑南有气而乏韵。其堪与北宋人颉颃者，唯一幼安耳。近人祖南宋而祧北宋，以南宋之词可学，北宋不可学也。学南宋者，不祖白石，则祖梦窗，以白石、梦窗可学，幼安不可学也。学幼安者率祖其粗犷、滑稽，以其粗犷、滑稽处可学，佳处不可学也。幼安之佳处，在有性情，有境界。即以气象论，亦有"横素波、干青云"之概，宁后世龌龊小生所可拟耶?

四十四

东坡之词旷，稼轩之词豪。无二人之胸襟而学其词，犹东施之效捧心也。

四十五

读东坡、稼轩词，须观其雅量高致，有伯夷、柳下惠之风。白石虽似蝉脱尘埃，然终不免局促辕下。

四十六

苏、辛，词中之狂。白石犹不失为狷。若梦窗、梅溪、玉田、草窗、中（当作"西"）麓辈，面目不同，同归于乡愿而已。

四十七

稼轩中秋饮酒达旦，用《天问》体作《木兰花慢》以送月，曰："可怜今夕月，向何处、去悠悠？是别有人间，那边才见，光景东头。"词人想象，直悟月轮绕地之理，与科学家密合，可谓神悟。

四十八

周介存谓："梅溪词中，喜用'偷'字，足以定其品格。"刘融斋谓："周旨荡而史意贪。"此二语令人解颐。

四十九

介存谓：梦窗词之佳者，如"水光云影，摇荡绿波，抚玩无极，追寻已远"。余览《梦窗甲乙丙丁稿》中，实无足当此者。有之，其"隔江人在雨声中，晚风菰叶生愁怨"二语乎？

五十

梦窗之词，吾得取其词中一语以评之，曰："映梦窗凌（当作"零"）乱碧。"玉田之词，余得取其词中之一语以评之，曰："玉老田荒。"

五十一

"明月照积雪""大江流日夜""中天悬明月""黄（当作'长'）河落日圆"，此种境界，可谓千古壮观。求之于词，唯纳兰容若塞上之作，如《长相思》之"夜深千帐灯"，《如梦令》之"万帐穹庐人醉，星影摇摇欲坠"差近之。

五十二

纳兰容若以自然之眼观物，以自然之舌言情。此由初入中原，未染汉人风气，故能真切如此。北宋以来，一人而已。

五十三

陆放翁跋《花间集》，谓"唐季五代，诗愈卑，而倚声者辄简古可爱。能此不能彼，未可（当作'易'）以理推也。"《提要》驳之，谓："犹能举七十斤者，举百斤则蹶，举五十斤则运掉自如。"其言甚辨。然谓词必易于诗，余未敢信。善乎陈卧子之言曰："宋人不知诗而强作诗，故终宋之世无诗。然其欢愉愁苦（当作'怨'）之致，动于中而不能抑者，类发于诗余，故其所造独工。"五代词之所以独胜，亦以此也。

五十四

四言敝而有《楚辞》，《楚辞》敝而有五言，五言敝而有七言，古诗敝而有律绝，律绝敝而有词。盖文体通行既久，染指遂多，自成习套。豪杰之士，亦难于其中自出新意，故遁而作他体，以自解脱。一切文体所以始盛终衰者，皆由于此。故谓文学后不如前，余未敢信。但就一体论，则此说固无以易也。

五十五

诗之《三百篇》《十九首》，词之五代、北宋，皆无题也。非无题也，诗词中之意，不能以题尽之也。自《花庵》《草堂》每调立题，并古人无题之词亦为之作题。如观一幅佳山水，而即曰此某山某河，可乎？诗有题而诗亡，词有题而词亡。然中材之士，鲜能知此而自振拔者矣。

五十六

大家之作，其言情也必沁人心脾，其写景也必豁人耳目。其辞脱口而出，无矫揉妆束之态。以其所见者真，所知者深也。诗词皆然。持此以衡古今之作者，可无大误也。

五十七

人能于诗词中不为美刺投赠之篇，不使隶事之句，不用粉饰之字，则于此道已过半矣。

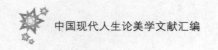

五十八

以《长恨歌》之壮采，而所隶之事，只"小玉双成"四字，才有余也。梅村歌行，则非隶事不办。白、吴优劣，即于此见。不独作诗为然，填词家亦不可不知也。

五十九

近体诗体制，以五七言绝句为最尊，律诗次之，排律最下。盖此体于寄兴言情，两无所当，殆有均之骈体文耳。词中小令如绝句，长调似律诗，若长调之《百字令》《沁园春》等，则近于排律矣。

六十

诗人对宇宙人生，须入乎其内，又须出乎其外。入乎其内，故能写之。出乎其外，故能观之。入乎其内，故有生气。出乎其外，故有高致。美成能入而不出。白石以降，于此二事皆未梦见。

六十一

诗人必有轻视外物之意，故能以奴仆命风月。又必有重视外物之意，故能与花鸟共忧乐。

六十二

"昔为倡家女，今为荡子妇。荡子行不归，空床难独守。""何不策高足，先据要路津？无为久贫（当作'守穷'）贱，轗轲长苦辛。"可为淫鄙之尤。然无视为淫词、鄙词者，以其真也。五代北宋之大词

人亦然。非无淫词，读之者但觉其亲切动人。非无鄙词，但觉其精力弥满。可知淫词与鄙词之病，非淫与鄙之病，而游词之病也。"岂不尔思，室是远而。"而子曰："未之思也，夫何远之有？"恶其游也。

六十三

"枯藤老树昏鸦。小桥流水人家。古道西风瘦马。夕阳西下。断肠人在天涯。"此元人马东篱《天净沙》小令也。寥寥数语，深得唐人绝句妙境。有元一代词家，皆不能办此也。

六十四

白仁甫《秋夜梧桐雨》剧，沈雄悲壮，为元曲冠冕。然所作《天籁词》，粗浅之甚，不足为稼轩奴隶。岂创者易工，而因者难巧欤？抑人各有能有不能也？读者观欧、秦之诗远不如词，足透此中消息。

（原连载于《国粹学报》1908—1909 年）

屈子文学之精神

王国维

　　我国春秋以前，道德政治上之思想可分之为二派：一帝王派；一非帝王派。前者称道尧、舜、禹、汤、文、武，后者则称其学出于上古之隐君子（如庄周所称广成子之类），或托之于上古之帝王。前者近古学派，后者远古学派也。前者贵族派，后者平民派也。前者入世派，后者遁世派也（非真遁世派，知其主义之终不能行于世，而遁焉者也）。前者热性派，后者冷性派也。前者国家派，后者个人派也。前者大成于孔子、墨子，而后者大成于老子（老子，楚人，在孔子后，与孔子问礼之老聃，系二人。说见汪容甫《述学·老子考异》）。故前者北方派，后者南方派也。此二派者，其主义常相反对，而不能相调和。观孔子与接舆、长沮、桀溺、荷蓧丈人之关系，可知之矣。战国后之诸学派，无不直接出于此二派，或出于混合此二派，故虽谓吾国固有之思想，不外此二者，可也。

　　夫然，故吾国之文学，亦不外发表二种之思想。然南方学派则仅有散文的文学，如《老子》《庄》《列》是已。至诗歌的文学，则为北方学派之所专有。《诗》三百篇，大抵表北方学派之思想者也。虽

其中如《考槃》《衡门》等篇，略近南方之思想。然北方学者所谓
"用之则行，舍之则藏""有道则见，无道则隐"者，亦岂有异于是
哉？故此等谓之南北公共之思想则可，必非南方思想之特质也。然则
诗歌的文学，所以独出于北方之学派者，又何故乎？

诗歌者，描写人生者也（用德国大诗人希尔列尔之定义）。此定
义未免太狭。今更广之曰"描写自然及人生"，可乎？然人类之兴味，
实先人生，而后自然。故纯粹之模山范水、流连光景之作，自建安以
前，殆未之见。而诗歌之题目，皆以描写自己深邃之感情为主。其写
景物也，亦必以自己深邃之感情为之素地，而始得于特别之境遇中，
用特别之眼观之。故古代之诗，所描写者，特人生之主观的方面；而
对于人生之客观的方面，及纯处于客观界之自然，断不能以全力注之
也。故对古代之诗，前之定义，苦其广，而不苦其隘也。

诗之为道，即以描写人生为事，而人生者，非孤立之生活，而在
家族、国家及社会中之生活也。北方派之理想，置于当日之社会中；
南方派之理想，则树于当日之社会外。易言以明之，北方派之理想，
在改作旧社会；南方派之理想，在创造新社会。然改作与创造，皆当
日社会之所不许也。南方之人，以长于思辨，而短于实行，故知实践
之不可能，而即于其理想中，求其安慰之地，故有遁世无闷，嚣然自
得以没齿者矣。若北方之人，则往往以坚忍之志、强毅之气，持其改
作之理想，以与当日之社会争；而社会之仇视之也，亦与其仇视南方
学者无异，或有甚焉。故彼之视社会也，一时以为寇，一时以为亲，
如此循环，而遂生欧穆亚（Humour）之人生观。《小雅》之杰作，皆
此种竞争之产物也。且北方之人，不为离世绝俗之举，而日周旋于君
臣、父子、夫妇之间，此等在在界以诗歌之题目，与以作诗之动机。
此诗歌的文学，所以独产于北方学派中，而无与于南方学派者也。

　　然南方文学中，又非无诗歌的原质也。南人想象力之伟大丰富，胜于北人远甚。彼等巧于比类，而善于滑稽：故言大则有若北溟之鱼，语小则有若蜗角之国；语久则大椿冥灵，语短则蟪蛄朝菌；至于襄城之野，七圣皆迷；汾水之阳，四子独往，此种想象，绝不能于北方文学中发见之。故《庄》《列》书中之某部分，即谓之散文诗，无不可也。夫儿童想象力之活泼，此人人公认之事实也。国民文化发达之初期亦然，古代印度及希腊之壮丽之神话，皆此等想象之产物也。以我中国论，则南方之文化发达较后于北方，则南人之富于想象，亦自然之势也。此南方文学中之诗歌的特质之优于北方文学者也。

　　由此观之，北方人之感情，诗歌的也，以不得想象之助，故其所作遂止于小篇。南方人之想象，亦诗歌的也，以无深邃之感情之后援，故其想象亦散漫而无所丽，是以无纯粹之诗歌。而大诗歌之出，必须俟北方人之感情，与南方人之想象合而为一，即必通南北之驿骑而后可，斯即屈子其人也。

　　屈子南人而学北方之学者也。南方学派之思想，本与当时封建贵族之制度，不能相容。故虽南方之贵族，亦当奉北方之思想焉。观屈子之文，可以征之。其所称之圣王，则有若高辛、尧、舜、禹、汤、少康、武丁、文、武，贤人则有若皋陶、挚说、彭、咸（谓彭祖、巫咸，商之贤臣也，与"巫咸将夕降兮"之巫咸，自是二人，《列子》所谓"郑有神巫，名季咸者"也）。比干、伯夷、吕望、宁戚、百里、介推、子胥，暴君则有若夏启、羿、浞、桀、纣，皆北方学者之所常称道，而于南方学者所称黄帝、广成等不一及焉。虽《远游》一篇，似专述南方之思想，然此实屈子愤激之词，如孔子之居夷浮海，非其志也。《离骚》之卒章，其旨亦与《远游》同，然卒曰："陟升皇之赫戏兮，忽临睨夫旧乡。仆夫悲余马怀兮，蜷局顾而不行。"《九章》

中之《怀沙》，乃其绝笔，然犹称重华、汤、禹，足知屈子固彻头彻尾抱北方之思想，虽欲为南方之学者，而终有所不慊者也。

屈子之自赞曰"廉贞"。余谓屈子之性格，此二字尽之矣。其廉固南方学者之所优为，其贞则其所不屑为，亦不能为者也。女嬃之詈，巫咸之占，渔父之歌，皆代表南方学者之思想，然皆不足以动屈子。而知屈子者，唯詹尹一人。盖屈子之于楚，亲则肺腑，尊则大夫，又尝管内政外交上之大事矣，其于国家既同累世之休戚，其于怀王又有一日之知遇，被疏者一，被放者再，而终不能易其志，于是其性格与境遇相得，而使之成一种之欧穆亚。《离骚》以下诸作，实此欧穆亚所发表者也。使南方之学者处此，则贾谊（《吊屈原文》）、扬雄（《反离骚》）是，而屈子非矣。此屈子之文学，所负于北方学派者也。

然就屈子文学之形式言之，则所负于南方学派者，抑又不少。彼之丰富之想象力，实与《庄》《列》为近。《天问》《远游》凿空之谈，求女谬悠之语，庄语之不足，而继之以谐，于是思想之游戏，更为自由矣。变《三百篇》之体，而为长句，变短什而为长篇，于是感情之发表，更为宛转矣。此皆古代北方文学之所未有，而其端自屈子开之。然所以驱此想象而成此大文学者，实由其北方之肫挚的性格。此庄周等之所以仅为哲学家，而周、秦间之大诗人，不能不独数屈子也。

要之，诗歌者，感情的产物也。虽其中之想象的原质（即知力的原质），亦须有肫挚之感情，为之素地，而后此原质乃显。故诗歌者，实北方文学之产物，而非儇薄冷淡之夫所能托。观后世之诗人，若渊明，若子美，无非受北方学派之影响者，岂独一屈子然哉！岂独一屈子然哉！

（原刊《教育世界》1906 年总第 140 号）

孔子之美育主义

王国维

  诗云："世短意常多，斯人乐久生。"岂不悲哉！人之所以朝夕营营者，安归乎？归于一己之利害而已。人有生矣，则不能无欲；有欲矣，则不能无求；有求矣，不能无生得失；得则淫，失则戚：此人人之所同也。世之所谓道德者，有不为此嗜欲之羽翼者乎？所谓聪明者，有不为嗜欲之耳目者乎？避苦而就乐，喜得而恶丧，怯让而勇争：此又人人之所同也。于是，内之发于人心也，则为苦痛；外之见于社会也，则为罪恶。然世终无可以除此利害之念，而泯人己之别者欤？将社会之罪恶固不可以削减，而人心之苦痛遂长此终古欤？曰：有，所谓"美"者是已。

  美之为物，不关于吾人之利害者也。吾人观美时，亦不知有一己之利害。德意志之大哲人汗德，以美之快乐为不关利害之快乐（Dis-interesed Pleasure）。至叔本华而分析观美之状态为二原质：（1）被观之对象，非特别之物，而此物之种类之形式；（2）观者之意识，非特别之我，而纯粹无欲之我也（《意志及观念之世界》第一册，二百五十三页。按，指英译本）。何则？由叔氏之说，人之根本在生活之欲，而欲常起于空乏。既偿此欲，则此欲以终；然欲之被偿者一，而不偿者十百；一欲既终，他欲随之：故究竟之慰藉终不可得。苟吾人之意识而充以嗜欲乎？吾人而为嗜欲之我乎？则亦长此辗转于空乏、希望与恐怖之中而已，欲求福祉与宁静，岂可得哉！然吾人一旦因他故，而脱此嗜欲之网，则吾人之知识已不为嗜欲之奴隶，于是得所谓无欲之我。无欲故无空乏，无希望，无恐怖；其视外物也，不以为与我有利害之关系，而但视为纯粹之外物。此境界唯观美时有之。苏子瞻所谓"寓意于物"（《宝绘堂记》）；邵子曰："圣人所以能一万物之情者，谓其能反观也。所以谓之反观者，不以我观物也。不以我观物者，以物观物之谓也。既能以物观物，又安有有我于其间哉？"（《皇极经世·观物内篇》七）此之谓也。其咏之于诗者，则如陶渊明云："采菊东篱下，悠然见南山。山气日夕佳，飞鸟相与还。此中有真意，欲辩已忘言。"谢灵运云："昏旦变气候，山水含清晖。清晖能娱人，游子澹忘归。"或如白伊龙云："I live not in myself, but I become Portion of that around me; and to me High mountains are a feeling."皆善咏此者也。

夫岂独天然之美而已，人工之美亦有之。宫观之瑰杰，雕刻之优美雄丽，图画之简淡冲远，诗歌音乐之直诉人之肺腑，皆使人达于无欲之境界。故泰西自雅里大德勒以后，皆以美育为德育之助。至近世，谑夫志培利、赫启孙等皆从之。及德意志之大诗人希尔列尔出，而大成其说，谓人日与美相接，则其感情日益高，而暴慢鄙倍之心自益远。故美术者科学与道德之生产地也。又谓审美之境界乃不关利害之境界，故气质之欲灭，而道德之欲得由之以生。故审美之境界乃物质之境界与道德之境界之津梁也。于物质之境界中，人受制于天然之势力；于审美之境界则远离之；于道德之境界则统御之（希氏《论人类美育之书简》）。由上所说，则审美之位置犹居于道德之次。然希氏后日更进而说美之无上之价值，曰："如人必以道德之欲克制气质之欲，则人性之两部犹未能调和也，于物质之境界及道德之境界中，人性之一部，必克制之以扩充其他部；然人之所以为人，在息此内界之争斗，而使卑劣之感跻于高尚之感觉。如汗德之严肃论中气质与义务对立，犹非道德上最高之理想也。最高之理想存于美丽之心（Beautiful Soul），其为性质也，高尚纯洁，不知有内界之争斗，而唯乐于守道德之法则，此性质唯可由美育得之。"（芬特尔朋《哲学史》第六百页）此希氏最后之说也。顾无论美之与善，其位置孰为高下，而美育与德育之不可离，昭昭然矣。

今转而观我孔子之学说。其审美学上之理论虽不可得而知，然其教人也，则始于美育，终于美育。《论语》曰："小子何莫学夫诗。诗可以兴，可以观，可以群，可以怨。迩之事父，远之事君。多识于鸟兽草木之名。"又曰："兴于诗，立于礼，成于乐。"其在古昔，则胄子之教，典于后夔；大学之事，董于乐正。（《周礼·大司乐》《礼记·王制》）。然则以音乐为教育之一科，不自孔子始矣。荀子说其效曰："乐者，圣人之所乐也，而可以善民心。其感人深，其移风易俗。……故乐行而志清，礼修而行成，耳目聪明，血气和平，移风易俗，天下皆宁。"（《乐论》）此之谓也。故"子在齐闻《韶》"，则"三月不知肉味"。而《韶》乐之作，虽絜壶之童子，其视精，其行端。音乐之感人，其效有如此者。

且孔子之教人，于诗乐外，尤使人玩天然之美。故习礼于树下，言志于农山，游于舞雩，叹于川上，使门弟子言志，独与曾点。点之言曰："暮春者，春服既成，冠者五六人，童子六七人，浴乎沂，风乎舞雩，咏而归。"由此观之，则平日所以涵养其审美之情者可知矣。

之人也，之境也，固将磅礴万物以为一，我即宇宙，宇宙即我也。光风霁月不足以喻其明，泰山华岳不足以语其高，南溟渤澥不足以比其大。邵子所谓"反观"者非欤？叔本华所谓"无欲之我"、希尔列尔所谓"美丽之心"者非欤？此时之境界：无希望，无恐怖，无内界之争斗，无利无害，无人无我，不随绳墨而自合于道德之法则。一人如此，则优入圣域；社会如此，则成华胥之国。孔子所谓"安而行之"，与希尔列尔所谓"乐于守道德之法则"者，舍美育无由矣。

呜呼！我中国非美术之国也！一切学业，以利用之大宗旨贯注之。治一学，必质其有用与否；为一事，必问其有益与否。美之为物，为世人所不顾久矣！故我国建筑、雕刻之术，无可言者。至图画一技，宋元以后，生面特开，其淡远幽雅实有非西人所能梦见者。诗词亦代有作者。而世之贱儒辄援"玩物丧志"之说相诋。故一切美术皆不能达完美之域。美之为物，为世人所不顾久矣！庸讵知无用之用，有胜于有用之用乎？以我国人审美之趣味之缺乏如此，则其朝夕营营，逐一己之利害而不知返者，安足怪哉！安足怪哉！庸讵知吾国所尊为"大圣"者，其教育固异于彼贱儒之所为乎？故备举孔子之说，且诠其所以然之理。世之言教育者，可以观焉。

（原刊《教育世界》1904 年总第 69 号）

"慢慢走，欣赏啊"

——人生的艺术化

朱光潜

一直到现在，我们都是讨论艺术的创造与欣赏。在收尾这一节中，我提议约略说明艺术和人生的关系。

我在开章明义时就着重美感态度和实用态度的分别，以及艺术和实际人生之中所应有的距离，如果话说到这里为止，你也许误解我把艺术和人生看成漠不相关的两件事。我的意思并不如此。

人生是多方面而却相互和谐的整体，把它分析开来看，我们说某部分是实用的活动，某部分是科学的活动，某部分是美感的活动，为正名析理起见，原应有此分别；但是我们不要忘记，完满的人生见于这三种活动的平均发展，它们虽是可分别的而却不是互相冲突的。"实际人生"比整个人生的意义较为窄狭。一般人的错误在把它们认为相等，以为艺术对于"实际人生"既是隔着一层，它在整个人生中也就没有什么价值。有些人为维护艺术的地位，又想把它硬纳到"实际人生"的小范围里去。这般人不但是误解艺术，而且也没有认识人生。我们把实际生活看作整个人生之中的一片段，所以在肯定艺术与实际人生的距离时，并非肯定艺术与整个人生的隔阂。严格地说，离开人生便无所谓艺术，因为艺术是情趣的表现，而情趣的根源就在人生；反之，离开艺术也便无所谓人生，因为凡是创造和欣赏都是艺术的活动，无创造、无欣赏的人生是一个自相矛盾的名词。

人生本来就是一种较广义的艺术。每个人的生命史就是他自己的作品。这种作品可以是艺术的，也可以不是艺术的，正犹如同是一种顽石，这个人能把它雕成一座伟大的雕像，而另一个人却不能使它"成器"，分别全在性分与修养。知道生活的人就是艺术家，他的生活就是艺术作品。

过一世生活好比作一篇文章。完美的生活都有上品文章所应有的美点。

第一，一篇好文章一定是一个完整的有机体，其中全体与部分都息息相关，不能稍有移动或增减。一字一句之中都可以见出全篇精神的贯注。比如陶渊明的《饮酒》诗本来是"采菊东篱下，悠然见南山"，后人把"见"字误印为"望"字，原文的自然与物相遇相得的神情便完全丧失。这种艺术的完整性在生活中叫做"人格"。凡是完美的生活都是人格的表现。大而进退取与，小而声音笑貌，都没有一件和全人格相冲突。不肯为五斗米折腰向乡里小儿，是陶渊明的生命史中所应有的一段文章，如果他错过这一个小节，便失其为陶渊明。下狱不肯脱逃，临刑时还叮咛嘱咐还邻人一只鸡的债，是苏格拉底的生命史中所应有的一段文章，否则他便失其为苏格拉底。这种生命史才可以使人把它当作一幅图画去惊赞，它就是一种艺术的杰作。

其次，"修辞立其诚"是文章的要诀，一首诗或是一篇美文一定是至性深情的流露，存于中然后形于外，不容有丝毫假借。情趣本来是物我交感共鸣的结果。景物变动不居，情趣亦自生生不息。我有我的个性，物也有物的个性，这种个性又随时地变迁而生长发展。每人在某一时会所见到的景物和每种景物在某一时会所引起的情趣，都有它的特殊性，断不容与另一人在另一时会所见到的景物，和另一景物在另一时会所引起的情趣完全相同。毫厘之差，微妙所在。在这种生生不息的情趣中我们可以见出生命的造化。把这种生命流露于语言文字，就是好文章；把它流露于言行风采，就是美满的生命史。

文章忌俗滥，生活也忌俗滥。俗滥就是自己没有本色而蹈袭别人的成规旧矩。西施患心病，常捧心颦眉，这是自然的流露，所以越增其美。东施没有心病，强学捧心颦眉的姿态，只能引人嫌恶。在西施是创作，在东施便是滥调。滥调起于生命的干枯，也就是虚伪的表现。"虚伪的表现"就是"丑"，克罗齐已经说过。"风行水上，自然成纹"，文章的妙处如此，生活的妙处也是如此。在什么地位，是怎样的人，感到怎样情趣，便现出怎样言行风采，叫人一见就觉其谐和完整，这才是艺术的生活。

俗语说得好，"惟大英雄能本色"，所谓艺术的生活就是本色的生活。世间有两种人的生活最不艺术，一种是俗人，一种是伪君子。"俗人"根本就缺乏本色，"伪君子"则竭力遮盖本色。朱晦庵有一首诗说："半亩方塘一鉴开，天光云影共徘徊，问渠那得清如许？为有源头活水来。"艺术的生活就是有"源头活水"的生活。俗人迷于名利，与世浮沉，心里没有"天光云影"，就因为没有源头活水。他们的大病是生命的干枯。"伪君子"则于这种"俗人"的资格之上，又加上"沐猴而冠"的伎俩。他们的特点不仅见于道德上的虚伪，一言一笑、一举一动，都叫人起不美之感。谁知道风流名士的架子之中掩藏了几多行尸走肉？无论是"俗人"或是"伪君子"，他们都是生活中的"苟且者"，都缺乏艺术家在创造时所应有的良心。像柏格森所说的，他们都是"生命的机械化"，只能做喜剧中的角色。生活落到喜剧里去的人大半都是不艺术的。

艺术的创造之中都必寓有欣赏，生活也是如此。一般人对于一种言行常欢喜说它"好看""不好看"，这已有几分是拿艺术欣赏的标准去估量它。但是一般人大半不能彻底，不能拿一言一笑、一举一动纳在全部生命史里去看，他们的"人格"观念太淡薄，所谓"好看""不好看"往往只是"敷衍面子"。善于生活者则彻底认真；不让一尘一芥妨碍整个生命的和谐。一般人常以为艺术家是一班最随便的人，其实在艺术范围之内，艺术家是最严肃不过的。在锻炼作品时常呕心呕肝，一笔一画也不肯苟且。王荆公作"春风又绿江南岸"一句诗时，原来"绿"字是"到"字，后来由"到"字改为"过"字，由"过"字改为"入"字，由"入"字改为"满"字，改了十几次之后才定为"绿"字。即此一端可以想见艺术家的严肃了。善于生活者对于生活也是这样认真。曾子临死时记得床上的席子是季路的，一定叫门人把它换过才瞑目。吴季札心里已经暗许赠剑给徐君，没有实行徐君就已死去，他很郑重地把剑挂在徐君墓旁树上，以见"中心契合死生不渝"的风谊。像这一类的言行看来虽似小节，而善于生活者却不肯轻易放过，正犹如诗人不肯轻易放过一字一句一样。小节如此，大节更不消说。董狐宁愿断头不肯掩盖史实，夷齐饿死不愿降周，这种风度是道德的也是艺术的。我们主张人生的艺术化，就是主张对于人生的严肃主义。

艺术家估定事物的价值，全以它能否纳入和谐的整体为标准，往往出于一般人意料之外。他能看重一般人所看轻的，也能看轻一般人所看重的。在看重一件事物时，他知道执着，在看轻一件事物时，他也知道摆脱。艺术的能事不仅见于知所取，尤其见于知所舍。苏东坡论文，谓如水行山谷中，行于其所不得不行，止于其所不得不止。这就是取舍恰到好处，艺术化的人生也是如此。善于生活者对于世间一切，也拿艺术的口味去评判它，合于艺术口味者毫毛可以变成泰山，不合于艺术口味者泰山也可以变成毫毛。他不但能认真，而且能摆脱。在认真时见出他的严肃，在摆脱时见出他的豁达。孟敏堕甑，不顾而去，郭林宗见到以为奇怪。他说："甑已碎，顾之何益？"哲学家斯宾诺莎宁愿靠磨镜过活，不愿当大学教授，怕妨碍他的自由。王徽之居山阴，有一天夜雪初霁，月色清朗，忽然想起他的朋友戴逵，便乘小舟到剡溪去访他，刚到门口便把船划回去。他说："乘兴而来，兴尽而返。"这几件事彼此相差很远，却都可以见出艺术家的豁达。伟大的人生和伟大的艺术都要同时并有严肃与豁达之胜。晋代清流大半只知道豁达而不知道严肃，宋朝理学又大半只知道严肃而不知道豁达。陶渊明和杜子美庶几算得恰到好处。

一篇生命史就是一种作品，从伦理的观点看，它有善恶的分别，从艺术的观点看，它有美丑的分别。善恶与美丑的关系究竟如何呢？

就狭义说，伦理的价值是实用的，美感的价值是超实用的；伦理的活动都是有所为而为，美感的活动则是无所为而为。比如仁义忠信等等都是善，问它们何以为善，我们不能不着眼到人群的幸福。美之所以为美，则全在美的形象本身，不在它对于人群的效用（这并不是说它对于人群没有效用）。假如世界上只有一个人，他就不能有道德的活动，因为有父子才有慈孝可言，有朋友才有信义可言。但是这个想象的孤零零的人还可以有艺术的活动，他还可以欣赏他所居的世界，他还可以创造作品。善有所赖而美无所赖，善的价值是"外在的"，美的价值是"内在的"。

不过这种分别究竟是狭义的。就广义说，善就是一种美，恶就是一种丑。因为伦理的活动也可以引起美感上的欣赏与嫌恶。希腊大哲学家柏拉图和亚理斯多德讨论伦理问题时都以为善有等级，一般的善虽只有外在的价值，而"至高的善"则有内在的价值。这所谓"至高的善"究竟是什么呢？柏拉图和亚理斯多德本来是一走理想主义的极端，一走经验主义的极端，但是对于这个问题，意见却一致。他们都以为"至高的善"在"无所为而为的玩索"（disinterested contemplation）。这种见解在西方哲学思潮上影响极大，斯宾诺莎、黑格尔、叔本华的学说都可以参证。从此可知西方哲人心目中的"至高的善"还是一种美，最高的伦理的活动还是一种艺术的活动了。

"无所为而为的玩索"何以看成"至高的善"呢？这个问题涉及西方哲人对于神的观念。从耶稣教盛行之后，神才是一个大慈大悲的道德家。在希腊哲人以及近代莱布尼兹、尼采、叔本华诸人的心目中，神却是一个大艺术家，他创造这个宇宙出来，全是为着自己要创造，要欣赏。其实这种见解也并不减低神的身份。耶稣教的神只是一班穷叫化子中的一个肯施舍的财主老，而一般哲人心中的神，则是以宇宙为乐曲而要在这种乐曲之中见出和谐的音乐家。这两种观念究竟是哪一个伟大呢？在西方哲人想，神只是一片精灵，他的活动绝对自由而不受限制，至于人则为肉体的需要所限制而不能绝对自由。人愈能脱肉体需求的限制而作自由活动，则离神亦愈

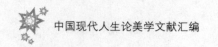

近。"无所为而为的玩索"是唯一的自由活动，所以成为最上的理想。

这番话似乎有些玄渺，在这里本来不应说及。不过无论你相信不相信，有许多思想却值得当作一个意象悬在心眼前来玩味玩味。我自己在闲暇时也欢喜看看哲学书籍。老实说，我对于许多哲学家的话都很怀疑，但是我觉得他们有趣。我以为穷到究竟，一切哲学系统也都只能当作艺术作品去看。哲学和科学穷到极境，都是要满足求知的欲望。每个哲学家和科学家对于他自己所见到的一点真理（无论它究竟是不是真理）都觉得有趣味，都用一股热忱去欣赏它。真理在离开实用而成为情趣中心时就已经是美感的对象了。"地球绕日运行""勾方加股方等于弦方"一类的科学事实，和《密罗斯爱神》或《第九交响曲》一样可以摄魂震魄。科学家去寻求这一类的事实，穷到究竟，也正因为它们可以摄魂震魄。所以科学的活动也还是一种艺术的活动，不但善与美是一体，真与美也并没有隔阂。

艺术是情趣的活动，艺术的生活也就是情趣丰富的生活。人可以分为两种，一种是情趣丰富的，对于许多事物都觉得有趣味，而且到处寻求享受这种趣味。一种是情趣干枯的，对于许多事物都觉得没有趣味，也不去寻求趣味，只终日拼命和蝇蛆在一块争温饱。后者是俗人，前者就是艺术家。情趣越丰富，生活也越美满，所谓人生的艺术化就是人生的情趣化。

"觉得有趣味"就是欣赏。你是否知道生活，就看你对于许多事物能否欣赏。欣赏也就是"无所为而为的玩索"。在欣赏时人和神仙一样自由，一样有福。

阿尔卑斯山谷中有一条大汽车路，两旁景物极美，路上插着一个标语牌劝告游人说："慢慢走，欣赏啊！"许多人在这车如流水马如龙的世界过活，恰如在阿尔卑斯山谷中乘汽车兜风，匆匆忙忙地急驰而过，无暇一回首流连风景，于是这丰富华丽的世界便成为一个了无生趣的囚牢。这是一件多么可惋惜的事啊！

朋友，在告别之前，我采用阿尔卑斯山路上的标语，在中国人告别习用语之下加上三个字奉赠：

"慢慢走，欣赏啊！"

（选自《谈美》，开明书店 1932 年版）

我们对于一棵古松的三种态度

——实用的、科学的、美感的

朱光潜

　　我刚才说，一切事物都有几种看法。你说一件事物是美的或是丑的，这也只是一种看法。换一个看法，你说它是真的或是假的；再换一种看法，你说它是善的或是恶的。同是一件事物，看法有多种，所看出来的现象也就有多种。

　　比如园里那一棵古松，无论是你是我或是任何人一看到它，都说它是古松。但是你从正面看，我从侧面看，你以幼年人的心境去看，我以中年人的心境去看，这些情境和性格的差异都能影响到所看到的古松的面目。古松虽只是一件事物，你所看到的和我所看到的古松却是两件事。假如你和我各把所得的古松的印象画成一幅画或是写成一首诗，我们俩艺术手腕尽管不分上下，你的诗和画与我的诗和画相比较，却有许多重要的异点。这是什么缘故呢？这就由于知觉不完全是客观的，各人所见到的物的形象都带有几分主观的色彩。

　　假如你是一位木商，我是一位植物学家，另外一位朋友是画家，三人同时来看这棵古松。我们三人可以说同时都"知觉"到这一棵树，可是三人所"知觉"到的却是三种不同的东西。你脱离不了你的木商的心习，你所知觉到的只是一棵做某事用值几多钱的木料。我也脱离不了我的植物学家的心习，我所知觉到的只是一棵叶为针状、果为球状、四季常青的显花植物。我们的朋友——画家——什么事都不管，只管审美，他所知觉到的只是一棵苍翠劲拔的古树。我们三人的反应态度也不一致。你心里盘算它是宜于架屋或是制器，思量怎样去买它，砍它，运它。我把它归到某类某科里去，注意它和其他松树的异点，思量它何以活得这样老。我们的朋友却不这样东想西想，他只在聚精会神地观赏它的苍翠的颜色，它的盘屈如龙蛇的线纹以及它的昂然高举、不受屈挠的气概。

从此可知这棵古松并不是一件固定的东西，它的形象随观者的性格和情趣而变化。各人所见到的古松的形象都是各人自己性格和情趣的返照。古松的形象一半是天生的，一半也是人为的。极平常的知觉都带有几分创造性；极客观的东西之中都有几分主观的成分。

美也是如此。有审美的眼睛才能见到美。这棵古松对于我们画画的朋友是美的，因为他去看它时就抱了美感的态度。你和我如果也想见到它的美，你须得把你那种木商的实用的态度丢开，我须得把植物学家的科学的态度丢开，专持美感的态度去看它。

这三种态度有什么分别呢？

先说实用的态度。做人的第一件大事就是维持生活。既要生活，就要讲究如何利用环境。"环境"包含我自己以外的一切人和物在内，这些人和物有些对于我的生活有益，有些对于我的生活有害，有些对于我不关痛痒。我对于他们于是有爱恶的情感，有趋就或逃避的意志和活动。这就是实用的态度。实用的态度起于实用的知觉，实用的知觉起于经验。小孩子初出世，第一次遇见火就伸手去抓，被它烧痛了，以后他再遇见火，便认识它是什么东西，便明了它是烧痛手指的，火对于他于是有意义。事物本来都是很混乱的，人为便利实用起见，才像被火烧过的小孩子根据经验把四围事物分类立名，说天天吃的东西叫做"饭"，天天穿的东西叫做"衣"，某种人是朋友，某种人是仇敌，于是事物才有所谓"意义"。意义大半都起于实用。在许多人看，衣除了是穿的，饭除了是吃的，女人除了是生小孩的一类意义之外，便寻不出其他意义。所谓"知觉"，就是感官接触某种人或物时心里明了他的意义。明了他的意义起初都只是明了他的实用。明了实用之后，才可以对他起反应动作，或是爱他，或是恶他，或是求他，或是拒他，木商看古松的态度便是如此。

科学的态度则不然。它纯粹是客观的、理论的。所谓客观的态度就是把自己的成见和情感完全丢开，专以"无所为而为"的精神去探求真理。理论是和实用相对的。理论本来可以见诸实用，但是科学家的直接目的却不在于实用。科学家见到一个美人，不说我要去向她求婚，她可以替我生儿子，只说"我看她这人很有趣味，我要来研究她的生理构造，分析她的心理组织"。科学家见到一堆粪，不说它的气味太坏，我要掩鼻走开，只说"这堆粪是一个病人排泄的，我要分析它的化学成分，看看有没有病菌在里面"。科学家自然也有见到美人就求婚，见到粪就掩鼻走开的时候，但是那时候他已经由科学家还到实际人的地位了。科学的态度之中很少有情感和意志，它的最重要的心理活动是抽象的思考。科学家要在这个混乱的世界中寻出事物的关系和条理，纳个物于概念，从原理演个例，分出某者为因，某者为果，某者为特征，某者为偶然性。植物学家看古松的态度便是如此。

木商由古松而想到架屋、制器、赚钱等，植物学家由古松而想到根茎花叶、日光水分等，他们的意识都不能停止在古松本身上面，不过把古松当作一块踏脚石，由它跳到和它有关系的种种事物上面去。所以在实用的态度中和科学的态度中，所得到的事物的意象都不是独立的、绝缘的，观者的注意力都不是专注在所观事物本身上面的。注意力的集中，意象的孤立绝缘，便是美感的态度的最大特点。比如我们的画画的朋友看古松，他把全副精神都注在松的本身上面，古松对于他便成了一个独立自足的世界。他忘记他的妻子在家里等柴烧饭，他忘记松树在植物教科书里叫做显花植物，总而言之，古松完全占领住他的意识，古松以外的世界他都视而不见、听而不闻了。他只把古松摆在心眼面前当作一幅画去玩味。他不计较实用，所以心中没有意志和欲念；他不推求关系、条理、因果等，所以不用抽象的思考。这种脱净了意志和抽象思考的心理活动叫做"直觉"，直觉所见到的孤立绝缘的意象叫做"形象"。美感经验就是形象的直觉，美就是事物呈现形象于直觉时的特质。

实用的态度以善为最高目的，科学的态度以真为最高目的，美感的态度以美为最高目的。在实用态度中，我们的注意力偏在事物对于人的利害，心理活动偏重意志；在科学的态度中，我们的注意力偏在事物间的互相关系，心理活动偏重抽象的思考；在美感的态度中，我们的注意力专在事物本身的形象，心理活动偏重直觉。真善美都是人所定的价值，不是事物所本有的特质。离开人的观点而言，事物都浑然无别，善恶、真伪、美丑就漫无意义。真善美都含有若干主观的成分。

就"用"字的狭义说，美是最没有用处的。科学家的目的虽只在辨别真伪，他所得的结果却可效用于人类社会。美的事物如诗文、图画、雕刻、音乐等都是寒不可以为衣，饥不可以为食的。从实用的观点看，许多艺术家都是太不切实用的人物。然则我们又何必来讲美呢？人性本来是多方的，需要也是多方的。真善美三者俱备才可以算完全的人。人性中本有饮食欲，渴而无所饮，饥而无所食，固然是一种缺乏；人性中本有求知欲而没有科学的活动，本有美的嗜好而没有美感的活动，也未始不是一种缺乏。真和美的需要也是人生中的一种饥渴——精神上的饥渴。疾病衰老的身体才没有口腹的饥渴。同理，你遇到一个没有精神上的饥渴的人或民族，你可以断定他的心灵已到了疾病衰老的状态。

人所以异于其他动物的就是于饮食男女之外还有更高尚的企求，美就是其中之一。是壶就可以贮茶，何必又求它形式、花样、颜色都要好看呢？吃饱了饭就可以睡觉，何必又呕心血去作诗、画画、奏乐呢？"生命"是与"活动"同义的，活动越自由生命也就越有意义。人的实用的活动全是有所为而为，是受环境需要限制的；人的美感的活动全是无所为而为，是环境不需要他活动而他自己愿去活动的。在有所为而为的活动中，人是环境需要的奴隶；在无所为而为的活动中，人是自己心灵的主宰。这是单就人说，就物说呢，在实用的和科学的世界中，事物都借着和其他事物发生关系而得到意义，到了孤立绝缘时就都没有意义；但是在美感世界中它却能孤立绝缘，却能在本身现出价值。照这样看，我们可以说，美是事物的最有价值的一面，美感的经验是人生中最有价值的一面。

许多轰轰烈烈的英雄和美人都过去了，许多轰轰烈烈的成功和失败也都过去了，只有艺术作品真正是不朽的。数千年前的《采采卷耳》和《孔雀东南飞》的作者还能在我们心里点燃很强烈的火焰，虽然在当时他们不过是大皇帝脚下的不知名的小百姓。秦始皇并吞六国，统一车书，曹孟德带八十万人马下江东，舳舻千里，旌旗蔽空，这些惊心动魄的成败对于你有什么意义，对于我有什么意义？但是长城和《短歌行》对于我们还是很亲切的，还可以使我们心领神会这些骸骨不存的精神气魄。这几段墙在，这几句诗在，他们永远对于人是亲切的。由此类推，在几千年或是几万年以后看现在纷纷扰扰的"帝国主义""反帝国主义""主席""代表""电影明星"之类对于人有什么意义？我们这个时代是否也有类似长城和《短歌行》的纪念坊留给后人，让他们觉得我们也还是很亲切的吗？悠悠的过去只是一片漆黑的天空，我们所以还能认识出来这漆黑的天空者，全赖思想家和艺术家所散布的几点星光。朋友，让我们珍重这几点星光！让我们也努力散布几点星光去照耀那和过去一般漆黑的未来！

（节选自《谈美》，开明书店 1932 年版）

看戏与演戏

——两种人生理想

朱光潜

　　莎士比亚说过，世界只是一个戏台。这话如果不错，人生当然也只是一部戏剧。戏要有人演，也要有人看：没有人演，就没有戏看；没有人看，也就没有人肯演。演戏人在台上走台步，做姿势，拉嗓子，嬉笑怒骂，悲欢离合，演得酣畅淋漓，尽态极妍；看戏人在台下呆目瞪视，得意忘形，拍案叫好，两方皆大欢喜，欢喜的是人生煞是热闹，至少是这片刻光阴不曾空过。

　　世间人有生来是演戏的，也有生来是看戏的。这演与看的分别主要地在如何安顿自我上面见出。演戏要置身局中，时时把"我"抬出来，使我成为推动机器的枢纽，在这世界中产生变化，就在这产生变化上实现自我；看戏要置身局外，时时把"我"搁在旁边，始终维持一个观照者的地位，吸纳这世界中的一切变化，使它们在眼中成为可欣赏的图画，就在这变化图画的欣赏上面实现自我。因为有这个分别，演戏要热要动，看戏要冷要静。打起算盘来，双方各有盈亏：演戏人为着饱尝生命的跳动而失去流连玩味，看戏人为着玩味生命的形象而失去"身历其境"的热闹。能入与能出,"得其圜中"与"超以象外",是势难兼顾的。

这分别像是极平凡而琐屑,其实却含着人生理想这个大问题的大道理在里面。古今中外许多大哲学家、大宗教家和大艺术家对于人生理想费过许多摸索,许多争辩,他们所得到的不过是三个不同的简单的结论:一个是人生理想在看戏,一个是它在演戏,一个是它同时在看戏和演戏。

先从哲学说起。

中国主要的固有的哲学思潮是儒道两家。就大体说,儒家能看戏而却偏重演戏,道家根本藐视演戏,会看戏而却也不明白地把看戏当作人生理想。看戏与演戏的分别就是《中庸》一再提起的知与行的分别。知是道问学,是格物穷理,是注视事物变化的真相;行是尊德行,是修身齐家治国平天下,是在事物中起变化而改善人生。前者是看,后者是演。儒家在表面上同时讲究这两套功夫,他们的祖师孔子是一个实行家,也是一个艺术家。放下他着重礼乐诗的艺术教育不说,就只看下面几段话:

> 子在川上曰,逝者如斯夫,不舍昼夜!

> 鸢飞戾天,鱼跃于渊,言其上下察也。

> 天何言哉,天何言哉!四时行焉,百物生焉!

> 今夫天,斯昭昭之多,及其无穷也,日月星辰系焉,万物覆焉;今夫地,一撮土之多,及其广厚,载华岳而不重,振河海而不泄,万物载焉。

对于自然奥妙的赞叹,我们就可以看出儒家很能做阿波罗式的观照，不过儒家究竟不以此为人生的最终目的，人生的最终目的在行，只不过是行的准备。他们说得很明白："物格而后知至，知至而后意诚，意诚而后心正，心正而后身修"，以至于家齐国治天下平。"自明诚，谓之教"，由知而行，就是儒家所着重的"教"。孔子终生周游奔走，"三月无君，则皇皇如也"，我们可以想见他急于要扮演一个角色。

道家老庄并称。老子抱朴守一，法自然，尚无为，持清虚寂寞，观"众妙之门"，玩"无物之象"，五千言大半是一个老于世故者静观人生物理所得到的直觉妙谛。他对于宇宙始终持着一个看戏人的态度。庄子尤其是如此。他齐是非，一生死，逍遥于万物之表，大鹏与鲦鱼，姑射仙人与庖丁，物无大小，都触目成像，触心成理，他自己却"凄然似秋，暖然似春"，哀乐毫无动于衷。他得力于他所说的"心斋"；"心斋"的方法是"若一志，无听之以耳，而听之以心"，它的效验是"虚室生白，吉祥止止"。他在别处用了一个极好的譬喻说："至人之用心若镜，不将不逆，应而不藏。"从这些话看，我们可以看出老子所谓"抱朴守一"，庄子所谓"心斋"，都恰是西方哲学家与宗教家所谓"观照"（contemplation）与佛家所谓"定"或"止观"。不过老庄自己虽在这上面做功夫，却并不像以此立教，或是因为立教仍是有为，或是因为深奥的道理可亲证而不可言传。

在西方，古代及中世纪的哲学家大半以为人生最高目的在观照，就是我们所说的以看戏人的态度体验事物的真相与真理。头一个人明白地作这个主张的是柏拉图。在《会饮》那篇熔哲学与艺术于一炉的对话里，他假托一位女哲人传心灵修养递进的秘诀。那全是一种分期历程的审美教育，一种知解上的冒险长征。心灵开始玩索一朵花，一个美人，一种美德，一门学问，一种社会文物制度的殊相的美，逐渐发现万事万物的共相的美。到了最后阶段，"表里精粗无不到"，就"一旦豁然贯通"，长征者以一霎时的直觉突然看到普涵普盖，无始无终的绝对美——如佛家所谓"真如"或"一真法界"——他就安息在这绝对美的观照里，就没入这绝对美里而与它合德同流，就借分享它的永恒的生命而达到不朽。这样，心灵就算达到它的长征的归宿，一滴水归源到大海。一个灵魂归源到上帝，柏拉图的这个思想支配了古代哲学，也支配了中世纪耶稣教的神学。

柏拉图的高足弟子亚里士多德在《伦理学》里想矫正师说，却终于达到同样的结论。人生的最高目的是至善，而至善就是幸福。幸福是"生活得好，做得好"。它不只是一种道德的状态，而是一种活动；如果只是一种状态，它可以不产生什么好结果，比如说一个人在睡眠中；唯其是活动，所以它必见于行为。"犹如在奥林匹克运动会中，夺锦标的不是最美最强悍的人，而是实在参加竞争的选手。"从这番话看，亚里士多德似主张人生目的在实际行动。但是在绕了一个大弯子以后，到最后终于说，幸福是"理解的活动"，就是"取观照的形式的那种活动"，因为人之所以为人在他的理解方面，理解是人类最高的活动，也是最持久、最愉快、最无待外求的活动。上帝在假设上是最幸福的，上帝的幸福只能表现于知解，不能表现于行动。所以在观照的幸福中，人类几与神明比肩。说来说去，亚里士多德仍然回到柏拉图的看法：人生的最高目的在看而不在演。

在近代德国哲学中，这看与演的两种人生观也占了很显著的地位。整个的宇宙，自大地山河以至于草木鸟兽，在唯心派哲学家看，只是吾人知识的创造品。知识了解了一切，同时就已创造了一切，人的行动当然也包含在内。这就无异于说，世间一切演出的戏都是在看戏人的一看之中成就的，看的重要可不言而喻，叔本华在这一"看"

之中找到悲惨人生的解脱。据他说，人生一切苦恼的源泉就在意志，行动的原动力。意志起于需要或缺乏，一个缺乏填起来了，另一个缺乏就又随之而来，所以意志永无餍足的时候。欲望的满足只"像是扔给乞丐的赈济，让他今天赖以过活，使他的苦可以延长到明天"。这意志虽是苦因，却与生俱来，不易消除，唯一的解脱在把它放射为意象，化成看的对象。意志既化成意象，人就可以由受苦的地位移到艺术观照的地位，于是罪孽苦恼变成庄严幽美。"生命和它的形象于是成为飘忽的幻象掠过他的眼前，犹如轻梦掠过朝睡中半醒的眼，真实世界已由它里面照耀出来，它就不再能蒙昧他。"换句话说，人生苦恼起于演，人生解脱在看。尼采把叔本华的这个意思发挥成一个更较具体的形式。他认为人类生来有两种不同的精神，一是日神阿波罗的，一是酒神狄俄倪索斯的。日神高踞奥林波斯峰顶，一切事物借他的光辉而得形象，他凭高静观，世界投影于他的眼帘如同投影于一面镜，他如实吸纳，却恬然不起忧喜。酒神则趁生命最繁盛的时节，酣饮高歌狂舞，在不断的生命跳动中忘去生命的本来注定的苦恼。从此可知日神是观照的象征，酒神是行动的象征。依尼采看，希腊人的最大成就在悲剧，而悲剧就是使酒神的苦痛挣扎投影于日神的慧眼，使灾祸罪孽成为惊心动魄的图画。从希腊悲剧，尼采悟出"从形象得解脱"（redemption through appearance）的道理。世界如果当作行动的场合，就全是罪孽苦恼；如果当作观照的对象，就成为一件庄严的艺术品。

如果我们比较叔本华、尼采的看法和柏拉图、亚里士多德的看法，就可看出古希腊人与近代德国人的结论相同，就是人生最高目的在观照；不过着重点微有移动，希腊人的是哲学家的观照，而近代德国人的是艺术家的观照。哲学家的观照以真为对象，艺术家的观照以美为对象。不过这也是粗略的区分。观照到了极境，真也就是美，美也就是真，如诗人济慈所说的，所以柏拉图的心灵精进在最后阶段所见到的"绝对美"就是他所谓"理式"（idea）或真实界（reality）。

宗教本重修行，理应把人生究竟摆在演而不摆在看，但是事实上世界几个大宗教没有一个不把观照看成修行的不二法门。最显著的当然是佛教。在佛教看，人生根本孽是贪嗔痴。痴又叫做"无明"。这三孽之中，无明是最根本的，因为无明，才执着法与我，把幻相看成真实，把根尘当作我有，于是有贪有嗔，陷于生死永劫。所以人生究竟解脱在破除无明以及它连带的法我执。破除无明的方法是六波罗蜜（意谓"度""到彼岸"，就是"度到涅槃的岸"），其中初四——布施、持戒、忍辱、精进——在表面上似侧重行，其实不过是最后两个阶段——禅定、智慧——的预备，到了禅定的境界，"止观双运"，于是就起智慧，看清万事万物的真相，断除一切孽障执着，到涅槃（圆寂），证真如，功德就圆满了。佛家把这种智慧叫做"大圆镜智"，《佛地经论》作这样解释：

> 如圆镜极善摩莹，鉴净无垢，光明遍照；如是如来大圆镜智于佛智上一切烦恼所知障垢永出离故，极善摩莹；为依止定所摄持故，鉴净无垢；作诸众生利乐事故，光明遍照。

> 如圆镜上非一众多诸影象起，而圆镜上无诸影象，而此圆镜无动无作；如是如来圆镜智上非一众多诸智影起，圆镜智上无诸智影，而此智镜无动无作。

这譬喻很可以和尼采所说的阿波罗精神对照，也很可以见出大乘佛家的人生理想与柏拉图的学说不谋而合。人要把心磨成一片大圆镜，光明普照，而自身却无动无作。

佛教在中国，成就最大的一宗是天台，最流行的一宗是净土。天台宗的要义在止观，净土宗的要义在念佛往生，都是在观照上做修持的功夫。所谓"止观"就是静坐摄心入定，默观佛法与佛相，净土则偏重念佛名，观佛相，以为如此即可往生西方极乐世界（所谓"净土"）。依《文殊般若经》说：

> 若善男子善女子，应在空间处，舍诸乱意，随佛方所，端身正向，不取相貌，系心一佛，专称名字，念无休息，即是念中，能见过现未来三世诸佛。

这种凝神观照往往产生中世纪耶教徒所谓"灵见"（visions），对象或为佛相，或为庄严宝塔，或为极乐世界。佛家往往用文字把他们的"灵见"表现成想象丰富的艺术作品，像《无量寿经》《阿弥陀经》之类作品大抵都是这样产生出来的。往生净土是他们的最后目的，其实这净土仍是心中幻影，所谓往生仍是在观照中成就，不一定在地理上有一种搬迁。

这一切在耶稣教中都可以找到它的类似。耶稣自己，像释迦一样，是经过一个长期静坐默想而后证道的。"天国就在你自己心里"，这句话也有唤醒人返求诸心的倾向。不过早期的神父要和极艰窘的环境奋斗，精力大半耗于奔走布道和避免残杀。到了3世纪后，耶稣教的神学逐渐与希腊哲学合流，形成所谓"新柏拉图派"的神秘主义，于是观照成为修行的要诀。依这派的学说，人的灵魂原与上帝一体，没有肉体感官的障碍，所以能观照永恒真理。投生以后，它就依附了肉体，就有欲也就有障。人在灵方面仍近于神，在肉方面则近于兽，肉是一切罪孽的根源，灵才是人的真性。所以修行在以灵制欲，在离开感官的生活而凝神于思想与观照，由是脱尽尘障，在一种极乐的魂游（ecstasy）中回到上帝的怀里，重新和他成为一体。中世纪神学家把"知"看成心灵的特殊功能，唯一的人神沟通的桥梁。"知"有三个等级：感觉（cognition）、思考（meditation）和观照（contemplation）。观照是最高的阶段，它不但不要假道于感觉，也无须用概念的思考，它是感觉和思考所不能跻攀的知的胜境，一种直觉，一种神佑的大彻大悟。只有借这观照，人才能得到所谓"神福的灵见"（beatific vision），见到上帝，回到上帝，永远安息在上帝里面。达到这种"神福的灵见"，一个耶稣徒就算达到人生的最高理想。

这种哲学或神学的基础，加上中世纪的社会扰乱，酿成寺院的虔修制度。现世既然恶浊，要避免它的熏染，僧侣于是隐到与人世隔绝的寺院里，苦行持戒，默想现世的罪孽，来世的希望和上帝的博大仁慈。他们的经验恰和佛教徒的一样，由于高度的自催眠作用，默想果然产生了许多"灵见"；地狱的厉鬼，净界的烈焰，天堂的神仙的福境，都活灵活现地现在他们的凝神默索的眼前。这些"灵见"写成书，绘成画，刻成雕像，就成中世纪的灿烂辉煌的文学与艺术。在意大利，成就尤其烜赫。但丁的《神曲》就是无数"灵见"之一，它可以看成耶稣教的《阿弥陀经》。

我们只举佛耶两教做代表就够了。道教本着长生久视的主旨，后来又沿袭了许多佛教的虔修秘诀；回教本由耶教演变成的，特别流连于极乐世界的感官的享乐。总之，在较显著的宗教中，或是因为特重心灵的知的活动，或是寄希望于比现世远较完美的另一世界，人生的最高理想都不摆在现世的行动而摆在另一世界的观照。宗教的基本精神在看而不在演。

最后，谈到文艺，它是人生世相的返照，离开观照，就不能有它的生存。文艺说来很简单，它是情趣与意象的融汇，作者寓情于景，读者因景生情。比如说，"昔我往矣，杨柳依依，今我来思，雨雪霏霏"一章诗写出一串意象、一幅景致，一幕戏剧动态。有形可见者只此，但是作者本心要说的却不只此，他主要地是要表现一种时序变迁的感慨。这感慨在这章诗里虽未明白说出而却胜于明白说出；它没有现身而却无可否认地是在那里。这事细想起来，真是一个奇迹。情感是内在的、属我的、主观的、热烈的，变动不居，可体验而不可直接描绘的；意象是外在的、属物的、客观的、冷静的，成形即常住，可直接描绘而却不必使任何人都可借以有所体验的。如果借用尼采的譬喻来说，情感是狄俄倪索斯的活动，意象是阿波罗的观照；所以不仅在悲剧里（如尼采所说的），在一切文艺作品里，我们都可以见出狄俄倪索斯的活动投影于阿波罗的观照，见出两极端冲突的调和，相反者的同一。但是在这种调和与同一中，占有优势与决定性的倒不是狄俄倪索斯而是阿波罗，是狄俄倪索斯沉没到阿波罗里面，而不是阿波罗沉没到狄俄倪索斯里面。所以我们尽管有丰富的人生经验，有深刻的情感，若是止于此，我们还是站在艺术的门外，要升堂入室，这些经验与情感必须经过阿波罗的光辉照耀，必须成为观照的对象。由于这个道理，观照（这其实就是想象，也就是直觉）是文艺的灵魂；也由于这个道理，诗人和艺术家们也往往以观照为人生的归宿。我们试想一想：

目送飞鸿，手挥五弦，俯仰自得，游心太玄。——嵇康

仰视碧天际，俯瞰渌水滨，寥阒无涯观，寓目理自陈。大矣造化工，万殊莫不均。群籁虽参差，适我无非新。——王羲之

采菊东篱下，悠然见南山，山气日夕佳，飞鸟相与还。此中有真意，欲辨已忘言。——陶潜

侧身天地长怀古，独立苍茫自咏诗。——杜甫

从诸诗所表现的胸襟气度与理想，就可以明白诗人与艺术家如何在静观默玩中得到人生的最高乐趣。

就西方文艺来说，有三部名著可以代表西方人生观的演变：在古代是柏拉图的《会饮》，在中世纪是但丁的《神曲》，在近代是歌德的《浮士德》。《会饮》如上文已经说过的，是心灵的审美教育方案；这教育的历程是由感觉经理智到慧解，由殊相到共相，由现象到本体，由时空限制到超时空限制；它的终结是在沉静的观照中得到豁然大悟，以及个体心灵与弥漫宇宙的整一的纯粹的大心灵合德同流。由古希腊到中世纪，这个人生理想没有经过重大的变迁，只是加上耶教神学的渲染。《神曲》在表面上只是一部游记，但丁叙述自己游历地狱、净界与天堂的所见所闻；但是骨子里它是一部寓言，叙述心灵由罪孽经忏悔到解脱的经过，但丁自己就象征心灵，三界只是心灵的三种状态，地狱是罪孽状态，净界是忏悔洗刷状态，天堂是得解脱蒙神福状态。心灵逐步前进，就是逐步超升，到了最高天，它看见玫瑰宝座中坐的诸圣诸仙，看见圣母，最后看见了上帝自己。在这“神福的灵见”里，但丁（或者说心灵）得到最后的归宿，他“超脱”了，归到上帝怀里了，《神曲》于是终止。这种理想大体上仍是柏拉图的，所不同者柏拉图的上帝是“理式”，绝对真实界本体，无形无体的超时超空的普运周流的大灵魂；而但丁则与中世纪神学家们一样，多少把上帝当作一个人去想：他糅合神性与人性于一体，有如耶稣。

从但丁糅合柏拉图哲学与耶教神学，把人生的归宿定为“神福的灵见”以后，过了五百年到近代，人生究竟问题又成为思辨的中心，而大诗人歌德代表近代人给了一个彻底不同的答案。就人生理想来说，《浮士德》代表西方思潮的一个极大的转变。但丁所要解脱的是象征情欲的三猛兽和象征愚昧的黑树林。到浮士德，情境就变了，他所要解脱的不是愚昧而是使他觉得腻味的丰富的知识。理智的观照引起他的心灵的烦躁不安。"物极思返"，浮士德于是由一位闭户埋头的书生变成一位与厉鬼定卖魂约的冒险者，由沉静的观照跳到热烈而近于荒唐的行动。在《神曲》里，象征信仰与天恩的贝雅特里齐，在《浮士德》里于是变成天真而却蒙昧无知的玛嘉丽特。在《神曲》里是"神福的灵见"，在《浮士德》里于是变成"狂飙突进"。阿波罗退隐了，狄俄倪索斯于是横行无忌。经过许多放纵不羁的冒险行动以后，浮士德的顽强的意志也终于得到净化，而净化的原动力却不是观照而是一种有道德意义的行动。他的最后的成就也就是他的最高的理想的实现，从大海争来一片陆地，把它垦成沃壤，使它效用于人类社会。这理想可以叫做"自然的征服"。

这浮士德的精神真正是近代的精神，它表现于一些睥睨一世的雄才怪杰，表现于一些惊天动地的历史事变。各时代都有它的哲学辩护它的活动，在近代，尼采的超人主义唤起许多癫狂者的野心，扬谛理（Gentile）的"为行动而行动"的哲学替法西斯的横行奠定了理论的基础。

这真是一个大旋转。从前人恭维一个人，说"他是一个肯用心的人"（a thoughtful man），现在却说"他是一个活动分子"（an active man）。这旋转是向好还是向坏呢？爱下道德判断的人们不免起这个疑问。答案似难一致。自幸生在这个大时代的"活动分子"会赞叹现代生命力的旺盛。而"肯用心的人"或不免忧虑信任盲目冲动的危险。这种见解的分歧在骨子里与文艺方面古典与浪漫的争执是一致的。古典派要求意象的完美，浪漫派要求情感的丰富，还是冷静与热烈动荡的分别。文艺批评家们说，这分别是粗浅而村俗的，第一流文艺作品必定同时是古典的与浪漫的，必定是丰富的情感表现于完美的意象。把这见解应用到人生方面，显然的结论是：理想的人生是由知而行，由看而演，由观照而行动。这其实是一个老结论。苏格拉底的"知识即德行"，孔子的"自明诚"，王阳明的"知行合一"，意义原来都是如此。但是这还是侧重行动的看法。止于知犹未足，要本所知去行，才算功德圆满。这正犹如尼采在表面上说明了日神与酒神两种精神的融合，实际上仍是以酒神精神沉没于日神精神，以行动投影于观照。所以说来说去，人生理想还只有两个，不是看，就是演；知行合一说仍以演为归宿，日神酒神融合说仍以看为归宿。

近代意大利哲学家克罗齐另有一个看法，他把人类心灵活动分为知解（艺术的直觉与科学的思考）与实行（经济的活动与道德的活动）两大阶段，以为实行必据知解，而知解却可独立自足。一个人可以终止于艺术家，实现美的价值；可以终止于思想家，实现真的价值；可以终止于经济政治家，实现用的价值；也可以终止于道德家，实现善的价值。这四种人的活动在心灵进展次第上虽是一层高似一层，却各有千秋，各能实现人生价值的某一面。这就是说，看与演都可以成为人生的归宿。

这看法容许各人依自己的性之所近而抉择自己的人生理想，我以为是一个极合理的看法。人生理想往往决定于各个人的性格。最聪明的办法是让生来善看戏的人们去看戏，生来善演戏的人们来演戏。上帝造人，原来就不只是用一个模型。近代心理学家对于人类原型的分别已经得到许多有意义的发现，很可以做解决本问题的参考。最显著的是荣格（Jung）的"内倾"与"外倾"的分别。内倾者（introvert）倾心力向内，重视自我的价值，好孤寂，喜默想，无意在外物界发动变化；外倾者（extrovert）倾心力向外，重视外界事物的价值，好社交，喜活动，常要在外物界起变化而无暇返观默省。简括地说，内倾者生来爱看戏，外倾者生来爱演戏。

人生来既有这种类型的分别，人生理想既大半受性格决定，生来爱看戏的以看为人生归宿，生来爱演戏的以演为人生归宿，就是理所当然的事了。双方各有乐趣，各是人生的实现，我们各不妨碍其所好，正不必强分高下，或是勉强一切人都走一条路。人性不只是一样，理想不只是一个，才见得这世界的恢阔和人生的丰富。犬儒派哲学家第欧根尼（Diogenes）静坐在一个木桶里默想，勋名盖世的亚力山大帝慕名去访他，他在桶里坐着不动。客人介绍自己说："我是亚力山大帝。"他回答说："我是犬儒第欧根尼。"客人问："我有什么可以帮你的忙吗?"他回答："只请你站开些，不要挡着太阳光。"这样就匆匆了结一个有名的会晤。亚力山大帝觉得这犬儒甚可羡慕，向人说过一句心里话："如果我不是亚力山大，我很愿做第欧根尼。"无如他是亚力山大，这是一件前生注定丝毫不能改动的事，他不能做第欧根尼。这是他的悲剧，也是一切人所同有的悲剧。但是这亚力山大究竟是一个了不起的人物，是亚历山大而能见到做第欧根尼的好处。比起他来，第欧根尼要低一层。"不要挡着太阳光!"那句话含着几多自满与骄傲，也含着几多偏见与狭量啊!

要较量看戏与演戏的长短，我们如果专请教于书本，就很难得公平。我们要记得：柏拉图、庄子、释迦、耶稣、但丁……这一长串人都是看戏人，所以留下一些话来都是袒护看戏的人生观。此外还有更多的人，像秦始皇、大流士、亚力山大、忽必烈、拿破仑……以及无数开山凿河、垦地航海的无名英雄毕生都在忙演戏，他们的人生哲学表现在他们的生活，所以不曾留下话来辩护演戏的人生观。他们是忠实于自己的性格，如果留下话来，他们也就势必变成看戏人了。据说罗兰夫人上了断头台，才想望有一枝笔可以写出她的临终的感想。我们固然希望能读到这位女革命家的自供，可是其实这是多余的。整部历史，这一部轰轰烈烈的戏，不就是演戏人们的最雄辩的供状么？

英国散文家斯蒂文森（R. L. Stevenson）在一篇叫做《步行》的小品文里有一段话说得很美，可惜我的译笔不能传出那话的风味，它的大意是：

> 我们这样匆匆忙忙地做事，写东西，挣财产，想在永恒时间的嘲笑的静默中有一刹那使我们的声音让人可以听见，我们竟忘掉一件大事，在这件大事之中这些事只是细目，那就是生活。我们钟情，痛饮，在地面来去匆匆，像一群受惊的羊。可是你得问问你自己：在一切完了之后，你原来如果坐在家里炉旁快快活活地想着，是否比较更好些。静坐着默想——记起女子们的面孔而不起欲念，想到人们的丰功伟业，快意而不羡慕，对一切事物和一切地方有同情的了解，而却安心留在你所在的地方和身份——这不是同时懂得智慧和德行，不是和幸福住在一起吗？说到究竟，能拿出会游行来开心的并不是那些扛旗子游行的人们，而是那些坐在房子里眺望的人们。

这也是一番袒护看戏的话。我们很能了解斯蒂文森的聪明的打算，而且心悦诚服地随他站在一条线上——我们这批袖手旁观的人们。但是我们看了那出会游行而开心之后，也要深心感激那些扛旗子的人们。假如他们也都坐在房子里眺望，世间还有什么戏可看呢？并且，他们不也在开心吗，你难道能否认？

（原刊《文学杂志》1947 年第 2 卷第 2 期）

无言之美

朱光潜

孔子有一天突然很高兴地对他的学生说:"予欲无言。"子贡就接着问他:"子如不言,则小子何述焉?"孔子说:"天何言哉?四时行焉,百物生焉。天何言哉?"

这段赞美无言的话,本来从教育方面着想。但是要明了无言的意蕴,宜从美术观点去研究。

言所以达意,然而意决不是完全可以言达的。因为言是固定的,有迹象的;意是瞬息万变,飘渺无踪的。言是散碎的,意是混整的。言是有限的,意是无限的。以言达意,好像用继续的虚线画实物,只能得其近似。

所谓文学,就是以言达意的一种美术。在文学作品中,语言之先的意象,和情绪意旨所附丽的语言,都要尽美尽善,才能引起美感。

尽美尽善的条件很多。但是第一要不违背美术的基本原理,要"和自然逼真"(true to nature):这句话讲得通俗一点,就是说美术作品不能说谎。不说谎包含有两种意义:一、我们所说的话,就恰似我们所想说的话。二、我们所想说的话,我们都吐肚子说出来了,毫无余蕴。

意既不可以完全达之以言，"和自然逼真"一个条件在文学上不是做不到么？或者我们问得再直截一点，假使语言文字能够完全传达情意，假使笔之于书的和存之于心的铢两悉称，丝毫不爽，这是不是文学上所应希求的一件事？

这个问题是了解文学及其他美术所必须回答的。现在我们姑且答道：文字语言固然不能全部传达情绪意旨，假使能够，也并非文学所应希求的。一切美术作品也都是这样，尽量表现，非惟不能，而也不必。

先从事实下手研究。譬如有一个荒村或任何物体，摄影家把它照一幅相，美术家把它画一幅画。这种相片和图画可以从两个观点去比较：第一，相片或图画，哪一个较"和自然逼真"？不消说得，在同一视阈以内的东西，相片都可以包罗尽致，并且体积比例和实物都两两相称，不会有丝毫错误。图画就不然；美术家对一种境遇，未表现之先，先加一番选择。选择定的材料还须经过一番理想化，把美术家的人格参加进去，然后表现出来。所表现的只是实物的一部分，就连这一部分也不必和实物完全一致。所以图画决不能如相片一样"和自然逼真"。第二，我们再问，相片和图画所引起的美感哪一个浓厚，所发生的印象哪一个深刻，这也不消说，稍有美术口胃的人都觉得图画比相片美得多。

文学作品也是同样。譬如《论语》，"子在川上曰：'逝者如斯夫，不舍昼夜！'"几句话决没完全描写出孔子说这番话时候的心境，而"如斯夫"三字更笼统，没有把当时的流水形容尽致。如果说详细一点，孔子也许这样说："河水滚滚地流去，日夜都是这样，没有一刻停止。世界上一切事物不都像这流水时常变化不尽么？过去的事物不就永远过去决不回头么？我看见这流水心中好不惨伤呀！……"但是纵使这样说去，还没有尽意。而比较起来，"逝者如斯夫，不舍昼夜"九个字比这段长而臭的演义就值得玩味多了！在上等文学作品中，——尤其在诗词中——这种言不尽意的例子处处都可以看见。譬如陶渊明的《时运》，"有风自南，翼彼新苗"；《读〈山海经〉》，"微雨从东来，好风与之俱"；本来没有表现出诗人的情绪，然而玩味起来，自觉有一种闲情逸致，令人心旷神怡。钱起的《省试湘灵鼓瑟》末二句，"曲终人不见，江上数峰青"，也没有说出诗人的心绪，然而一种凄凉惜别的神情自然流露于言语之外。此外像陈子昂的《幽州台怀古》，"前不见古人，后不见来者，念天地之幽幽，独怆然而泪下！"李白的《怨情》，"美人卷珠帘，深坐颦蛾眉。但见泪痕湿，不知心恨谁"。虽然说明了诗人的情感，而所说出来的多么简单，所含蓄的多么深远？再就写景说，无论何种境遇，要描写得唯妙唯肖，都要费许多笔墨。但是大手笔只选择两三件事轻描淡写一下，完全境遇便呈露眼前，栩栩欲生。譬如陶渊明的《归园田居》，"方宅十余亩，草屋八九间。榆柳阴后檐，桃李罗堂前。暧暧远人村，依依墟里烟。狗吠深巷中，鸡鸣桑树巅。"四十字把乡村风景描写多么真切！再如杜工部的《后出塞》，"落日照大地，马鸣风萧萧。平沙列万幕，部伍各见招。中天悬明月，令严夜寂寥。悲笳数声动，壮士惨不骄。"寥寥几句话，把月夜沙场状况写得多么有声有色，然而仔细观察起来，乡村景物还有多少为陶渊明所未提及，战地情况还有多少为杜工部所未提及。从此可知文学上我们并不以尽量表现为难能可贵。

在音乐里面，我们也有这种感想，凡是唱歌奏乐，音调由洪壮急促而变到低微以至于无声的时候，我们精神上就有一种沉默肃穆和平愉快的景象。白香山在《琵琶行》里形容琵琶声音暂时停顿的情况说，"水泉冷涩弦凝绝，凝绝不通声暂歇。别有幽愁暗恨生，此时无声胜有声"。这就是形容音乐上无言之美的滋味。著名英国诗人济慈（Keats）在《希腊花瓶歌》也说，"听得见的声调固然幽美，听不见的声调尤其幽美"（Heard melodies are sweet; but those unheard are sweeter），也是说同样道理。大概喜欢音乐的人都尝过此中滋味。

就戏剧说，无言之美更容易看出。许多作品往往在热闹场中动作快到极重要的一点时，忽然万籁俱寂，现出一种沉默神秘的景象。梅特林克（Maeterlinck）的作品就是好例。譬如《青鸟》的布景，择夜阑人静的时候，使重要角色睡得很长久，就是利用无言之美的道理。梅氏并且说："口开则灵魂之门闭，口闭则灵魂之门开。"赞无言之美的话不能比此更透辟了。莎士比亚的名著《哈姆雷特》一剧开幕便描写更夫守夜的状况，德林瓦特（Drinkwater）在其《林肯》中描写林肯在南北战争军事旁午的时候跪着默祷，王尔德（O. Wilde）的《温德梅尔夫人的扇子》里面描写温德梅尔夫人私奔在她的情人寓所等候的状况，都在兴酣局紧，心悬悬渴望结局时，放出沉默神秘的色彩，都足以证明无言之美的。近代又有一种哑剧和静的布景，或只有动作而无言语，或连动作也没有，就将靠无言之美引人入胜了。

雕刻塑像本来是无言的，也可以拿来说明无言之美。所谓无言，不一定指不说话，是注重在含蓄不露。雕刻以静体传神，有些是流露的，有些是含蓄的。这种分别在眼睛上尤其容易看见。中国有一句谚语说，"金刚怒目，不如菩萨低眉"，所谓怒目，便是流露；所谓低眉，便是含蓄。凡看低头闭目的神像，所生的印象往往特别深刻。最有趣的就是西洋爱神的雕刻，她们男女都是瞎了眼睛。这固然根据希腊的神话，然而实在含有美术的道理，因为爱情通常都在眉目间流露，而流露爱情的眉目是最难比拟的。所以索性雕成盲目，可以耐人寻思。当初雕刻家原不必有意为此，但这些也许是人类不用意识而自然碰的巧。

要说明雕刻上流露和含蓄的分别，希腊著名雕刻《拉奥孔》（Laocoon）是最好的例子。相传拉奥孔犯了大罪，天神用了一种极惨酷的刑法来惩罚他，遣了一条恶蛇把他和他的两个儿子在一块绞死了。在这种极刑之下，未死之前当然有一种悲伤惨感目不忍睹的一顷刻，而希腊雕刻家并不擒住这一顷刻来表现，他只把将达苦痛极点前一顷刻的神情雕刻出来，所以他所表现的悲哀是含蓄不露的。倘若是流露的，一定带了挣扎呼号的样子。这个雕刻，一眼看去，只觉得他们父子三人都有一种难言之恫；仔细看去，便可发见条条筋肉根根毛孔都暗示一种极苦痛的神情。德国莱辛（Lessing）的名著《拉奥孔》就根据这个雕刻，讨论美术上含蓄的道理。

以上是从各种艺术中信手拈来的几个实例。把这些个别的实例归纳在一起，我们可以得一个公例，就是：拿美术来表现思想和情感，与其尽量流露，不如稍有含蓄；与其吐肚子把一切都说出来，不如留一大部分让欣赏者自己去领会。因为在欣赏者的头脑里所生的印象和美感，含蓄比尽量流露的还要更加深刻。换句话说，说出来的越少，留着不说的越多，所引起的美感就越大越深越真切。

这个公例不过是许多事实的总结束。现在我们要进一步求出解释这个公例的理由。我们要问何以说得越少，引起的美感反而越深刻？何以无言之美有如许势力？

想答复这个问题，先要明白美术的使命。人类何以有美术的要求？这个问题本非一言可尽。现在我们姑且说，美术是帮助我们超现实而求安慰于理想境界的。人类的意志可向两方面发展：一是现实界，一是理想界。不过现实界有时受我们的意志支配，有时不受我们的意志支配。譬如我们想造一所房屋，这是一种意志。要达到这个意志，必费许多力气去征服现实，要开荒辟地，要造砖瓦，要架梁柱，要赚钱去请泥水匠。这些事都是人力可以办到的，都是可以用意志支配的。但是现实界凡物皆向地心下坠一条定律，就不可以用意志征服。所以意志在现实界活动，处处遇障碍，处处受限制，不能圆满地达到目的，实际上我们的意志十之八九都要受现实限制，不能自由发展。譬如谁不想有美满的家庭？谁不想住在极乐国？然而在现实界决没有所谓极乐美满的东西存在。因此我们的意志就不能不和现实发生冲突。

一般人遇到意志和现实发生冲突的时候，大半让现实征服了意志，走到悲观烦闷的路上去，以为件件事都不如人意，人生还有什么意味？所以堕落，自杀，逃空门种种的消极的解决法就乘虚而入了，不过这种消极的人生观不是解决意志和现实冲突最好的方法。因为我们人类生来不是懦弱者，而这种消极的人生观甘心让现实把意志征服了，是一种极懦弱的表示。

然则此外还有较好的解决法么？有的，就是我所谓超现实。我们处世有两种态度，人力所能做到的时候，我们竭力征服现实。人力莫可奈何的时候，我们就要暂时超脱现实，储蓄精力待将来再向他方面征服现实。超脱到哪里去呢？超脱到理想界去。现实界处处有障碍有限制，理想界是天空任鸟飞，极空阔极自由的。现实界不可以造空中楼阁，理想界是可以造空中楼阁的。现实界没有尽美尽善，理想界是有尽美尽善的。

姑取实例来说明。我们走到小城市里去，看见街道窄狭污浊，处处都是阴沟厕所，当然感觉不快，而意志立时就要表示态度。如果意志要征服这种现实哩，我们就要把这种街道房屋一律拆毁，另造宽大的马路和清洁的房屋。但是谈何容易？物质上发生种种障碍，这一层就不一定可以做到。意志在此时如何对付呢？他说：我要超脱现实，去在理想界造成理想的街道房屋来，把它表现在图画上，表现在雕刻上，表现在诗文上。于是结果有所谓美术作品。美术家成了一件作品，自己觉得有创造的大力，当然快乐已极。旁人看见这种作品，觉得它真美丽，于是也愉快起来了，这就是所谓美感。

因此美术家的生活就是超现实的生活；美术作品就是帮助我们超脱现实到理想界去求安慰的。换句话说，我们有美术的要求，就因为现实界待遇我们太刻薄，不肯让我们的意志推行无碍，于是我们的意志就跑到理想界去求慰情的路径。美术作品之所以美，就美在它能够给我们很好的理想境界。所以我们可以说，美术作品的价值高低就看它超现实的程度大小，就看它所创造的理想世界是阔大还是窄狭。

但是美术又不是完全可以和现实界绝缘的。它所用的工具——例如雕刻用的石头，图画用的颜色，诗文用的语言——都是在现实界取来的。它所用的材料——例如人物情状悲欢离合——也是现实界的产物。所以美术可以说是以毒攻毒，利用现实的帮助以超脱现实的苦恼。上面我们说过，美术作品的价值高低要看它超脱现实的程度如何。这句话应稍加改正，我们应该说，美术作品的价值高低，就看它能否借极少量的现实界的帮助，创造极大量的理想世界出来。

在实际上说，美术作品借现实界的帮助愈少，所创造的理想世界也因而愈大。再拿相片和图画来说明。何以相片所引起的美感不如图画呢？因为相片上一形一影，件件都是真实的，而且应有尽有，发泄无遗。我们看相片，种种形影好像钉子把我们的想象力都钉死了。看到相片，好像看到二五，就只能想到一十，不能想到其他数目。换句话说，相片把事物看得忒真，没有给我们以想象余地。所以相片，只能抄写现实界，不能创造理想界。图画就不然。图画家用美术眼光，加一番选择的工夫，在一个完全境遇中选择了一小部事物，把它们又经过一番理想化，然后才表现出来。惟其留着一大部分不表现，欣赏者的想象力才有用武之地。想象作用的结果就是一个理想世界。所以图画所表现的现实世界虽极小而创造的理想世界则极大。孔子谈教育说，"举一隅不以三隅反，则不复也。"相片是把四隅通举出来了，不要你劳力去"复"。图画就只举一隅，叫欣赏者加一番想象，然后"以三隅反"。

流行语中有一句说："言有尽而意无穷。"无穷之意达之以有尽之言，所以有许多意，尽在不言中。文学之所以美，不仅在有尽之言，而尤在无穷之意。推广地说，美术作品之所以美，不是只美在已表现的一部分，尤其是美在未表现而含蓄无穷的一大部分，这就是本文所谓无言之美。

因此美术要和自然逼真一个信条应该这样解释：和自然逼真是要窥出自然的精髓所在，而表现出来；不是说要把自然当作一篇印版文字，很机械地抄写下来。

这里有一个问题会发生。假使我们欣赏美术作品，要注重在未表现而含蓄着的一部分，要超"言"而求"言外意"，各个人有各个人的见解，所得的言外意不是难免殊异么？当然，美术作品之所以美，就美在有弹性，能拉得长，能缩得短。有弹性所以不呆板。同一美术作品，你去玩味有你的趣味，我去玩味有我的趣味。譬如莎氏乐府所以在艺术上占极高位置，就因为各种阶级的人在不同的环境中都欢喜读他。有弹性所以不陈腐。同一美术作品，今天玩味有今天的趣味，明天玩味有明天的趣味。凡是经不得时代淘汰的作品都不是上乘。上乘文学作品，百读都令人不厌的。

就文学说，诗词比散文的弹性大；换句话说，诗词比散文所含的无言之美更丰富。散文是尽量流露的，愈发挥尽致，愈见其妙。诗词是要含蓄暗示，若即若离，才能引人入胜。现在一般研究文学的人都偏重散文——尤其是小说。对于诗词很疏忽。这件事实可以证明一般人文学欣赏力很薄弱。现在如果要提高文学，必先提高文学欣赏力，要提高文学欣赏力，必先在诗词方面特下工夫，把鉴赏无言之美的能力养得很敏捷。因此我很希望文学创作者在诗词方面多努力，而学校国文课程中诗歌应该占一个重要的位置。

本文论无言之美，只就美术一方面着眼。其实这个道理在伦理、哲学、教育、宗教及实际生活各方面，都不难发现。老子《道德经》开卷便说："道可道，非常道；名可名，非常名。"这就是说伦理哲学中有无言之美。儒家谈教育，大半主张潜移默化，所以拿时雨春风做比喻。佛教及其他宗教之能深入人心，也是借沉默神秘的势力。幼稚园创造者蒙台梭利利用无言之美的办法尤其有趣。在她的幼稚园里，教师每天趁儿童玩得很热闹的时候，猛然地在粉板上写一个"静"字，或奏一声琴。全体儿童于是都跑到自己的座位去，做闭着眼睛蒙着头伏案假睡的姿势，但是他们不可睡着。几分钟后，教师又用很轻微的声音，从颇远的地方呼唤各个儿童的名字。听见名字的就要立刻醒起来。这就是使儿童可以在沉默中领略无言之美。

就实际生活方面说，世间最深切的莫如男女爱情。爱情摆在肚子里面比摆在口头上来得恳切。"齐心同所愿，含意俱未伸"和"更无言语空相觑"，比较"细语温存""怜我怜卿"的滋味还要更加甜密。英国诗人布莱克（Blake）有一首诗叫做《爱情之秘》（Love's Secret）里面说：

（一）切莫告诉你的爱情，

爱情是永远不可以告诉的，

因为她像微风一样，

不做声不做气的吹着。

（二）我曾经把我的爱情告诉而又告诉，

我把一切都披肝沥胆地告诉爱人了，

打着寒颤，耸头发地告诉，

然而她终于离我去了！

（三）她离我去了，

不多时一个过客来了。

不做声不做气地，只微叹一声，

便把她带去了。

这首短诗描写爱情上无言之美的势力，可谓透辟已极了。本来爱情完全是一种心灵的感应，其深刻处是老子所谓不可道不可名的。所以许多诗人以为"爱情"两个字本身就太滥太寻常太乏味，不能拿来写照男女间神圣深挚的情绪。

其实何只爱情？世间有许多奥妙，人心有许多灵悟，都非言语可以传达，一经言语道破，反如甘蔗渣滓，索然无味。这个道理还可以推到宇宙人生诸问题方面去。我们所居的世界是最完美的，就因为它是最不完美的。这话表面看去，不通已极。但是实在含有至理。假如世界是完美的，人类所过的生活——比好一点，是神仙的生活，比坏一点，就是猪的生活——便呆板单调已极，因为倘若件件都尽美尽善了，自然没有希望发生，更没有努力奋斗的必要。人生最可乐的就是活动所生的感觉，就是奋斗成功而得的快慰。世界既完美，我们如何能尝创造成功的快慰？这个世界之所以美满，就在有缺陷，就在有希望的机会，有想象的田地。换句话说，世界有缺陷，可能性（potentiality）才大。这种可能而未能的状况就是无言之美。世间有许多奥妙，要留着不说出；世间有许多理想，也应该留着不实现。因为实现以后，跟着"我知道了！"的快慰便是"原来不过如是！"的失望。

天上的云霞有多么美丽！风涛虫鸟的声息有多么和谐！用颜色来摹绘，用金石丝竹来比拟，任何美术家也是作践天籁，糟蹋自然！无言之美何限？让我这种拙手来写照，已是糟粕枯骸！这种罪过我要完全承认的。倘若有人骂我胡言乱道，我也只好引陶渊明的诗回答他说："此中有真味，欲辨已忘言！"

（选自《给青年的十二封信》，开明书店 1929 年版）

谈读诗与趣味的培养

朱光潜

据我的教书经验来说，一般青年都欢喜听故事而不欢喜读诗。记得从前在中学里教英文，讲一篇小说时常有别班的学生来旁听；但是遇着讲诗时，旁听者总是瞟着机会逃出去。就出版界的消息看，诗是一种滞销货。一部大致不差的小说就可以卖钱，印出来之后一年中可以再版三版。但是一部诗集尽管很好，要印行时须得诗人自己掏腰包作印刷费，过了多少年之后，藏书家如果要买它的第一版，也用不着费高价。

从此一点，我们可以看出现在一般青年对于文学的趣味还是很低。在欧洲各国，小说固然也比诗畅销，但是没有在中国的这样大的悬殊，并且有时诗的畅销更甚于小说。据去年的统计，法国最畅销的书是波德莱尔的《罪恶之花》。这是一部诗，而且并不是容易懂的诗。

一个人不欢喜诗，何以文学趣味就低下呢？因为一切纯文学都要有诗的特质。一部好小说或是一部好戏剧都要当作一首诗看。诗比别类文学较谨严，较纯粹，较精致。如果对于诗没有兴趣，对于小说、戏剧、散文等的佳妙处也终不免有些隔膜。不爱好诗而爱好小说戏剧的人们大半在小说和戏剧中只能见到最粗浅的一部分，就是故事。所以他们看小说和戏剧，不问它们的艺术技巧，只求它们里面有有趣的故事。他们最爱读的小说不是描写内心生活或者社会真相的作品，而是《福尔摩斯侦探案》之类的东西。爱好故事本来不是一件坏事，但是如果要真能欣赏文学，我们一定要超过原始的童稚的好奇心，要超过对于《福尔摩斯侦探案》的爱好，去求艺术家对于人生的深刻的观照以及他们传达这种观照的技巧。第一流小说家不尽是会讲故事的人，第一流小说中的故事大半只像枯树搭成的花架，用处只在撑扶住一园锦绣灿烂生气蓬勃的葛藤花卉。这些故事以外的东西就是小说中的诗。读小说只见到故事而没有见到它的诗，就像看到花架而忘记架上的花。要养成纯正的文学趣味，我们最好从读诗入手。能欣赏诗，自然能欣赏小说戏剧及其他种类文学。

如果只就故事说，陈鸿的《长恨歌传》未必不如白居易的《长恨歌》或洪升的《长生殿》，元稹的《会真记》未必不如王实甫的《西厢记》，兰姆（Lamb）的《莎士比亚故事集》未必不如莎士比亚的剧本。但是就文学价值说，《长恨歌》《西厢记》和莎士比亚的剧本都远非它们所根据的或脱胎的散文故事所可比拟。我们读诗，须在《长恨歌》《西厢记》和莎士比亚的剧本之中寻出《长恨歌传》《会真记》和《莎士比亚故事集》之中所寻不出来的东西。举一个很简单的例来说，比如贾岛的《寻隐者不遇》：

> 松下问童子，言师采药去。只在此山中，云深不知处。

或是崔颢的《长干行》：

> 君家何处住？妾住在横塘。停舟暂借问，或恐是同乡。

里面也都有故事，但是这两段故事多么简单平凡？两首诗之所以为诗，并不在这两个故事，而在故事后面的情趣，以及抓住这种简朴而隽永的情趣，用一种恰如其分的简朴而隽永的语言表现出来的艺术本领。这两段故事你和我都会说，这两首诗却非你和我所作得出，虽然从表面看起来，它们是那么容易。读诗就要从此种看来虽似容易而实在不容易作出的地方下功夫，就要学会了解此种地方的佳妙。对于这种佳妙的了解和爱好就是所谓"趣味"。

各人的天资不同，有些人生来对于诗就感觉到趣味，有些人生来对于诗就丝毫不感觉到趣味，也有些人只对于某一种诗才感觉到趣味。但是趣味是可以培养的。真正的文学教育不在读过多少书和知道一些文学上的理论和史实，而在培养出纯正的趣味。这件事实在不很容易。培养趣味好比开疆辟土，须逐渐把本非我所有的变为我所有的。记得我第一次读外国诗，所读的是《古舟子咏》，简直不明白那位老船夫因射杀海鸟而受天谴的故事有什么好处，现在回想起来，这种蒙昧真是可笑，但是在当时我实在不觉到这诗有趣味。后来，明白作者在意象音调和奇思幻想上所做的功夫，才觉得这真是一首可爱的杰作。这一点觉悟对于我便是一层进益，而我对于这首诗所觉到的趣味也就是我所征服的新领土。我学西方诗是从 19 世纪浪漫派诗人入手，从前只觉得这派诗有趣味，讨厌前一个时期的假古典派的作品，不了解法国象征派和现代英国的诗；对它们逐渐感到趣味，又觉得我从前所爱好的浪漫派诗有好些毛病，对于它们的爱好不免淡薄了许多。我又回头看看假古典派的作品，逐渐明白作者的环境立场和用意，觉得它们也有不可抹杀处，对于它们的嫌恶也不免减少了许多。在这种变迁中我又征服了许多新领土，对于已得的领土也比从前认识较清楚。对于中国诗我也经过了同样的变迁。最初我由爱好唐诗而看轻宋诗，后来我又由爱好魏晋诗而看轻唐诗。现在觉得各朝诗都各有特点，我们不能以衡量魏晋诗的标准去衡量唐诗和宋诗。它们代表几种不同的趣味，我们不必强其同。

对于某一种诗，从不能欣赏到能欣赏，是一种新收获；从偏嗜到和他种诗参观互较而重新加以公平的估价，是对于已征服的领土筑了一层更坚固的壁垒。学文学的人们的最坏的脾气是坐井观天，依傍一家门户，对于口胃不合的作品一概藐视。这种人不但是近视，在趣味方面不能有进展；就连他们自己所偏嗜的也很难真正地了解欣赏，因为他们缺乏比较资料和真确观照所应有的透视距离。文艺上的纯正的趣味必定是广博的趣味；不能同时欣赏许多派别诗的佳妙，就不能充分地真确地欣赏任何一派诗的佳妙。趣味很少生来就广博，好比开疆辟土，要不厌弃荒原瘠壤，一分一寸地逐渐向外伸张。

趣味是对于生命的彻悟和留恋，生命时时刻刻都在进展和创化，趣味也就要时时刻刻在进展和创化。水停蓄不流便腐化，趣味也是如此。从前私塾冬烘学究以为天下之美尽在八股文、试帖诗、《古文观止》和了凡《纲鉴》。他们对于这些乌烟瘴气何尝不津津有味？这算是文学的趣味吗？习惯的势力之大往往不是我们能想象的。我们每个人多少都有几分冬烘学究气，都把自己圈在习惯所画成的狭小圈套中，对于这个圈套以外的世界都视而不见，听而不闻。沉溺于风花雪月者以为只有风花雪月中才有诗，沉溺于爱情者以为只有爱情中才有诗，沉溺于阶级意识者以为只有阶级意识中才有诗。风花雪月本来都是好东西，可是这四个字连在一起，引起多么俗滥的联想！联想到许多吟风弄月的滥调，多么令人作呕！"神圣的爱情""伟大的阶级意识"之类大概也有一天都归于风花雪月之列吧？这些东西本来是佳丽，是神圣，是伟大，一旦变成冬烘学究所赞叹的对象，就不免成了八股文和试帖诗。道理是很简单的。艺术和欣赏艺术的趣味都必须有创造性，都必时时刻刻在开发新境界，如果让你的趣味圈在一个狭小圈套里，它无机会可创造开发，自然会僵死，会腐化。一种艺术变成僵死腐化的趣味的寄生之所，它怎能有进展开发，怎能不随之僵死腐化？

艺术和欣赏艺术的趣味都与滥调是死对头。但是每件东西都容易变成滥调，因为每件东西和你熟悉之后，都容易在你的心理上养成习惯反应。像一切其他艺术一样，诗要说的话都必定是新鲜的。但是世间哪里有许多新鲜话可说？有些人因此替诗危惧，以为关于风花雪月、爱情、阶级意识等的话或都已被人说完，或将有被人说完的一日，那一日恐怕就是诗的末日了。抱这种顾虑的人们根本没有了解诗究竟是什么一回事。诗的疆土是开发不尽的，因为宇宙生命时时刻刻在变动进展中，这种变动进展的过程中每一时每一境都是个别的、新鲜的、有趣的。所谓"诗"并无深文奥义，它只是在人生世相中见出某一点特别新鲜有趣而把它描绘出来。这句话中"见"字最吃紧。特别新鲜有趣的东西本来在那里，我们不容易"见"着，因为我们的习惯蒙蔽住我们的眼睛。我们如果沉溺于风花雪月，也就见不着阶级意识中的诗；我们如果沉溺于油盐柴米，也就见不着风花雪月中的诗。谁没有看见过在田里收获的农夫农妇？但是谁——除非是米勒（Millet）、陶渊明、华兹华斯（Wordsworth）——在这中间见着新鲜有趣的诗？诗人的本领就在见出常人之以不能见，读诗的用处也就在随着诗人所指点的方向，见出我们所不能见；这就是说，觉得我们所素认为平凡的实在新鲜有趣。我们本来不觉得乡村生活中有诗，从读过陶渊明、华兹华斯诸人的作品之后，便觉得它有诗；我们本来不觉得城市生活和工商业文化之中有诗，从读过美国近代小说和俄国现代诗之后，便觉得它也有诗。莎士比亚教我们会在罪孽灾祸中见出庄严伟大，伦勃朗（Rambrandt）和罗丹（Rodin）教我们会在丑陋中见出新奇。诗人和艺术家的眼睛是点铁成金的眼睛。生命生生不息，他们的发现也生生不息。如果生命有末日，诗总会有末日。到了生命的末日，我们自无容顾虑到诗是否还存在。但是有生命而无诗的人虽未到诗的末日，实在是早已到生命的末日了，那真是一件最可悲哀的事。"哀莫大于心死"，所谓"心死"就是对于人生世相失去解悟和留恋，就是对于诗无兴趣。读诗的功用不仅在消愁遣闷，不仅是替有闲阶级添一件奢侈；它在使人到处都可以觉到人生世相新鲜有趣，到处可以吸收维持生命和推展生命的活力。

诗是培养趣味的最好的媒介，能欣赏诗的人们不但对于其他种种文学可有真确的了解，而且也绝不会觉得人生是一件干枯的东西。

（选自《孟实文钞》，良友图书公司 1936 年版）

诗的严肃与幽默

朱光潜

　　有人说过，人生对于能想的人是一部喜剧，对于能感的人是一部悲剧。这句话确实说得很好。人生只是那么一回事，看你拿来应付它的是理智还是感情，它呈现于你的面貌就不同。你如果跳进去亲领身受其中的情感，你就尝到其中的甜酸苦辣的滋味，不由你不感到人生的可悯；你如果跳出来想一想，在旁观者的地位作一番冷静的观照，一切悲欢得失便现出许多丑陋和乖讹，不由你不感到人生的可笑。这分别全在态度的执著与超脱：“感”必须执著，必须设身处境，体物入微，于亲领身受中起同情的了解；“想”必须超脱，必须超然物外，视悲欢得失如镜纳物影，寂然无动于中，但觉变化光怪陆离，大可娱目赏心而倘佯自得。“感”是能入，“想”是能出；“感”是认真，“想”是玩索；“感”是狄俄倪索斯的精神，“想”是阿波罗的精神；“感”是严肃，“想”是幽默。

　　人不单纯是理智的动物，也不单纯是感情的动物，在实际上我们能感也能想，所以人生向来不单纯是喜剧，也不单纯是悲剧。我们对于上文的引语应该补充一句说：人生对于能感而又能想的人是诗。诗像华兹华斯所说的："起于由沉静中回味起来的情绪。"这就是说，情绪在实际人生中经过感受，在艺术中由感受转到回味、观照或是悬想。问题在感受之后，我们何以要加以回味？简单地回答是：回味是一件有趣的事。希腊人给艺术下定义，说它就是"摹仿"。这看法在已往屡次被人误解和攻击，其实含有至理。我们可以说，回味就是摹仿。在想象中把实际发生的情境描绘一番，玩索一番。这道理本很简单，它和儿童游戏是起于同样的根源。游戏都离不掉摹仿。一个小孩儿看见一个人骑马，觉得那很好玩，于是取白垩在地上画一个粗略的人骑马的图形，或是取一个竹棍放在胯下，当作马骑着走。这个活动就是他对于人骑马那个情境的回味，他就在这种回味中获得乐趣。他无马可骑，或是他不能骑马，这是自然界一个欠缺，一个限制，可是他把它画出来或戏拟出来，画饼实在还可以充饥。这是欠缺的弥补，限制的解脱。这也就是他的自由的恢复，他的幽默。幽默的最后的定义就是人在跳开现实的缺陷与限制时所起的自在无碍的意识。回味就是一种幽默。

但是，回味是否真切，就要看感受是否真切。"想"必基于"感"，能出必基于能入，想象必基于经验；因此，幽默也必基于严肃。沉静中回味情绪，有如中国成语所谓"痛定思痛"，对于痛如无实际经验，思痛也就不免空疏肤浅，流于"无病呻吟"。诗是严肃与幽默两相反者的同一。它的胜境有如狂风雨后的蔚蓝的天空，肃穆而和悦，凛然不可犯而亦蔼然可亲。我们姑举莎士比亚的《皆大欢喜》剧中一首冬歌为例来说明，这首歌两章都以下列三行为复唱叠句收尾：

> Most friendship is feigning, most loving
>
> mere folly:

Then, heigh – ho, the holly.

This life is most jolly.

友谊大半是假装，恩爱大半是傻事；

那么，呵！冬青树呵！

这个人生是顶快活的哟。

在描写人生的可悲之后，他向冬青树唱起"呵"！而突然说"这个人生是顶快活的"。逻辑的结论本应是"这个人生是顶悲惨的"，而他却说成适得其反。我们在"这个人生是顶快活的"这句话中见出诗人的幽默：尽管友谊是假装，恩情是傻事，人生不因此塌台将他压倒，他比自然高一着，他有力量超过自然的限制；但是同时我们也见出诗人的严肃，这句究竟是极沉痛的话，它多少是失望者的强自宽解，尽管是那么说，我们还是觉得极端的寂寞，大有"终日驱车走，不见所问津"的风味。读这首歌我们的情绪可以说是喜，也可以说是悲。其实它不是普通意义的"悲""喜"两字所可范围的。在实际人生中，悲喜处在相反两极端，而在伟大的诗篇中，悲中往往有喜，喜中也往往有悲，正如典型的如来佛面孔，你说不出那里是悲悯还是喜悦。这就由于严肃与幽默的同一，这也足见诗的无限。

幽默有浅深，它和所伴的严肃往往成正比，严肃愈紧张，幽默也就愈深微。例如下列两首民歌：

乡里老，背稻草。跑上街，买荤菜。荤菜买多少？放在眼前找不到。

——徐州民歌

十八岁个大姐七岁郎，说你像郎你不是郎，说你是儿不叫

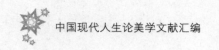

娘，还得给你解扣脱衣裳，还得把你抱上床。　　——卫辉民歌

这两首歌都可以看成是悲剧。那乡里老与十八岁大姐同是命运的牺牲者，心中都有说不出来的苦楚。可是它们同时也都可以看成喜剧，两件事都是人生的乖讹，本不应然而竟然，想起来都很可笑。但是，如果我们仔细玩索，风味就大有分别。第一首的作者态度比较严肃，我们可以说，他的出发点是对穷苦人的深刻的同情，只可见幽默的是"放在眼前找不到"那一句话，而这句话实在说得极沉痛。第二首就微有嘲笑的意味，假如作者只是对于那位女子起怜悯，那怜悯也多少被较明显的幽默口吻掩住，而且诗的主人公可能是郎而不是姐，如果是郎，滑稽的意味就要更重些。总之，我们读这两首歌所生的心情微有不同，前者恻隐多于娱乐，后者娱乐多于恻隐。前者是较深微的幽默，因为严肃的程度较深。

情绪中最辛辣的莫过于怨恨，最深挚的莫过于恩爱。恨则"衔之刺骨"，爱则"念念不忘"。这两种情绪在实际人生中是水火不相容的，可是在讽刺中往往达到同一。诗人对于讽刺的对象显然怀有怨恨，不怨恨就不会加以讽刺；但是如果纯然是怨恨，深恶之就必痛绝之，重则置之死地，轻则"掩鼻而过之"，讽刺绝不如此，它多少都带有规劝、纠正的意思，这就是对于所讽刺的对象存有几分爱惜。讽刺的态度无疑是幽默的，它的动机仍然是善意的，严肃的。例如《魏风》的《伐檀》：

　　坎坎伐檀兮，置之河之干兮，河水清且涟漪。不稼不穑，胡取禾三百廛兮？不狩不猎，胡瞻尔庭有悬貆兮？彼君子兮，不素餐兮！

这是伐檀者站在清苦的劳动者的地位看不劳而获的贪官，怨恨之意显然，接连两句质问似郑重其词亦似调侃，既泄自己的不平，也促对方的反省。"彼君子"可以看成拿给贪官对照的模范人物，也可以看成贪官自己（即上文"尔"）；如果把他看成"尔"，正话反说，幽默更为深微。

讽刺必带有高度的严肃，才见出温柔敦厚。如果毫无严肃性，它就流为浅薄的嘲笑。这还是上文所说的情与理两个出发点的分别：讽刺出于深情，它就自然严肃；出于巧智，它就纯然是游戏。例如苏轼嘲陈季常怕老婆的几句：

> 龙邱居士亦可怜，谈空说有夜不眠，
>
> 忽闻河东狮子吼，柱杖落手心茫然！

只是写一个滑稽的性格处在一个滑稽的情境；一位信佛居士正在谈佛理之际听到妻子的詈声，吓得柱杖落手。狮子吼在佛书中，本是指佛说法的洪亮的声响，现在移作妻子的吼声，自然是很幽默，但是，我们在这四句诗中，玩味不出什么深刻的情绪，首句的"可怜"意思实在等于"可笑"。

诗是严肃与幽默的同一，所以，悲喜剧的分别是一个庸俗的分别。悲剧的主角在极沉痛的情境中，往往说几句幽默的话嘲笑自己。哈姆雷特的母亲和叔父私通，把父亲谋杀了，正在这个时候，他的学友从远道来看他，他问学友的来意，那人回答说："送你父亲的丧"；他却加以否认说："你来是参加我母亲的婚礼。"这句话显然是调侃，却极沉痛。莎士比亚就在这句有喜剧性的话中，表现出哈姆雷特的悲剧。趁此，我们也可以略谈悲剧中何以有喜剧的穿插。从前一般人的看法是，悲剧的局面紧张到最高度，喜剧的穿插可以把它暂时放松一下，所以这种穿插叫做"喜剧的放松"（comic relief），其实，我们读到这种穿插时，悲剧感不但没有放松，而且特别加重。读者不妨自己把《哈姆雷特》中掘墓景与《麦克白》中敲门景仔细玩味一番，就会明白这个道理。这种穿插不是"喜剧的放松"简直可以说是"悲剧的精髓"（tragic essence）。

诗的功用本在引起同情的了解，读者的心情理应逼近作者的心情，无论那是严肃或幽默。但是，仁者见仁，智者见智，读者的主观态度往往影响到诗的意味与情形。例如古歌：

公无渡河，公竟渡河；渡河而死，将奈公何！

本是一首挽诗，它显然是一部四幕悲剧，伤悼一件沉痛的事。它的严肃的态度是不难理解的。作者是否带有幽默意味，我们不敢断言。但是，如果我们持几分幽默的态度去读这首诗，它马上就显得很幽默，这件惨事是不应发生而竟发生的，多少是人生中一种乖讹，主人翁似乎可怜亦复可笑。作这样看法，全诗的意味就完全变过，它不是伤悼，竟是埋怨，竟是讥嘲！暧昧在"将奈公何"，这是怨天命不可挽回呢？还是归咎于人谋不臧呢？诀绝的叹息呢？还是责备的怨声呢？很可能的，这还是严肃与幽默的合一。"将奈公何"句同时含有这几种不同的意味。诗中常有这种暧昧的表现，所以读诗的难处在择定一个适宜的态度，以纯然严肃的态度读有幽默意味的诗，或是以纯然幽默的态度读骨子里很严肃的诗，都不免隔靴搔痒。

这道理也适用于诗的创作。诗是至性深情的流露，一个诗人如果只有幽默，对人生世相就不能起深刻的同情的了解，只能看出它的浮面的丑陋乖讹，觉其可笑而不觉其可怜。这种人大半理胜于情，滑稽玩世。如果作诗，长处也只在轻薄地讽刺。轻薄地讽刺的风气最盛的时代往往不是诗的盛时，西方18世纪是最好的例证；最长于讽刺的诗人也不是大诗人，法国伏尔泰（Voltaire）是最好的例证。但是，诗也是对于人生世相的玩味，多少是把它当作戏看，所以诗人也必有高度的幽默感，才能跳开实际生活的牵绊，无所为而为地欣赏事物形象本身。一味严肃而毫无幽默感的人多半不能诗，许多理学家、考据学家对于诗都是隔膜的，就是因为这个道理。

古人论《关雎》的话可以应用于一般诗："乐而不淫，哀而不伤。"哀乐得中，是由于严肃与幽默的配合适宜。它们都经过回味，由自然进于艺术；观察移去了感受的辛辣，艺术净化了自然的粗糙。

（原刊《华北日报》1948 年 1 月 1 日）

谈美感教育

朱光潜

世间事物有真善美三种不同的价值，人类心理有知情意三种不同的活动。这三种心理活动恰和三种事物价值相当：真关于知，善关于意，美关于情。人能知，就有好奇心，就要求知，就要辨别真伪，寻求真理。人能发意志，就要想好，就要趋善避恶，造就人生幸福。人能动情感，就爱美，就欢喜创造艺术，欣赏人生自然中的美妙境界。求知、想好、爱美，三者都是人类天性；人生来就有真善美的需要，真善美具备，人生才完美。

教育的功用就在顺应人类求知、想好、爱美的天性，使一个人在这三方面得到最大限度的调和的发展，以达到完美的生活。"教育"一词在西文为 education，是从拉丁文动词 educare 来的，原义是"抽出"，所谓"抽出"就是"启发"。教育的目的在"启发"人性中所固有的求知、想好、爱美的本能，使它们尽量生展。中国儒家的最高的人生理想是"尽性"。他们说："能尽人之性则能尽物之性，能尽物之性则可以赞天地之化育。"教育的目的可以说就是使人"尽性"，"发挥性之所固有"。

物有真善美三面，心有知情意三面，教育求在这三方面同时发展，于是有智育、德育、美育三节目。智育叫人研究学问，求知识，寻真理；德育叫人培养良善品格，学做人处世的方法和道理；美育叫人创造艺术，欣赏艺术与自然，在人生世相中寻出丰富的兴趣。三育对于人生本有同等的重要，但是在流行教育中，只有智育被人看重，德育在理论上的重要性也还没有人否认，至于美育则在实施与理论方面都很少有人顾及。二十年前蔡孑民先生一度提倡过"美育代宗教"，他的主张似没有发生多大的影响。还有一派人不但忽略美育，而且根本仇视美育。他们仿佛觉得艺术有几分不道德，美育对于德育有妨碍。希腊大哲学家柏拉图就以为诗和艺术是说谎的，逢迎人类卑劣情感的，多受诗和艺术的熏染，人就会失去理智的控制而变成情感的奴隶，所以他对诗人和艺术家说了一番客气话之后，就把他们逐出"理想国"的境外。中世纪耶稣教徒的态度很类似。他们以倡苦行主义求来世的解脱，文艺是现世中一种快乐，所以被看成一种罪孽。近代哲学家中卢梭是平等自由说的倡导者，照理应该能看得宽远一点，但是他仍然怀疑文艺，因为他把文艺和文化都看成朴素天真的腐化剂。托尔斯泰对近代西方艺术的攻击更丝毫不留情面，他以为文艺常传染不道德的情感，对于世道人心影响极坏。他在《艺术论》里说："每个有理性有道德的人应该跟着柏拉图以及耶回教师，把这问题重新这样决定：宁可不要艺术，也莫再让现在流行的腐化的虚伪的艺术继续下去。"

这些哲学家和宗教家的根本错误在认定情感是恶的，理性是善的，人要能以理性镇压感情，才达到至善。这种观念何以是错误的呢？人是一种有机体，情感和理性既都是天性固有的，就不容易拆开。造物不浪费，给我们一份家当就有一份的用处。无论情感是否可以用理性压抑下去，纵是压抑下去，也是一种损耗，一种残废。人好比一棵花草，要根茎枝叶花实都得到平均的和谐的发展，才长得繁茂有生气。有些园丁不知道尽草木之性，用人工去歪曲自然，使某一部分发达到超出常态，另一部分则受压抑摧残。这种畸形发展是不健康的状态，在草木如此，在人也是如此。理想的教育不是摧残一部分天性而去培养另一部分天性，以致造成畸形的发展，理想的教育是让天性中所有的潜蓄力量都得尽量发挥，所有的本能都得平均调和发展，以造成一个全人。所谓"全人"除体格强壮以外，心理方面真善美的需要必都得到满足。只顾求知而不顾其他的人是书虫，只讲道德而不顾其他的人是枯燥迂腐的清教徒，只顾爱美而不顾其他的人是颓废的享乐主义者。这三种人都不是全人而是畸形人，精神方面的驼子跛子。养成精神方面的驼子跛子的教育是无可辩护的。

美感教育是一种情感教育。它的重要我们的古代儒家是知道的。儒家教育特重诗，以为它可以兴观群怨；又特重礼乐，以为"礼以制其宜，乐以导其和"。《论语》有一段话总述儒家教育宗旨说："兴于诗，立于礼，成于乐。"诗、礼、乐三项可以说都属于美感教育。诗与乐相关，目的在怡情养性，养成内心的和谐（harmony）；礼重仪节，目的在使行为仪表就规范，养成生活上的秩序（order）。蕴于中的是性情，受诗与乐的陶冶而达到和谐；发于外的是行为仪表，受礼的调节而进到秩序。内具和谐而外具秩序的生活，从伦理观点看，是最善的；从美感观点看，也是最美的。儒家教育出来的人要在伦理和美感观点都可以看得过去。

这是儒家教育思想中最值得注意的一点。他们的着重点无疑是在道德方面，德育是他们的最后鹄的，这是他们与西方哲学家宗教家柏拉图和托尔斯泰诸人相同的。不过，他们高于柏拉图和托尔斯泰诸人，因为柏拉图和托尔斯泰诸人误认美育可以妨碍德育，而儒家则认定美育为德育的必由之径。道德并非陈腐条文的遵守，而是至性真情的流露。所以德育从根本做起，必须怡情养性。美感教育的功用就在怡情养性，所以是德育的基础功夫。严格地说，善与美不但不相冲突，而且到最高境界，根本是一回事，它们的必有条件同是和谐与秩序。从伦理观点看，美是一种善；从美感观点看，善也是一种美。所以在古希腊文与近代德文中，美善只有一个字，在中文和其他近代语文中，"善"与"美"二字虽分开，仍可互相替用。真正的善人对于生活不苟且，犹如艺术家对于作品不苟且一样。过一世生活好比作一篇文章，文章求惬心贵当，生活也须求惬心贵当。我们嫌恶行为上的卑鄙龌龊，不仅因其不善，也因其丑，我们赞赏行为上的光明磊落，不仅因其善，也因其美，一个真正有美感修养的人必定同时也有道德修养。

美育为德育的基础，英国诗人雪莱在《诗的辩护》里也说得透辟。他说："道德的大原在仁爱，在脱离小我，去体验我以外的思想行为和体态的美妙。一个人如果真正做善人，必须能深广地想象，必须能设身处地替旁人想，人类的忧喜苦乐变成他的忧喜苦乐。要达到道德上的善，最大的途径是想象；诗从这根本上做功夫，所以能发生道德的影响。"换句话说，道德起于仁爱，仁爱就是同情，同情起于想象。比如你哀怜一个乞丐，你必定先能设身处地想象他的痛苦。诗和艺术对于主观是情境必能"出乎其外"，对于客观的情境必能"入乎其中"，在想象中领略它，玩索它，所以能扩大想象，培养同情。这种看法也与儒家学说暗合。儒家在诸德中特重"仁"，"仁"近于耶稣教的"爱"、佛教的"慈悲"，是一种天性，也是一种修养。仁的修养就在诗。儒家有一句很简赅深刻的话："温柔敦厚诗教也。"诗教就是美育，温柔敦厚就是仁的表现。

美育不但不妨害德育而且是德育的基础，如上所述。不过美育的价值还不仅在此。西方人有一句恒言说："艺术是解放的，给人自由的。"（Art is liberative）这句话最能见出艺术的功用，也最能见出美育的功用。现在我们就在这句话的意义上发挥。从哪几方面看，艺术和美育是"解放的，给人自由的"呢？

第一是本能冲动和情感的解放。人类生来有许多本能冲动和附带的情感，如性欲、生存欲、占有欲、爱、恶、怜、惧之类。本自然倾向，它们都需要活动，需要发泄。但是在实际生活中，它们不但常彼此互相冲突，而且与文明社会的种种约束如道德、宗教、法律、习俗之类不相容。我们每个人都知道，本能冲动和欲望是无穷的，而实际上有机会实现的却寥寥有数。我们有时察觉到本能冲动和欲望不大体面，不免起羞恶之心，硬把它们压抑下去；有时自己对它们虽不羞恶而社会的压力过大，不容它们赤裸裸地暴露，也还是被压抑下去。性欲是一个最显著的例。从前，哲学家宗教家大半以为这些本能冲动和情感都是卑劣的、不道德的、危险的，承认压抑是最好的处置。他们的整部道德信条有时只在理智镇压情欲。我们在上文指出这种看法的不合理，说它违背平均发展的原则，容易造成畸形发展。其实它的祸害还不仅此。弗洛伊德（Freud）派心理学告诉我们，本能冲动和附带的情感仅可暂时压抑而不可永远消灭，它们理应有自由活动的机会，如果勉强被压抑下去，表面上像是消灭了，实际上在隐意识里凝聚成精神上的疮疖，为种种变态心理和精神病的根源。依弗洛伊德看，我们现代文明社会中人因受道德、宗教、法律、习俗的裁制，本能冲动和情感常难得正常的发泄，大半都有些"被压抑的欲望"所凝成的"情意综"（complexes）。这些情意综潜蓄着极强烈的捣乱力，一旦爆发，就成精神上种种病态。但是这种潜力可以借文艺而发泄，因为文艺所给的是想象世界，不受现实世界的束缚和冲突，在这想象世界中，欲望可以用"望梅止渴"的办法得到满足。文艺还把带有野蛮性的本能冲动和情感提到一个较高尚较纯洁的境界去活动，所以有升华作用（sublimation）。有了文艺，本能冲动和情感才得自由发泄，不致凝成疮疖、酿精神病，它的功用有如机器方面的"安全瓣"（safety volve）。弗洛伊德的心理学有时近于怪诞，但是含有一部分真理。文艺和其他美感活动给本能冲动和情感以自由发泄的机会，在日常经验中也可以得到证明。我们每当愁苦无聊时，费一点工夫来欣赏艺术作品或自然风景，满腹的牢骚就马上烟消云散了。读古人痛快淋漓的文章，我们常有"先得我心"的感觉。看过一部戏或是读过一部小说之后，我们觉得曾经紧张了一阵是一件痛快事。这些快感都起于本能冲动和情感在想象世界中得解放。最好的例子是歌德著《少年维特之烦恼》的经过。他少时爱过一个已经许人的女子，心里痛苦已极，想自杀以了一切。有一天他听到一位朋友失恋自杀的消息，想到这事和他自己的境遇相似，可以写成一部小说。他埋头两礼拜，写成《少年维特之烦恼》，把自己心中怨慕愁苦的情绪一齐倾泻到书里，书成了，他的烦恼便去了，自杀的念头也消了。从这实例看，文艺确有解放情感的功用，而解放情感对于心理健康也确有极大的裨益，我们通常说一个人情感要有所寄托，才不致苦恼烦闷，文艺是大家公认为寄托情感的最好的处所。所谓"情感有所寄托"还是说它要有地方可以活动，可得解放。

其次是眼界的解放。宇宙生命时时刻刻在变动进展中，希腊哲人有"濯足急流，抽足再入，已非前水"的譬喻。所以在这种变动进展的过程中每一时每一境都是个别的、新鲜的、有趣的。美感经验并无深文奥义，它只在人生世相中见出某一时某一境特别新鲜有趣而加以流连玩味，或者把它描写出来。这句话中"见"字最紧要。我们一般人对于本来在那里的新鲜有趣的东西不容易"见"着。这是什么缘故呢？不能"见"必有所蔽。我们通常把自己围在习惯所画成的狭小圈套里，让它把眼界"蔽"着，使我们对它以外的世界都视而不见，听而不闻。比如我们如果围于饮食男女，饮食男女以外的事物就见不着；围于奔走钻营，奔走以外的事就见不着。有人向海边农夫称赞他的门前海景美，他很羞涩地指着屋后菜园说："海没有什么，屋后的一园菜倒还不差。"一园菜围住了他，使他不能见到海景美。我们每个人都有所围，有所蔽，许多东西都不能见，所见到的天地是非常狭小的、陈腐的、枯燥的。诗人和艺术家所以超过我们一般人者就在情感比较真挚，感觉比较锐敏，观察比较深刻，想象比较丰富。我们"见"不着的他们"见"得着，并且他们"见"得到就说得出，我们本来"见"不着的他们"见"着说出来了，就使我们也可以"见"着。像一位英国诗人所说的，他们"借他们的眼睛给我们看"（They lend their eyes for us to see）。中国人爱好自然风景的趣味是陶、谢、王、韦诸诗人所传染的。在 Turner 和 Whistler 以前，英国人就没有注意到泰晤士河上有雾。Byron 以前，欧洲人很少赞美威尼斯。前一世纪的人崇拜自然，常咒骂城市生活和工商业文化，但是现代美国、俄国的文学家有时把城市生活和工商业文化写得也很有趣。人生的罪孽灾害通常只引起忿恨，悲剧却教我们于罪孽灾祸中见出伟大庄严；丑陋乖讹通常只引起嫌恶，喜剧却教我们在丑陋乖讹中见出新鲜的趣味。Rembrandt 画过一些疲癃残疾的老人以后，我们见出丑中也还有美。象征诗人出来以后，许多稍纵即逝的情调使我们觉得精细微妙，特别值得留恋。文艺逐渐向前伸展，我们的眼界也逐渐放大，人生世相越显得丰富华严。这种眼界的解放给我们不少的生命力量，我们觉得人生有意义，有价值，值得活下去。许多人嫌生活干燥，烦闷无聊，原因就在缺乏美感修养，见不着人生世相的新鲜有趣。这种人最容易堕落颓废，因为生命对于他们失去意义与价值。"哀莫大于心死"，所谓"心死"就是对于人生世相失去解悟与留恋，就是不能以美感态度去观照事物。美感教育不是替有闲阶级增加一件奢侈品，而是使人在丰富华严的世界中随处吸收支持生命和推展生命的活力。朱子有一首诗说："半亩方塘一鉴开，天光云影共徘徊，问渠哪得清如许？为有源头活水来。"这诗所写的是一种修养的胜境。美感教育给我们的就是"源头活水"。

第三是自然限制的解放。这是德国唯心派哲学家康德、席勒、叔本华、尼采诸人所最着重的一点，现在我们用浅近语来说明它。自然世界是有限的，受因果律支配的，其中毫末细故都有它的必然性，因果线索命定它如此，它就丝毫移动不得。社会由历史铸就，人由遗传和环境造成。人的活动寸步离不开物质生存条件的支配，没有翅膀就不能飞，绝饮食就会饿死。由此类推，人在自然中是极不自由的。动植物和非生物一味顺从自然，接受它的限制，没有过分希冀，也就没有失望和痛苦。人却不同，他有心灵，有不可压的欲望，对于无翅不飞、绝食饿死之类事实总觉有些歉然。人可以说是两重奴隶，第一服从自然的限制，其次要受自己的欲望驱使。以无穷欲望处有限自然，人便觉得处处不如意、不自由，烦闷苦恼都由此起。专就物质说，人在自然面前是很渺小的，它的力量抵不住自然的力量，无论你有如何大的成就，到头终不免一死，而且科学告诉我们，人类一切成就到最后都要和诸星球同归于毁灭，在自然圈套中求征服自然是不可能的，好比孙悟空跳来跳去，终跳不出如来佛的掌心。但是在精神方面，人可以跳开自然的圈套而征服自然，他可以在自然世界之外另在想象中造出较能合理慰情的世界。这就是艺术的创造。在艺术创造中可以把自然拿在手里来玩弄，剪裁它、锤炼它，重新给以生命与形式。每一部文艺杰作以至于每人在人生自然中所欣赏到的美妙境界都是这样创造出来的。美感活动是人在有限中所挣扎得来的无限，在奴属中所挣扎得来的自由。在服从自然限制而汲汲于饮食男女的寻求时，人是自然的奴隶；在超脱自然限制而创造欣赏艺术境界时，人是自然的主宰，换句话说，就是上帝。多受些美感教育，就是多学会如何从自然限制中解放出来，由奴隶变成上帝，充分地感觉人的尊严。

爱美是人类天性，凡是天性中所固有的必须乘适当时机去培养，否则像花草不及时下种及时培植一样，就会凋残萎谢。达尔文在自传里懊悔他一生专在科学上做功夫，没有把他年轻时对于诗和音乐的兴趣保持住，到老来他想用诗和音乐来调剂生活的枯燥，就抓不回年轻时那种兴趣，觉得从前所爱好的诗和音乐都索然无味。他自己说这是一部分天性的麻木。这是一个很好的前车之鉴。美育必须从年轻时就下手，年纪愈大，外务日纷繁，习惯的牢笼愈坚固，感觉愈迟钝，心理愈复杂，欣赏艺术力也就愈薄弱。我时常想，无论学哪一科专门学问，干哪一行职业，每个人都应该会听音乐，不断地读文学作品，偶尔有欣赏图画雕刻的机会。在西方社会中这些美感活动是每个受教育者的日常生活中的重要节目。我们中国人除专习文学艺术者以外，一般人对于艺术都漠不关心。这是最可惋惜的事。它多少表示民族生命力的低降，与精神的颓靡。从历史看，一个民族在最兴旺的时候，艺术成就必伟大，美育必发达。史诗悲剧时代的希腊、文艺复兴时代的意大利、莎士比亚时代的英国、歌德和贝多芬时代的德国都可以为证。我们中国人古代对于诗乐舞的嗜好也极普遍。《诗经》《礼记》《左传》诸书所记载的歌乐舞的盛况常使人觉得仿佛是置身近代欧洲社会。孔子处周衰之际，特置慨于诗亡乐坏，也是见到美育与民族兴衰的关系密切。现在我们要想复兴民族，必须恢复周以前歌乐舞的盛况，这就是说，必须提倡普及的美感教育。

（选自《谈修养》，重庆中周出版社1943年版）

论《世说新语》和晋人的美

宗白华

汉末魏晋六朝是中国政治上最混乱、社会上最苦痛的时代，然而却是精神史上极自由、极解放，最富于智慧、最浓于热情的一个时代。因此，也就是最富有艺术精神的一个时代。王羲之父子的字，顾恺之和陆探微的画，戴逵和戴颙的雕塑，嵇康的广陵散（琴曲），曹植、阮籍、陶潜、谢灵运、鲍照、谢朓的诗，郦道元、杨衒之的写景文，云岗、龙门壮伟的造像，洛阳和南朝的阂丽的寺院，无不是光芒万丈，前无古人，奠定了后代文学艺术的根基与趋向。

这时代以前——汉代——在艺术上过于质朴，在思想上定于一尊，统治于儒教；这时代以后——唐代——在艺术上过于成熟，在思想上又入于儒、佛、道三教的支配。只有这几百年间是精神上的大解放，人格上思想上的大自由。人心里面的美与丑、高贵与残忍、圣洁与恶魔，同样发挥到了极致。这也是中国周秦诸子以后第二度的哲学时代，一些卓超的哲学天才——佛教的大师，也是生在这个时代。

这是中国人生活史里点缀着最多的悲剧，富于命运的罗曼司的一个时期，八王之乱、五胡乱华、南北朝分裂，酿成社会秩序的大解体，旧礼教的总崩溃、思想和信仰的自由、艺术创造精神的勃发，使我们联想到西欧16世纪的"文艺复兴"。这是强烈、矛盾、热情、浓于生命彩色的一个时代。

但是西洋"文艺复兴"的艺术（建筑、绘画、雕刻）所表现的美，是浓郁的、华贵的、壮硕的；魏晋人则倾向简约玄澹/超然绝俗的哲学的美，晋人的书法是这美的最具体的表现。

这晋人的美，是这全时代的最高峰。《世说新语》一书记述得挺生动，能以简劲的笔墨画出它的精神面貌、若干人物的性格、时代的色彩和空气。文笔的简约玄澹尤能传神。撰述人刘义庆生于晋末，注释者刘孝标也是梁人；当时晋人的流风余韵犹未泯灭，所述的内容，至少在精神的传模方面，离真相不远（唐修《晋书》也多取材于它）。

要研究中国人的美感和艺术精神的特性，《世说新语》一书里有不少重要的资料和启示，是不可忽略的。今就个人读书札记粗略举出数点，以供读者参考，详细而有系统的发挥，则有待于将来。

（1）魏晋人生活上、人格上的自然主义和个性主义，解脱了汉代儒教统治下的礼法束缚，在政治上先已表现于曹操那种超道德观念的用人标准。一般知识分子多半超脱礼法观点直接欣赏人格个性之美，尊重个性价值。桓温问殷浩曰："卿何如我？"殷答曰："我与我周旋久，宁作我！"这种自我价值的发现和肯定，在西洋是文艺复兴以来的事。而《世说新语》上第6篇《雅量》、第7篇《识鉴》、第8篇《赏誉》、第9篇《品藻》、第14篇《容止》，都系鉴赏和形容"人格个性之美"的。而美学上的评赏，所谓"品藻"的对象乃在"人物"。中国美学竟是出发于"人物品藻"之美学。美的概念、范畴、形容词，发源于人格美的评赏。"君子比德于玉"，中国人对于人格美的爱赏渊源极早，而品藻人物的空气，已盛行于汉末。到"世说新语时代"则登峰造极了（《世说》载："温太真是过江第二流之高者。时名辈共说人物，第一将尽之间，温常失色。"即此可见当时人物品藻在社会上的势力）。

中国艺术和文学批评的名著，谢赫的《画品》，袁昂、庾肩吾的《画品》，钟嵘的《诗品》、刘勰的《文心雕龙》，都产生在这热闹的品藻人物的空气中。后来唐代司空图的《二十四品》，乃集我国美感范畴之大成。

（2）山水美的发现和晋人的艺术心灵。《世说》载东晋画家顾恺之从会稽还，人问山水之美，顾云："千岩竞秀，万壑争流，草木蒙笼其上，若云兴霞蔚。"这几句话不是后来五代北宋荆（浩）、关（仝）、董（源）、巨（然）等山水画境界的绝妙写照吗？中国伟大的山水画的意境，已包具于晋人对自然美的发现中了！而《世说》载简文帝入华林园，顾谓左右曰："会心处不必在远，翳然林水，便自有濠濮间想也。觉鸟兽禽鱼自来亲人。"这不又是元人山水花鸟小幅，黄大痴、倪云林、钱舜举、王若水的画境吗？（中国南宗画派的精意在于表现一种潇洒胸襟，这也是晋人的流风余韵。）

晋宋人欣赏山水，由实入虚，即实即虚，超入玄境。当时画家宗炳云："山水质有而趣灵。"陶渊明的"采菊东篱下，悠然见南山"，"此中有真意，欲辨已忘言"；谢灵运有"溟涨无端倪，虚舟有超越"；以及袁彦伯的"江山辽落，居然有万里之势。"王右军与谢太傅共登冶城，谢悠然远想，有高世之志。荀中郎登北固望海云："虽未睹三山，便自使人有凌云意。"晋宋人欣赏自然，有"目送归鸿，手挥五弦"的超然玄远的意趣。这使中国山水画自始即是一种"意境中的山水"。宗炳画所游山水悬于室中，对之云："抚琴动操，欲令众山皆响！"郭景纯有诗句曰："林无静树，川无停流"。阮孚评之云："泓峥萧瑟，实不可言，每读此文，辄觉神超形越。"这玄远幽深的哲学意味深透在当时人的美感和自然欣赏中。

晋人以虚灵的胸襟、玄学的意味体会自然，乃能表里澄澈，一片空明，建立最高的晶莹的美的意境！司空图《诗品》里曾形容艺术心灵为"空潭写春，古镜照神"，此境晋人有之：

王羲之曰："从山阴道上行，如在镜中游！"

心情的朗澄，使山川影映在光明净体中！

王司州（修龄）至吴兴印渚中看，叹曰："非唯使人情开涤，亦觉日月清朗！"

司马太傅（道子）斋中夜坐，于时天月明净，都无纤翳，太傅叹以为佳。谢景重在坐，答曰："意谓乃不如微云点缀。"太傅因戏谢曰："卿居心不净，乃复强欲滓秽太清邪？"

这样高洁爱赏自然的胸襟，才能够在中国山水画的演进中产生元人倪云林那样"洗尽尘滓，独存孤迥""潜移造化而与天游""乘云御风，以游于尘壒之表"（皆恽南田评倪画语），创立一个玉洁冰清、宇宙般幽深的山水灵境。晋人的美的理想，很可以注意的，是显著的追慕着光明鲜洁、晶莹发亮的意象。他们赞赏人格美的形容词象："濯濯如春月柳""轩轩如朝霞举""清风朗月""玉山""玉树""磊砢而英多""爽朗清举"，都是一片光亮意象。甚至于殷仲堪死后，殷仲文称他"虽不能休明广世，足以映彻九泉"。形容自然界的如："清露晨流，新桐初引"。形容建筑的如："遥望层城，丹楼如霞"。庄子的理想人格"藐姑射仙人，绰约若处子，肌肤若冰雪"，不是这晋人的美的意象的源泉么？桓温谓谢尚"契脚北窗下，弹琵琶，故自有天际真人想"。天际真人是晋人理想的人格，也是理想的美。

晋人风神潇洒，不滞于物，这优美的自由的心灵找到一种最适宜于表现他自己的艺术，这就是书法中的行草。行草艺术纯系一片神机，无法而有法，全在于下笔时点画自如，一点一拂皆有情趣，从头至尾，一气呵成，如天马行空，游行自在。又如庖丁之中肯綮，神行于虚。这种超妙的艺术，只有晋人萧散超脱的心灵，才能心手相应，登峰造极。魏晋书法的特色，是能尽各字的真态。"钟繇每点多异，羲之万字不同"。"晋人结字用理，用理则从心所欲不逾矩"。唐张怀瓘《书议》评王献之书云："子敬之法，非草非行，流便于行草。又处于其中间，无藉因循，宁拘制则，挺然秀出，务于简易。情驰神纵，超逸优游，临事制宜，从意适便。有若风行雨散，润色开花，笔法体势之中，最为风流者也！逸少秉真行之要，子敬执行草之权，父之灵和，子之神俊，皆古今之独绝也。"他这一段话不但传出行草艺术的真精神，且将晋人这自由潇洒的艺术人格形容尽致。中国独有的美术书法——这书法也就是中国绘画艺术的灵魂——是从晋人的风韵中产生的。魏晋的玄学使晋人得到空前绝后的精神解放，晋人的书法是这自由的精神人格最具体最适当的艺术表现。这抽象的音乐似的艺术才能表达出晋人的空灵的玄学精神和个性主义的自我价值。欧阳修云："余尝喜览魏晋以来笔墨遗迹，而想前人之高致也！所谓法帖者，其事率皆吊哀候病，叙睽离，通讯问，施于家人朋友之间，不过数行而已。盖其初非用意，而逸笔余兴，淋漓挥洒，或妍或丑，百态横生，披卷发函，烂然在目，使骤见惊绝，徐而视之，其意态如无穷尽，使后世得之，以为奇玩，而想见其为人也！"个性价值之发现，是"世说新语时代"的最大贡献，而晋人的书法是这个性主义的代表艺术。到了隋唐，晋人书艺中的"神理"凝成了"法"，于是"智永精熟过人，惜无奇态矣"。

（3）晋人艺术境界造诣的高，不仅是基于他们的意趣超越，深入玄境，尊重个性，生机活泼，更主要的还是他们的"一往情深"！无论对于自然，对探求哲理，对于友谊，都有可述：

> 王子敬云："从山阴道上行，山川自相映发，使人应接不暇。若秋冬之际，尤难为怀！"

好一个"秋冬之际尤难为怀"！

> 卫玠总角时问乐令"梦"。乐云："是想。"卫曰："形神所不接而梦，岂是想邪？"乐云："因也。未尝梦乘车入鼠穴，捣齑啖铁杵，皆无想无因故也。"卫思因经日不得，遂成病。乐闻，故命驾为剖析之。卫即小差。乐叹曰："此儿胸中，当必无膏肓之疾！"

卫玠姿容极美，风度翩翩，而因思索玄理不得，竟至成病，这不是柏拉图所说的富有"爱智的热情"吗？

晋人虽超，未能忘情，所谓"情之所钟，正在我辈"（王戎语）！是哀乐过人，不同流俗。尤以对于朋友之爱，里面富有人格美的倾慕。《世说》中《伤逝》一篇记述颇为动人。庾亮死，何扬州临葬云："埋玉树著土中，使人情何能已已！"伤逝中犹具悼惜美之幻灭的意思。

> 顾长康拜桓宣武墓，作诗云："山崩溟海竭，鱼鸟将何依？"人问之曰："卿凭重桓乃尔，哭之状其可见乎？"顾曰："鼻如广莫长风，眼如悬河决溜！"

顾彦先平生好琴，及丧，家人常以琴置灵床上，张季鹰往哭之，不胜其恸，遂径上床，鼓琴，作数曲竟，抚琴曰："顾彦先颇复赏此否？"因又大恸，遂不执孝子手而出。

桓子野每闻清歌，辄唤奈何，谢公闻之，曰："子野可谓一往有深情。"

王长史登茅山，大恸哭曰："琅琊王伯舆，终当为情死！"

阮籍时率意独驾，不由路径，车迹所穷，辄痛哭而返。

深于情者，不仅对宇宙人生体会到至深的无名的哀感，扩而充之，可以成为耶稣、释迦的悲天悯人；就是快乐的体验也是深入肺腑，惊心动魄；浅俗薄情的人，不仅不能深哀，且不知所谓真乐：

王右军既去官，与东土人士营山水弋钓之乐。游名山，泛沧海，叹曰："我卒当以乐死！"

晋人富于这种宇宙的深情，所以在艺术文学上有那样不可企及的成就。顾恺之有三绝：画绝、才绝、痴绝。其痴尤不可及！陶渊明的纯厚天真与侠情，也是后人不能到处。

晋人向外发现了自然，向内发现了自己的深情。山水虚灵化了，也情致化了。陶渊明、谢灵运这般人的山水诗那样的好，是由于他们对于自然有那一股新鲜发现时身入化境浓酣忘我的趣味；他们随手写来，都成妙谛，境与神会，真气扑人。谢灵运的"池塘生春草"，也只是新鲜自然而已。然而扩而大之，体而深之，就能构成一种泛神论宇宙观，作为艺术文学的基础。孙绰《天台山赋》云："恣语乐以终日，等寂默于不言，浑万象以冥观，兀同体于自然。"又云："游览既周，体静心闲，害马已去，世事都捐，投刃皆虚，目牛无全，凝想幽岩，朗咏长川。"在这种深厚的自然体验下，产生了王羲之的《兰亭

序》，鲍照《登大雷岸寄妹书》，陶弘景、吴均的《叙景短札》，郦道
元的《水经注》，这些都是最优美的写景文学。

（4）我说魏晋时代人的精神是最哲学的，因为是最解放的、最自
由的。支道林好鹤，往剡东峁山，有人遗其双鹤。少时翅长欲飞。支
意惜之，乃铩其翮。鹤轩翥不复能飞，乃反顾翅垂头，视之如有懊丧
之意。林曰："既有凌霄之姿，何肯为人作耳目近玩！"养令翮成，置
使飞去。晋人酷爱自己精神的自由，才能推己及物，有这意义伟大的
动作。这种精神上的真自由、真解放，才能把我们的胸襟像一朵花似
的展开，接受宇宙和人生的全景，了解它的意义，体会它的深沉的境
地。近代哲学上所谓"生命情调""宇宙意识"，遂在晋人这超脱的
胸襟里萌芽起来（使这时代容易接受和了解佛教大乘思想）。卫玠初
欲过江，形神惨悴，语左右曰："见此茫茫，不觉百端交集，苟未免
有情，亦复谁能遣此？"后来初唐陈子昂《登幽州台歌》："前不见古
人，后不见来者。念天地之悠悠，独怆然而涕下！"不是从这里脱化
出来？而卫玠的一往情深，更令人心恸神伤，寄慨无穷。然而孔子在
川上，曰："逝者如斯夫，不舍昼夜！"则觉更哲学，更超然，气象
更大。

> 谢太傅与王右军曰："中年伤于哀乐，与亲友别，辄作数
> 日恶。"

人到中年才能深切地体会到人生的意义、责任和问题，反省到人
生的究竟，所以哀乐之感得以深沉。但丁的《神曲》起始于中年的徘
徊歧路，是具有深意的。

> 桓温北征，经金城，见前为琅琊时种柳皆已十围，慨然曰：
> "木犹如此，人何以堪？"攀条执枝，泫然流泪。

桓温武人，情致如此！庾子山著《枯树赋》，末尾引桓大司马曰："昔年种柳，依依汉南；今逢摇落，凄怆江潭；树犹如此，人何以堪？"他深感到桓温这话的凄美，把它敷演成一首四言的抒情小诗了。

然而，王羲之的《兰亭》诗："仰视碧天际，俯瞰渌水滨。寥阒无涯观，寓目理自陈。大哉造化工，万殊莫不均。群籁虽参差，适我无非新。"真能代表晋人这纯净的胸襟和深厚的感觉所启示的宇宙观。"群籁虽参差，适我无非新"两句尤能写出晋人以新鲜活泼、自由自在的心灵领悟这世界，使触着的一切呈露新的灵魂、新的生命。于是"寓目理自陈"，这理不是机械的陈腐的理，乃是活泼的宇宙生机中所含至深的理。王羲之另有两句诗云："争先非吾事，静照在忘求。""静照"（comtemplation）是一切艺术及审美生活的起点。这里，哲学彻悟的生活和审美生活，源头上是一致的。晋人的文学艺术都浸润着这新鲜活泼的"静照在忘求"和"适我无非新"的哲学精神。大诗人陶渊明的"日暮天无云，春风扇微和""即事多所欣""良辰入奇怀"，写出这丰厚的心灵"触着每秒光阴都成了黄金"。

（5）晋人的"人格的唯美主义"和对友谊的重视，培养成为一种高级社交文化，如"竹林之游""兰亭禊集"等。玄理的辩论和人物的品藻是这社交的主要内容。因此，谈吐措辞的隽妙，空前绝后。晋人书札和小品文中隽句天成，俯拾即是。陶渊明的诗句和文句的隽妙，也是这"世说新语时代"的产物。陶渊明散文化的诗句又遥遥地影响着宋代散文化的诗派。苏、黄、米、蔡等人的书法也力追晋人萧散的风致。但总嫌做作夸张，没有晋人的自然。

（6）晋人之美，美在神韵（人称王羲之的字"韵高千古"）。神韵可说是"事外有远致"，不沾滞于物的自由精神（目送归鸿，手挥五弦）。这是一种心灵的美，或哲学的美，这种事外有远致的力量，扩而大之可以使人超然于死生祸福之外，发挥出一种镇定的大无畏精神来：

> 谢太傅盘桓东山，时与孙兴公诸人泛海戏。风起浪涌，孙（绰）王（羲之）诸人色并遽，便唱使还。太傅神情方王，吟啸不言。舟人以公貌闲意说，犹去不止。既风转急浪猛，诸人皆喧动不坐。公徐曰：“如此，将无归。”众人皆承响而回。于是审其量足以镇安朝野。

美之极，即雄强之极。王羲之书法人称其字势雄逸，如龙跳天门，虎卧凤阙。淝水的大捷植根于谢安这美的人格和风度中。谢灵运泛海诗“溟涨无端倪，虚舟有超越”，可以借来体会谢公此时的境界和胸襟。

枕戈待旦的刘琨，横江击楫的祖逖，雄武的桓温，勇于自新的周处、戴渊，都是千载下懔懔有生气的人物。桓温过王敦墓，叹曰：“可儿！可儿！”心焉向往那豪迈雄强的个性，不拘泥于世俗观念，而赞赏“力”，力就是美。

庾道季说：“廉颇、蔺相如虽千载上死人，懔懔如有生气。曹蜍、李志虽见在，厌厌如九泉下人。人皆如此，便可结绳而治。但恐狐狸猯狢啖尽！”这话何其豪迈、沉痛。晋人崇尚活泼生气，蔑视世俗社会中的伪君子、乡愿，战国以后二千年来中国的“社会栋梁”。

（7）晋人的美学是“人物的品藻”，引例如下：

> 王武子、孙子荆各言其土地之美。王云：“其地坦而平，其水淡而清，其人廉且贞。”孙云：“其山崔巍以嵯峨，其水㳠渫而扬波，其人磊砢而英多。”

> 桓大司马（温）病，谢公往省病，从东门入。桓公遥望叹

曰："吾门中久不见如此人！"

嵇康身长七尺八寸，风姿特秀，见者叹曰："萧萧肃肃，爽朗清举。"或云："萧萧如松下风，高而徐引。"山公云："嵇叔夜之为人也，岩岩如孤松之独立，其醉也，傀俄若玉山之将崩！"

海西时，诸公每朝，朝堂犹暗，唯会稽王来，轩轩如朝霞举。

谢太傅问诸子侄："子弟亦何预人事，而正欲其佳？"诸人莫有言者。车骑（谢玄）答曰："譬如芝兰玉树，欲使其生于阶庭耳。"

人有叹王恭形茂者，曰："濯濯如春月柳。"

刘尹云："清风朗月，辄思玄度。"

拿自然界的美来形容人物品格的美，例子举不胜举。这两方面的美——自然美和人格美——同时被魏晋人发现。人格美的推重已滥觞于汉末，上溯至孔子及儒家的重视人格及其气象。"世说新语时代"尤沉醉于人物的容貌、器识、肉体与精神的美。所以"看杀卫玠"，而王羲之——他自己被时人目为"飘如游云，矫如惊龙"——杜弘治叹曰："面如凝脂，眼如点漆，此神仙中人也！"

而女子谢道韫亦神情散朗，奕奕有林下风。根本《世说》里面的女性多能矫矫脱俗，无脂粉气。

总而言之，这是中国历史上最有生气，活泼爱美，美的成就极高的一个时代。美的力量是不可抵抗的，见下一段故事：

桓宣武平蜀，以李势妹为妾，甚有宠，尝著斋后。主（温尚明帝女南康长公主）始不知，既闻，与数十婢拔白刃袭之。正值李梳头，发委藉地，肤色玉曜，不为动容，徐徐结发，敛手向主，神色闲正，辞甚凄惋，曰："国破家亡，无心至此，今日若能见杀，乃是本怀！"主于是掷刀前抱之："阿子，我见汝亦怜，何况老奴！"遂善之。

话虽如此，晋人的美感和艺术观，就大体而言，是以老庄哲学的宇宙观为基础，富于简淡、玄远的意味，因而奠定了1500年来中国美感——尤以表现于山水画、山水诗的基本趋向。

中国山水画的独立，起源于晋末。晋宋山水画的创作，自始即具有"澄怀观道"的意趣。画家宗炳好山水，凡所游历，皆图之于壁，坐卧向之，曰："老病俱至，名山恐难遍游，唯当澄怀观道，卧以游之。"他又说："圣人含道应物，贤者澄怀味像；人以神法道而贤者通，山水以形媚道而仁者乐。"他这所谓"道"，就是这宇宙里最幽深最玄远却又弥沦万物的生命本体。东晋大画家顾恺之也说绘画的手段和目的是"迁想妙得"。这"妙得"的对象也即那深远的生命，那"道"。

中国绘画艺术的重心——山水画，开端就富于这玄学意味（晋人的书法也是这玄学精神的艺术），它影响了1500年，使中国绘画在世界上成一独立的体系。

他们的艺术的理想和美的条件是一味绝俗。庾道季见戴安道所画行像，谓之曰："神明太俗，由卿世情未尽！"以戴安道之高，还说是世情未尽，无怪他气得回答说："唯务光当免卿此语耳！"

然而也足见当时美的标准树立得很严格，这标准也就一直是后来中国文艺批评的标准："雅""绝俗"。

这唯美的人生态度还表现于两点，一是把玩"现在"，在一刹那的现量的生活里求极量的丰富和充实，不为着将来或过去而放弃现在价值的体味和创造：

　　王子猷尝暂寄人空宅住，便令种竹。或问："暂住何烦尔？"王啸咏良久，直指竹曰："何可一日无此君！"

二则美的价值是寄于过程的本身，不在于外在的目的，所谓"无所为而为"的态度。

　　王子猷居山阴，夜大雪，眠觉开室命酌酒，四望皎然，因起彷徨，咏左思《招隐》诗。忽忆戴安道，时戴在剡，即便乘小船就之。经宿方至，造门不前而返。人问其故，王曰："吾本乘兴而来，兴尽而返，何必见戴？"

这截然地寄兴趣于生活过程的本身价值而不拘泥于目的，显示了晋人唯美生活的典型。

　　（8）晋人的道德观与礼法观。孔子是中国二千年礼法社会和道德体系的建设者。创造一个道德体系的人，也就是真正能了解这道德的意义的人。孔子知道道德的精神在于诚，在于真性情、真血性，所谓赤子之心，扩而充之，就是所谓"仁"。一切的礼法，只是它寄托的外表。舍本执末，丧失了道德和礼法的真精神真意义，甚至假借名义以便其私，那就是"乡愿"，那就是"小人之儒"。这是孔子所深恶痛绝的。孔子曰："乡愿，德之贼也。"又曰："女为君子儒，无为小人儒！"他更时常警告人们不要忘掉礼法的真精神真意义。他说："人而不仁如礼何？人而不仁如乐何？""子于是日哭，则不歌。食于丧者之侧，未尝饱也。"这伟大的真挚的同情心是他的道德的基础。他痛恶虚伪。他骂"巧言令色鲜矣仁"！他骂"礼云、礼云，玉帛云乎哉"！然而孔子死后，汉代以来，孔子所深恶痛绝的"乡愿"支配着中国社会，成为"社会栋梁"，把孔子至大至刚、极高明的中庸之道化成弥漫社会的庸俗主义、妥协主义、折中主义、苟安主义，孔子好像预感到这一点，他所以极力赞美狂狷而排斥乡愿。他自己也能超然于礼法之表追寻活泼的、真实的、丰富的人生。他的生活不但"依于仁"，还要"游于艺"。他对于音乐有最深的了解并有过最美妙、最简洁而真切的形容。他说：

> 乐，其可知也！始作，翕如也；从之，纯如也，皦如也，绎如也，以成。

他欣赏自然的美，他说："仁者乐山，智者乐水。"

他有一天问他几个弟子的志趣。子路、冉有、公西华都说过了，轮到曾点，他问道：

> "点，尔何如？"鼓瑟希，铿尔，舍瑟而作，对曰："异乎三子者之撰！"子曰："何伤乎？亦各言其志也。"曰："暮春者，春服既成，冠者五六人，童子六七人，浴乎沂，风乎舞雩，咏而归！"

> 夫子喟然叹曰："吾与点也！"

孔子这超然的、蔼然的、爱美爱自然的生活态度，我们在晋人王羲之的《兰亭序》和陶渊明的田园诗里见到遥遥嗣响的人，汉代的俗儒钻进利禄之途，乡愿满天下。魏晋人以狂狷来反抗这乡愿的社会，反抗这桎梏性灵的礼教和士大夫阶层的庸俗，向自己的真性情、真血性里掘发人生的真意义、真道德。他们不惜拿自己的生命、地位、名誉来冒犯统治阶级的奸雄假借礼教以维持权位的恶势力。曹操拿"败伦乱俗，讪谤惑众，大逆不道"的罪名杀孔融。司马昭拿"无益于今，有败于俗，乱群惑众"的罪名杀嵇康。阮籍佯狂了，刘伶纵酒了，他们内心的痛苦可想而知。这是真性情、真血性和这虚伪的礼法社会不肯妥协的悲壮剧。这是一班在文化衰堕时期替人类冒险争取真实人生、真实道德的殉道者。他们殉道时何等的勇敢，从容而美丽：

> 嵇康临刑东市，神气不变，索琴弹之，奏《广陵散》。曲终曰："袁孝尼尝请学此散，吾靳固不与，《广陵散》于今绝矣！"

以维护伦理自命的曹操枉杀孔融，屠杀到孔融七岁的小女、九岁的小儿，谁是真的"大逆不道"者？

道德的真精神在于"仁"，在于"恕"，在于人格的优美。《世说》载：

> 阮光禄（裕）在剡，曾有好车，借者无不皆给。有人葬亲，意欲借而不敢言。阮后闻之，叹曰："吾有车而使人不敢借，何以车为？"遂焚之。

这是何等严肃的责己精神！然而，不是由于畏人言、畏于礼法的责备，而是由于对自己人格美的重视和伟大同情心的流露。

> 谢奕作剡令，有一老翁犯法，谢以醇酒罚之，乃至过醉，而犹未已。太傅（谢安）时年七八岁，着青布绔，在兄膝边坐，谏曰："阿兄，老翁可念，何可作此！"奕于是改容，曰："阿奴欲放去耶？"遂遣之。

谢安是东晋风流的主脑人物，然而这天真仁爱的赤子之心实是他伟大人格的根基。这使他忠诚谨慎地支持东晋的危局至于数十年。淝水之役，苻坚发戎卒60余万、骑27万，大举入寇，东晋危在旦夕。谢安指挥若定，遣谢玄等以8万兵一举破之。苻坚风声鹤唳，草木皆兵，仅以身免。这是军事史上空前的战绩，诸葛亮在蜀没有过这样的胜利！

一代枭雄，不怕遗臭万年的桓温，也不缺乏这英雄的博大的同情心：

> 桓公入蜀，至三峡中，部伍中有得猨子者，其母缘岸哀号，行百余里不去，遂跳上船，至便即绝。破视其腹中，肠皆寸寸断。公闻之，怒，命黜其人。

晋人既从性情的率真和胸襟的宽仁建立他的新生命，摆脱礼法的空虚和顽固，他们的道德教育遂以人格的感化为主。我们看谢安这段动人的故事：

> 谢虎子尝上屋薰鼠。胡儿（虎子之子）既无由知父为此事，闻人道痴人有作此者，戏笑之，时道此非复一过。太傅既了己（指胡儿自己）之不知，因其言次语胡儿曰："世人以此谤中郎（虎子），亦言我共作此。"胡儿懊热，一月，日闭斋不出。太傅虚托引己之过，必相开悟，可谓德教。

我们现代有这样精神伟大的教育家吗？所以：

> 谢公夫人教儿，问太傅："那得初不见公教儿？"答曰："我常自教儿！"

这正是像谢公称赞褚季野的话："褚季野虽不言，而四时之气亦备！"

他确实在教，并不姑息，但他着重在体贴入微地潜移默化，不欲伤害小儿的羞耻心和自尊心：

> 谢玄少时好着紫罗香囊垂覆手。太傅患之，而不欲伤其意，乃谲与赌，得即烧之。

这态度多么慈祥，而用意又何其严格！谢玄为东晋立大功，救国家于垂危，足见这教育精神和方法的成绩。

当时文俗之士所最仇嫉的阮籍，行动最为任诞，蔑视礼法也最为彻底。然而正在他身上我们看出这新道德运动的意义和目标。这目标就是要把道德灵魂重新建筑在热情和直率之上，摆脱陈腐礼法的外形。因为这礼法已经丧失了它的真精神，变成阻碍生机的桎梏，被奸雄利用作政权工具，借以锄杀异己，如曹操杀孔融。

> 阮籍当葬母，蒸一肥豚，饮酒二斗，然后临诀。直言"穷矣"！举声一号，吐血数升，废顿良久。

他拿鲜血来灌溉道德的新生命！他是一个壮伟的丈夫。容貌瑰杰，志气宏放，傲然独得，任性不羁，当其得意，忽忘形骸，"时人多谓之痴"。这样的人，无怪他的诗"旨趣遥深，反覆零乱，兴寄无端，和愉哀怨，杂集于中"。他的咏怀诗是《古诗十九首》以后第一流的杰作。他的人格坦荡谆至，虽见嫉于士大夫，却能见谅于酒保：

> 阮公邻家妇有美色，当垆沽酒。阮与王安丰常从妇饮酒。阮醉便眠其妇侧。夫始殊疑之，伺察终无他意。

这样解放的自由的人格是洋溢着生命，神情超迈，举止利落，态度恢廓，胸襟潇洒：

> 王司州（修龄）在谢公坐，咏"入不言兮出不辞，乘回风兮载云旗！"（《九歌》句）语人云："'当尔时'觉一坐无人！"

桓温读《高士传》，至于陵仲子，便掷去曰："谁能作此溪刻自处。"这不是善恶之彼岸的超然的美和超然的道德吗？

"振衣千仞冈，濯足万里流！"晋人用这两句诗写下他的千古风流和不朽的豪情！

（原刊《时事新报·学灯》1941 年 4 月 28 日、5 月 5 日第 126、127 期）

中国艺术意境之诞生（增订稿）

宗白华

引　言

　　世界是无穷尽的，生命是无穷尽的，艺术的境界也是无穷尽的。"适我无非新"（王羲之诗句），是艺术家对世界的感受。"光景常新"，是一切伟大作品的烙印。"温故而知新"，却是艺术创造与艺术批评应有的态度。历史上向前一步的进展，往往是伴着向后一步的探本穷源。李、杜的天才，不忘转益多师。十六世纪的文艺复兴追慕着希腊，十九世纪的浪漫主义憧憬着中古。二十世纪的新派且溯源到原始艺术的浑朴天真。

　　现代的中国站在历史的转折点。新的局面必将展开。然而我们对旧文化的检讨，以同情的了解给予新的评价，也更显重要。就中国艺术方面——这中国文化史上最中心、最有世界贡献的一方面——研寻其意境的特构，以窥探中国心灵的幽情壮采，也是民族文化的自省工作。希腊哲人对人生指示说："认识你自己！"近代哲人对我们说："改造这世界！"为了改造世界，我们先得认识。

一　意境的意义

龚定庵在北京，对戴醇士说："西山有时渺然隔云汉外，有时苍然堕几席前，不关风雨晴晦也！"西山的忽远忽近，不是物理学上的远近，乃是心中意境的远近。

方士庶在《天慵庵随笔》里说："山川草木，造化自然，此实境也。因心造境，以手运心，此虚境也。虚而为实，是在笔墨有无间——故古人笔墨具此山苍树秀，水活石润，于天地之外，别构一种灵奇。或率意挥洒，亦皆炼金成液，弃滓存精，曲尽蹈虚揖影之妙。"中国绘画的整个精粹在这几句话里。本文的千言万语，也只是阐明此语。

恽南田《题洁庵图》说："谛视斯境，一草一树、一丘一壑，皆洁庵（指唐洁庵）灵想之所独辟，总非人间所有。其意象在六合之表，荣落在四时之外。将以尻轮神马，御泠风以游无穷。真所谓藐姑射之山，汾水之阳，尘垢秕糠，绰约冰雪。时俗醍醐，又何能知洁庵游心之所在哉！"

画家诗人"游心之所在"，就是他独辟的灵境，创造的意象，作为他艺术创作的中心之中心。

什么是意境？人与世界接触，因关系的层次不同，可有五种境界：（1）为满足生理的物质的需要，而有功利境界；（2）因人群共存互爱的关系，而有伦理境界；（3）因人群组合互制的关系，而有政治境界；（4）因穷研物理，追求智慧，而有学术境界；（5）因欲返本归真，冥合天人，而有宗教境界。功利境界主于利，伦理境界主于爱，政治境界主于权，学术境界主于真，宗教境界主于神。但介乎后二者的中间，以宇宙人生的具体为对象，赏玩它的色相、秩序、节奏、和谐，借以窥见自我的最深心灵的反应；化实景而为虚境，创形象以为象征，使人类最高的心灵具体化、肉身化，这就是"艺术境界"。艺术境界主于美。

所以一切美的光是来自心灵的源泉：没有心灵的映射，是无所谓美的。瑞士思想家阿米尔（Amiel）说：

> 一片自然风景是一个心灵的境界。

中国大画家石涛也说：

> 山川使予代山川而言也。……山川与予神遇而迹化也。

艺术家以心灵映射万象，代山川而立言，他所表现的是主观的生命情调与客观的自然景象交融互渗，成就一个鸢飞鱼跃、活泼玲珑、渊然而深的灵境；这灵境就是构成艺术之所以为艺术的"意境"。（但在音乐和建筑，这时间中纯形式与空间中纯形式的艺术，却以非模仿自然的景象来表现人心中最深的不可名的意境，而舞蹈则又为综合时空的纯形式艺术，所以能为一切艺术的根本形态，这事后面再说到）

意境是"情"与"景"（意象）的结晶品。王安石有一首诗：

> 杨柳鸣蜩绿暗，荷花落日红酣。
> 三十六陂春水，白头相见江南。

前三句全是写景，江南的艳丽的阳春，但着了末一句，全部景象遂笼罩上，啊，渗透进，一层无边的惆怅，回忆的愁思，和重逢的欣慰，情景交织，成了一首绝美的"诗"。

元人马东篱有一首《天净沙》小令：

> 枯藤老树昏鸦，小桥流水人家，

古道西风瘦马，夕阳西下，

断肠人在天涯！

也是前四句完全写景，着了末一句写情，全篇点化成一片哀愁寂寞，宇宙荒寒，怅触无边的诗境。

艺术的意境，因人因地因情因景的不同，现出种种色相，如摩尼珠幻出多样的美。同是一个星天月夜的景，影映出几层不同的诗境：

元人杨载《景阳宫望月》云：

大地山河微有影，九天风露浩无声。

明画家沈周《写怀寄僧》云：

明河有影微云外，清露无声万木中。

清人盛青嵝咏《白莲》云：

半江残月欲无影，一岸冷云何处香。

杨诗写涵盖乾坤的封建的帝居气概，沈诗写迥绝世尘的幽人境界，盛诗写风流蕴藉流连光景的诗人胸怀。一主气象，一主幽思（禅境），一主情致。至于唐人陆龟蒙咏白莲的名句："无情有恨何人见，月晓风清欲堕时。"却系为花传神，偏于赋体，诗境虽美，主于咏物。

在一个艺术表现里情和景交融互渗，因而发掘出最深的情，一层比一层更深的情，同时透入了最深的景，一层比一层更晶莹的景；景中全是情，情具象而为景，因而涌现了一个独特的宇宙、崭新的意象，为人类增加了丰富的想象，替世界开辟了新境，正如恽南田所说"皆灵想之所独辟，总非人间所有"！这是我的所谓"意境"。"外师造化，中得心源"。唐代画家张璪这两句训示，是这意境创现的基本条件。

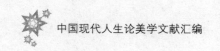

二　意境与山水

元人汤采真说:"山水之为物,禀造化之秀,阴阳晦冥,晴雨寒暑,朝昏昼夜,随形改步,有无穷之趣,自非胸中丘壑,汪汪洋洋,如万顷波,未易摹写。"

艺术意境的创构,是使客观景物作我主观情思的象征。我人心中情思起伏,波澜变化,仪态万千,不是一个固定的物象轮廓能够如量表出,只有大自然的全幅生动的山川草木,云烟明晦,才足以表象我们胸襟里蓬勃无尽的灵感气韵。恽南田题画说:"写此云山绵邈,代致相思,笔端丝纷,皆清泪也。"山水成了诗人画家抒写情思的媒介,所以中国画和诗,都爱以山水境界做表现和咏味的中心。和西洋自希腊以来拿人体做主要对象的艺术途径迥然不同。董其昌说得好:"诗以山川为境,山川亦以诗为境。"艺术家禀赋的诗心,映射着天地的诗心。(《诗纬》云"诗者天地之心")山川大地是宇宙诗心的影现;画家诗人的心灵活跃,本身就是宇宙的创化,它的卷舒取舍,好似太虚片云,寒塘雁迹,空灵而自然!

三　意境创造与人格涵养

这种微妙境界的实现,端赖艺术家平素的精神涵养、天机的培植,在活泼泼的心灵飞跃而又凝神寂照的体验中突然的成就。元代大画家黄子久说:"终日只在荒山乱石,丛木深筱中坐,意态忽忽,人不测其为何。又每往泖中通海处看急流轰浪,虽风雨骤至,水怪悲诧而不顾。"宋画家米友仁说:"画之老境,于世海中一毛发事泊然无着染。每静室僧趺,忘怀万虑,与碧虚寥廓同其流。"黄子久以狄阿理索斯(Dionysius)的热情深入宇宙的动象,米友仁却以阿波罗(Apollo）式的宁静涵映世界的广大精微，代表着艺术生活上两种最高精神形式。

在这种心境中完成的艺术境界自然能空灵动荡而又深沉幽渺。南唐董源说："写江南山，用笔甚草草，近视之几不类物象，远视之则景物灿然，幽情远思，如睹异境。"艺术家凭借他深静的心襟，发现宇宙间深沉的境地；他们在大自然里"偶遇枯槎顽石，勺水疏林，都能以深情冷眼，求其幽意所在"。黄子久每教人做深潭，以杂树瀹之，其造境可想。

所以艺术境界的显现，绝不是纯客观机械地描摹自然，而以"心匠自得为高"（米芾语）。尤其是山川景物，烟云变灭，不可临摹，须凭胸臆的创构，才能把握全景。宋画家宋迪论作山水画说：

> 先当求一败墙，张绢素讫，朝夕视之。既久，隔素见败墙之上，高下曲折，皆成山水之象，心存目想：高者为山，下者为水，坎者为谷，缺者为涧，显者为近，晦者为远。神领意造，恍然见人禽草木飞动往来之象，了然在目，则随意命笔，默以神会，自然景皆天就，不类人为，是谓活笔。

他这段话很可以说明中国画家所常说的"丘壑成于胸中，既寤发之于笔墨"，这和西洋印象派画家莫奈（Monet）早、午、晚三时临绘同一风景至于十余次，刻意写实的态度，迥不相同。

四　禅境的表现

中国艺术家何以不满于纯客观的机械式的摹写？因为艺术意境不是一个单层的平面的自然的再现，而是一个境界层深的创构。从直观感想的模写，活跃生命的传达，到最高灵境的启示，可以有三层次。

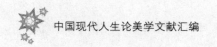

蔡小石在《拜石山房词》序里形容词里面的这三境层极为精妙：

> 夫意以曲而善托，调以杳而弥深。始读之，则万萼春深，百
> 色妖露，积雪缟地，余霞绮天，此一境也。（这是直观感相的渲
> 染）再读之，则烟涛满面颎洞，霜飙飞摇，骏马下坡，泳鳞出
> 水，又一境也。（这是活跃生命的传达）卒读之，而皎皎明月，
> 仙仙白云，鸿雁高翔，坠叶如雨，不知其何以冲然而澹，翛然而
> 远也。（这是最高灵境的启示）

江顺贻评之曰："始境，情胜也。又境，气胜也。终境，格胜
也。""情"是心灵对于印象的直接反映，"气"是"生气远出"的生
命，"格"是映射着人格的高尚格调。西洋艺术里面的印象主义、写
实主义，是相等于第一境层。浪漫主义倾向于生命音乐性的奔放表
现，古典主义倾向于生命雕像式的清明启示，都相当于第二境层。至
于象征主义、表现主义、后期印象派，它们的旨趣在于第三境层。

而中国自六朝以来，艺术的理想境界却是"澄怀观道"（晋宋画
家宗炳语），在拈花微笑里领悟色相中微妙至深的禅境。如冠九在
《都转心庵词序》说得好：

> "明月几时有"，词而仙者也。"吹皱一池春水"，词而禅者
> 也。仙不易学而禅可学。学矣，而非栖神幽遐，涵趣寥旷，通拈
> 花之妙悟，穷非树之奇想，则动而为沾滞之音矣。其何以澄观一
> 心，而腾踔万象。是故词之为境也，空潭印月，上下一澈，屏知
> 识也；清馨出尘，妙香远闻，参净因也；鸟鸣珠箔，群花自落，
> 超圆觉也。

澄观一心而腾踔万象，是意境创造的始基，鸟鸣珠箔，群花自

落，是意境表现的圆成。

绘画里面也能见到这意境的层深。明画家李日华在《紫桃轩杂缀》里说：

> 凡画有三次第：一曰身之所容。凡置身处，非邃密，即旷朗，水边林下，多景所凑处是也。（按：此为身边近景）二曰目之所瞩。或奇胜，或渺迷，泉落云生，帆移鸟去是也。（按：此为眺瞩之景）三曰意之所游。目力虽穷，而情脉不断处是也。（按：此为无尽空间之远景）然又有意有所忽处，如写一树一石，必有草草点染取态处。（按：此为有限中见取无限，传神写生之境）写长景必有意到笔不到，为神气所吞处，是非有心于忽，盖不得不忽也。（按：此为借有限以表现无限，造化与心源合一，一切形象都形成了象征境界）其于佛法相宗所云极迥色、极略色之谓也。

于是，绘画由丰满的色相达到最高心灵境界，所谓禅境的表现，种种境层，以此为归宿。戴醇土曾说："恽南田以'落叶聚还散，寒鸦栖复惊'（李白诗句）品一峰（黄子久）笔，是所谓孤蓬自振，惊沙坐飞，画也而几乎禅矣！"禅是动中的极静，也是静中的极动，寂而常照，照而常寂，动静不二，直探生命的本原。禅是中国人接触佛教大乘义后体认到自己心灵的深处而灿烂地发挥到哲学境界与艺术境界。静穆的观照和飞跃的生命构成艺术的两元，也是构成"禅"的心灵状态。《雪堂和尚拾遗录》里说："舒州太平灯禅师颇习经论，傍教说禅。白云演和尚以偈寄之曰：'白云山头月，太平松下影。良夜无狂风，都成一片境。'灯得偈颂之，未久，于宗门方彻渊奥。"禅境借诗境表达出来。

所以中国艺术意境的创成，既须得屈原的缠绵悱恻，又须得庄子的超旷空灵。缠绵悱恻，才能一往情深，深入万物的核心，所谓"得其环中"。超旷空灵，才能如镜中花，水中月，羚羊挂角，无迹可寻，所谓"超以象外"。色即是空，空即是色，色不异空，空不异色，这不但是盛唐人的诗境，也是宋元人的画境。

五　道、舞、空白：中国艺术意境结构的特点

庄子是具有艺术天才的哲学家，对于艺术境界的阐发最为精妙。在他是"道"，这形而上原理，和"艺"，能够体合无间。"道"的生命进乎技，"技"的表现启示着"道"。在《养生主》里他有一段精彩的描写：

> 庖丁为文惠君解牛，手之所触，肩之所倚，足之所履，膝之所踦，砉然响然，奏刀騞然，莫不中音。合于桑林之舞，乃中经首（尧乐章）之会（节也）。文惠君曰："嘻，善哉！技盖至此乎？"庖丁释刀对曰："臣之所好者道也，进乎技矣。始臣之解牛之时，所见无非牛者；三年之后，未尝见全牛也；方今之时，臣以神遇而不以目视。官知止而神欲行，依乎天理，批大郤，道大窾，因其固然，技经肯綮之未尝，而况大軱乎！良庖岁更刀，割也；族庖月更刀，折也；今臣之刀十九年矣，所解数千牛矣，而刀刃若新发于硎。彼节者有间，而刀刃者无厚，以无厚入有间，恢恢乎其于游刃必有余地矣。是以十九年而刀刃若新发于硎。虽然，每至于族（交错聚结处），吾见其难为，怵然为戒，视为止，行为迟，动刀甚微，謋然已解，如土委地！提刀而立，为之四顾，为之踌躇满志。善刀而藏之。"文惠君曰："善哉，吾闻庖丁

之言，得养生焉。"

"道"的生命和"艺"的生命，游刃于虚，莫不中音，合于桑林之舞，乃中经首之会。音乐的节奏是它们的本体。所以儒家哲学也说："大乐与天地同和，大礼与天地同节。"《易》云："天地絪缊，万物化醇。"这生生的节奏是中国艺术境界的最后源泉。石涛题画云："天地氤氲秀结，四时朝暮垂垂，透过鸿濛之理，堪留百代之奇。"艺术家要在作品里把握到天地境界！德国诗人诺瓦里斯（Novalis）说："混沌的眼，透过秩序的网幕，闪闪地发光。"石涛也说："在于墨海中立定精神，笔锋下决出生活，尺幅上换去毛骨，混沌里放出光明。"艺术要刊落一切表皮，呈现物的晶莹真境。

艺术家经过"写实""传神"到"妙悟"境内，由于妙悟，他们"透过鸿濛之理，堪留百代之奇"。这个使命是够伟大的！

那么艺术意境之表现于作品，就是要透过秩序的网幕，使鸿濛之理闪闪发光。这秩序的网幕是由各个艺术家的意匠组织线、点、光、色、形体、声音或文字成为有机谐和的艺术形式，以表出意境。

因为这意境是艺术家的独创，是从他最深的"心源"和"造化"接触时突然的领悟和震动中诞生的，它不是一味客观的描绘，像一照相机的摄影。所以艺术家要能拿特创的"秩序、网幕"来把住那真理的闪光。音乐和建筑的秩序结构，尤能直接地启示宇宙真体的内部和谐与节奏，所以一切艺术趋向音乐的状态、建筑的意匠。

然而，尤其是"舞"，这最高度的韵律、节奏、秩序、理性，同时是最高度的生命、旋动、力、热情，它不仅是一切艺术表现的究竟状态，且是宇宙创化过程的象征。艺术家在这时失落自己于造化的核心，沉冥入神，"穷元妙于意表，合神变乎天机"（唐代大批评家张彦远论画语）。"是有真宰，与之浮沉"（司空图《诗品》语），从深不可测的玄冥的体验中升化而出，行神如空，行气如虹。在这时只有"舞"，这最紧密的律法和最热烈的旋动，能使这深不可测的玄冥的境界具象化、肉身化。

在这舞中，严谨如建筑的秩序流动而为音乐，浩荡奔驰的生命收敛而为韵律。艺术表演着宇宙的创化。所以唐代大书家张旭见公孙大娘剑器舞而悟笔法，大画家吴道子请裴将军舞剑以助壮气说："庶因猛厉以通幽冥！"郭若虚的《图画见闻志》上说：

> （唐）开元中，将军裴旻居丧，诣吴道子，请于东都天宫寺画神鬼数壁以资冥助。道子答曰："吾画笔久废，若将军有意，为吾缠结，舞剑一曲，庶因猛厉以通幽冥！"旻于是脱去缞服，若常时装束，走马如飞，左旋右转，掷剑入云，高数十丈，若电光下射。旻引手执鞘承之，剑透室而入。观者数千人，无不惊栗。道子于是援毫图壁，飒然风起，为天下之壮观。道子平生绘事得意，无出于此。

诗人杜甫形容诗的最高境界说："精微穿溟涬，飞动摧霹雳。"（《夜听许十一诵诗爱而有作》）前句是写沉冥中的探索，透进造化的精微的机械，后句是指着大气盘旋的创造，具象而成飞舞。深沉的静照是飞动的活力的源泉。反过来说，也只有活跃的具体的生命舞姿、音乐的韵律、艺术的形象，才能使静照中的"道"具象化、肉身化。德国诗人侯德林（Höerdelin）有两句诗含义极深：

> 谁沉冥到
> 那无边际的"深"，
> 将热爱着
> 这最生动的"生"。

他这话使我们突然省悟中国哲学境界和艺术境界的特点。中国哲学是就"生命本身"体悟"道"的节奏。"道"具象于生活、礼乐制度。道尤表象于"艺"。灿烂的"艺"赋予"道"以形象和生命，"道"给予"艺"深度和灵魂。庄子《天地》篇有一段寓言说明只有艺"象罔"才能获得道真"玄珠"：

　　　　黄帝游乎赤水之北，登乎昆仑之丘而南望，还归，遗其玄珠。（司马彪云：玄珠，道真也）使知（理智）索之而不得。使离朱（色也，视觉也）索之而不得。使喫诟（言辩也）索之而不得也。乃使象罔，象罔得之。黄帝曰："异哉！象罔乃可以得之乎？"

　　吕惠卿注释得好："象则非无，罔则非有，不皦不昧，玄珠之所以得也。"非无非有，不皦不昧，这正是艺术形象的象征作用。"象"是镜像，"罔"是虚幻，艺术家创造虚幻的镜像以象征宇宙人生的真际。真理闪耀于艺术形象里，玄珠的皪于象罔里。歌德曾说："真理和神性一样，是永不肯让我们直接识知的。我们只能在反光、譬喻、象征里面观照它。"又说："在璀灿的反光里面我们把握到生命。"生命在他就是宇宙真际。他在《浮士德》里面的诗句："一切消逝者，只是一象征"，更说明"道""真的生命"是寓在一切变灭的形象里。英国诗人勃莱克的一首诗说得好：

　　　　一花一世界，一沙一天国，
　　　　君掌盛无边，刹那含永劫。

　　　　　　　　　　　　　　　　　　——田汉译

　　这诗和中国宋僧道灿的《重阳》诗句："天地一东篱，万古一重

・431・

九"，都能寓无尽于有限，一切生灭者象征着永恒。

人类这种最高的精神活动，艺术境界与哲理境界，是诞生于一个最自由最充沛的深心的自我。这充沛的自我，真力弥满，万象在旁，掉臂游行，超脱自在，需要空间，供他活动。（参见拙作《中西画法所表现的空间意识》）于是"舞"是它最直接、最具体的自然流露。"舞"是中国一切艺术境界的典型。中国的书法、画法都趋向飞舞。庄严的建筑也有飞檐表现着舞姿。杜甫《观公孙大娘弟子舞剑器行》首段云：

> 昔有佳人公孙氏，一舞剑器动四方，
>
> 观者如山色沮丧，天地为之久低昂。
>
> ……

天地是舞，是诗（诗者天地之心），是音乐（大乐与天地同和）。中国绘画境界的特点建筑在这上面。画家解衣盘礴，面对着一张空白的纸（表象着舞的空间），用飞舞的草情篆意谱出宇宙万形里的音乐和诗境。照相机所摄万物形体的底层在纸上是构成一片黑影。物体轮廓线内的纹理形象模糊不清。山上草树崖石不能生动地表出他们的脉络姿态。只在大雪之后，崖石轮廓、林木枝干才能显出它们各自的奕奕精神性格，恍如铺垫了一层空白纸，使万物以嵯峨突兀的线纹呈露它们的绘画状态。所以中国画家爱写雪景（王维），这里是天开图画。

中国画家面对这幅空白，不肯让物的底层黑影填实了物体的"面"，取消了空白，像西洋油画；所以直接地在这一片虚白上挥毫运墨，用各式皴文表出物的生命节奏。（石涛说："笔之于皴也，开生面也"）同时借取书法中的草情篆意或隶体表达自己心中的韵律，所绘出的是心灵所直接领悟的物态天趣，造化和心灵的凝合。自由潇洒的

笔墨，凭线纹的节奏，色彩的韵律，开径自行，养空而游，蹈光揖影，抟虚成实。（参看本文首段引方士庶语）

庄子说："虚室生白。"又说："唯道集虚。"中国诗词文章里都着重这空中点染，抟虚成实的表现方法，使诗境、词境里面有空间，有荡漾，和中国画面具同样的意境结构。

中国特有的艺术——书法，尤能传达这空灵动荡的意境。唐张怀瓘在他的《书议》里形容王羲之的用笔说："一点一画，意态纵横，俯仰中间，绰有余裕。结字俊秀，类于生动，幽若深远，焕若神明，以不测为量者，书之妙也。"在这里，我们见到书法的妙境通于绘画，虚空中传出动荡，神明里透出幽深，超以象外，得其环中，是中国艺术的一切造境。

王船山在《诗绎》里说："论画者曰，咫尺有万里之势，一势字宜着眼。若不论势，则缩万里于咫尺，直是《广舆记》前一天下图耳。五言绝句以此为落想时第一义。唯盛唐人能得其妙。如'君家住何处，妾住在横塘，停船暂借问，或恐是同乡'，墨气所射，四表无穷，无字处皆其意也！"高日甫论画歌曰："即其笔墨所未到，亦有灵气空中行。"笪重光说："虚实相生，无画处皆成妙境。"三人的话都是注意到艺术境界里的虚空要素。中国的诗词、绘画、书法里，表现着同样的意境结构，代表着中国人的宇宙意识。盛唐王、孟派的诗，固多空花水月的禅境；北宋人词空中荡漾，绵渺无际；就是南宋词人姜白石的"二十四桥仍在，波心荡冷月无声"，周草窗的"看画船尽入西泠，闲却半湖春色"，也能以空虚衬托实景，墨气所射，四表无穷。但就它渲染的镜像说，还是不及唐人绝句能"无字处皆其意"，更为高绝。中国人对"道"的体验，是"于空寂处见流行，于流行处见空寂"，唯道集虚，体用不二，这构成中国人的生命情调和艺术意

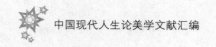

境的实相。

王船山又说："工部（杜甫）之工在即物深致，无细不章。右丞（王维）之妙，在广摄四旁，圜中自显。"又说；"右丞妙手能使在远者近，抟虚成实，则心自旁灵，形自当位。"这话极有意思。"心自旁灵"表现于"墨气所射，四表无穷"，"形自当位"，是"咫尺有万里之势"。"广摄四旁，圜中自显""使在远者近，抟虚成实"，这正是大画家、大诗人王维创造意境的手法，代表着中国人于空虚中创现生命的流行，绸缊的气韵。

王船山论到诗中意境的创造，还有一段精深微妙的话，使我们领悟"中国艺术意境之诞生"的终极根据。他说："唯此睿睿摇摇之中，有一切真情在内，可兴可观，可群可怨，是以有取于诗。然因此而诗则又往往缘景缘事，缘以往缘未来，经年苦吟，而不能自道。以追光蹑影之笔，写通天尽人之怀，是诗家正法眼藏。""以追光蹑影之笔，写通天尽人之怀"，这两句话表出中国艺术的最后的理想和最高的成就。唐、宋人诗词是这样，宋、元人的绘画也是这样。

尤其是在宋、元人的山水花鸟画里，我们具体地欣赏到这"追光蹑影之笔，写通天尽人之怀"。画家所写的自然生命，集中在一片无边的虚白上。空中荡漾着"视之不见、听之不闻、搏之不得"的"道"，老子名之为"夷""希""微"。在这一片虚白上幻现的一花一鸟、一树一石、一山一水，都负荷着无限的深意、无边的深情。（画家、诗人对万物一视同仁，往往很远的微小的一草一石，都用工笔画出，或在逸笔撇脱中表出微茫惨淡的意趣）万物浸在光被四表的神的爱中，宁静而深沉。深，像在一和平的梦中，给予观者的感受是一彻透灵魂的安慰和惺惺的微妙的领悟。

中国画的用笔，从空中直落，墨花飞舞，和画上虚白，溶成一片，画境恍如"一片云，因日成彩，光不在内，亦不在外，既无轮廓，亦无丝理，可以生无穷之情，而情了无寄"（借王船山评王俭《春诗》绝句语）。中国画的光是动荡着全幅画面的一种形而上的、非写实的宇宙灵气的流行，贯彻中边，往复上下。古绢的黯然而光，尤能传达这种神秘的意味。西洋传统的油画填没画底，不留空白，画面上动荡的光和气氛仍是物理的目睹的实质，而中国画上画家用心所在，正在无笔墨处，无笔墨处却是缥缈天倪，化工的境界。（即其笔墨所未到，亦有灵气空中行）这种画面的构造是植根于中国心灵里葱茏细缊、蓬勃生发的宇宙意识。王船山说得好："两间之固有者，自然之华，因流动生变而成绮丽，心目之所及，文情赴之，貌其本荣，如所存而显之，即以华奕照耀，动人无际矣！"这不是唐诗宋画，给予我们的征象吗？

然而近代文人的诗笔画境缺乏照人的光彩，动人的情致，丰富的意象，这是民族心灵一时枯萎的征象吗？中国人爱在其中设置空亭一所。戴醇士说："群山郁苍，群木荟蔚，空亭翼然，吐纳云气。"一座空亭竟成为山川灵气动荡吐纳的交点和山川精神聚集的处所。倪云林每画山水，多置空亭，他有"亭下不逢人，夕阳澹秋影"的名句。张宣题倪画《溪亭山色图》诗云："石滑岩前雨，泉香树杪风。江山无限景，都聚一亭中。"苏东坡《涵虚亭》诗云："唯有此亭无一物，坐观万景得天全。"唯道集虚，中国建筑也表现着中国人的宇宙情调。

空寂中生气流行，鸢飞鱼跃，是中国人艺术心灵与宇宙意象"两镜相入"互摄互映的华严境界。倪云林有一绝句，最能写出此境：

兰生幽谷中，倒影还自照。

无人作妍媛，春风发微笑。

希腊神话里水仙之神（Narcise）临水自鉴，眷恋着自己的仙姿，无限相思，憔悴以死。中国的兰生幽谷，倒影自照，孤芳自赏，虽感空寂，却有春风微笑相伴，一呼一吸，宇宙息息相关，悦怿风神，悠然自足。（中西精神的差别相）

艺术的境界，既使心灵和宇宙净化，又使心灵和宇宙深化，使人在超脱的胸襟里体味到宇宙的深境。

唐朝诗人常建的《江上琴兴》一诗，最能写出艺术（琴声）这净化深化的作用：

> 江上调玉琴，一弦清一心。
>
> 泠泠七弦遍，万木澄幽阴。
>
> 能使江月白，又令江水深。
>
> 始知梧桐枝，可以徽黄金。

中国文艺里意境高超莹洁而具有壮阔幽深的宇宙意识生命情调的作品也不可多见。我们可以举出宋人张于湖的一首词来，他的《念奴娇·过洞庭》词云：

> 洞庭青草，近中秋，更无一点风色。玉鉴琼田三万顷，着我片舟一叶。素月分晖，明河共影，表里俱澄澈。悠悠心会，妙处难与君说。
>
> 应念岭表经年，孤光自照，肝胆皆冰雪。短发萧疏襟袖冷，稳泛沧溟空阔。尽挹西江，细斟北斗，万象为宾客。（对空间之超脱）叩舷独啸，不知今夕何夕！（对时间之超脱）

这真是"雪涤凡响，棣通太音，万尘息吹，一真孤露。"笔者自己也曾写过一首小诗，希望能传达中国心灵的宇宙情调，不揣陋劣，附在这里，借供参证：

> 飙风天际来，绿压群峰暝。
>
> 云罅漏夕晖，光泻一川冷。
>
> 悠悠白鹭飞，淡淡孤霞迥。
>
> 系缆月华生，万象浴清影。

——《柏溪夏晚归棹》

艺术的意境有它的深度、高度、阔度。杜甫诗的高、大、深，俱不可及。"吐弃到人所不能吐弃为高，含茹到人所不能含茹为大，曲折到人所不能曲折为深。"（刘熙载评杜甫诗语）叶梦得《石林诗话》里也说："禅家有三种语，老杜诗亦然。如'波漂菰米沉云黑，露冷莲房坠粉红'，为涵盖乾坤语。'落花游丝白日静，鸣鸠乳燕青春深'，为随波逐浪语。'百年地僻柴门迥，五月江深草阁寒'，为截断众流语。"涵盖乾坤是大，随波逐浪是深，截断众流是高。李太白的诗也具有这高、深、大。但太白的情调较偏向于宇宙镜像的大和高。太白登华山落雁峰，说："此山最高，呼吸之气，想通帝座，恨不携谢朓惊人句来，搔首问青天耳！"（唐语林）杜甫则"直取性情真"（杜甫诗句)，他更能以深情掘发人性的深度，他具有但丁的沉着的热情和歌德的具体表现力。

李、杜境界的高、深、大，王维的静远空灵，都植根于一个活跃的、至动而有韵律的心灵。承继这心灵，是我们深衷的喜悦。

（原刊《哲学评论》1944 年 1 月第 8 卷第 5 期）